校企合作土木与建筑工程专业系列丛书
互联网+创新型“十四五”精品教材

建筑结构基础与识图

（微课版）

主　编◎钟　伟　史红珺　张红忠
副主编◎邢　彤　程枫林　徐　阳
程荣波　李　晔　雷天奇

哈尔滨工程大学出版社
Harbin Engineering University Press

内 容 简 介

本书共分为九个项目，主要包括建筑结构的基本知识，结构设计总说明，混凝土结构基本构件，钢筋混凝土楼（屋）盖、楼梯，钢筋混凝土多层与高层结构，砌体结构，钢结构，建筑基础，建筑结构施工图。全书将理论知识与工程实践的实例相结合，具有较强的指导性和可读性。

本书具有内容翔实、深浅适度、可操作性强、适用面广等特点，既可作为职业院校建筑工程管理专业的教材，也可作为工程技术人员学习工程施工知识的参考书。

图书在版编目（CIP）数据

建筑结构基础与识图 : 微课版 / 钟伟，史红珺，张红忠主编. -- 哈尔滨 : 哈尔滨工程大学出版社，2025.
1. -- ISBN 978-7-5661-4638-0

Ⅰ. TU3；TU204

中国国家版本馆 CIP 数据核字第 2025EP7357 号

建筑结构基础与识图（微课版）

JIANZHU JIEGOU JICHU YU SHITU（WEIKE BAN）

选题策划 张林峰
责任编辑 吴振雷

出版发行 哈尔滨工程大学出版社
社　　址 哈尔滨市南岗区南通大街 145 号
邮政编码 150001
电　　话 0451-82519989
经　　销 新华书店
印　　刷 廊坊市广阳区九洲印刷厂
开　　本 787 mm×1 092 mm　1/16
印　　张 15
字　　数 384 千字
版　　次 2025 年 1 月第 1 版
印　　次 2025 年 1 月第 1 次印刷
书　　号 ISBN 978-7-5661-4638-0
定　　价 49.80 元

http://www.hrbeupress.com
E-mail:heupress@hrbeu.edu.cn

前　言

党的二十大报告指出："坚持人民城市人民建、人民城市为人民，提高城市规划、建设、治理水平，加快转变超大特大城市发展方式，实施城市更新行动，加强城市基础设施建设，打造宜居、韧性、智慧城市。"这一重要要求将推动城市的快速发展、城乡一体化进程以及交通、能源、通信等基础设施的建设，进而对建筑行业的工作提出更高的要求。

本书紧密结合工程造价与建筑管理类专业毕业生岗位知识、能力要求，研究一般结构构件的受力特点、构造要求、施工图识读等建筑结构的基本概念和基本知识。

本书共分为九个项目，内容包括建筑结构的基本知识，结构设计总说明，混凝土结构基本构件、钢筋混凝土楼（屋）盖、楼梯，钢筋混凝土多层与高层结构，砌体结构，钢结构，建筑基础，建筑结构施工图。另外，每个项目均设有项目概述、学习目标、思政目标、任务工单、知识链接、项目小结等模块，系统完整、内容新颖、突出技能、实用性强。

本书最大的特点在于将理论知识与实际案例结合起来进行介绍，特别适合作为建筑工程管理专业基础课程改革的教材使用。本书内容的设计是根据职业能力要求及教学特点，与建筑行业的岗位相对应，体现新的国家标准和技术规范；内容翔实，文字简练，图文并茂，充分体现了项目教学与综合训练相结合的主要思路；理论概述简洁明了，案例清晰实用，特别注重教材的实用性。

本书由钟伟（西昌学院）、史红珺（青海建筑职业技术学院）、张红忠（兰考三农职业学院）担任主编，由邢彤（吉林工程职业学院）、程枫林（莱阳市综合行政执法大队）、徐阳（河南轻工职业学院）、程荣波（广西工业职业技术学院）、李晔（盘锦市城乡建设事业发展服务中心）担任副主编。本书的相关资料和售后服务可扫描封底微信二维码或登录 www.bjzzwh.com 下载获得。

编者在编写本书的过程中参考了大量资料，在此向相关人员表示感谢。由于编者水平有限，书中难免存在不足之处，恳请广大读者批评指正并提出宝贵意见。

编　者

目 录

项目一 建筑结构的基本知识

项目导读

建筑结构是建筑物的重要组成部分，它决定了建筑物的安全性和稳定性。建筑结构包括各种不同的材料和形式，如混凝土、钢、木材、砖石等，以及它们的组合形式，如钢筋混凝土、钢结构等。建筑结构的设计需要考虑建筑物的使用功能、环境条件、安全性和经济性等因素，需要运用力学、材料学、美学等多学科知识。学习建筑结构基础与识图有助于了解建筑结构的原理和基础知识，提高逻辑思维能力和空间想象力，为日后的建筑设计打下坚实的基础。

学习目标

知识目标

◆了解建筑结构的设计原理。

◆了解结构材料力学性能及分析方法。

◆掌握建筑结构抗震知识等方面的基本知识。

技能目标

◆熟练运用结构力学原理进行结构计算和分析。

◆能够进行结构的选材和设计。

素质目标

◆培养学生的工程实践能力和团队协作精神。

◆培养学生注重实际问题的解决能力。

思政目标

◆培养学生的创新精神和责任意识。

◆使学生认识到工程设计对社会发展的重要性和影响。

任务工单

一、任务名称

抗震设计基本要求认知。

二、任务目的

了解抗震设计的基本要求，掌握结构抗震设计的基本原理和方法，培养结构设计能力和实际操作能力。

三、任务内容

选择一个简单的建筑结构，以一栋简单的多层钢筋混凝土框架建筑为例，进行抗震设计练习。

四、实施过程

（1）分析建筑结构的荷载情况，包括地震荷载计算。

（2）根据所学的抗震设计理论，选择合适的结构抗震设计方案。

（3）进行结构抗震设计计算，包括设置结构的抗震加固措施。

（4）绘制抗震设计计算书和结构设计图纸。

五、实施要求

（1）具备一定的结构设计理论知识和计算能力。

（2）严格按照抗震设计规范进行操作。

（3）严谨认真地完成设计。

六、任务评价

围绕以下几个方面内容，为本次任务的完成情况写一段简单的评价总结。

（1）图纸的完整性和准确性。

（2）对抗震设计理论的理解和应用能力。

（3）在实际操作中的综合能力和团队合作能力。

____

____

任务一 建筑结构

建筑是建筑物和构筑物的总称，是人们为了满足社会生活需求，利用所拥有的物质技术手法，并运用一定的科学规律和美学法则建造的人工环境，还是工程技术和建筑艺术的综合创作，如图1–1所示。

图1–1 建筑

1. 建筑学

建筑学作为研究设计和建造建筑物或构筑物的学科，主要内容涉及建筑功能、工程技术、建筑经济、建筑艺术及环境规划等许多方面的问题，其中工程技术涉及的最主要内容即为结构技术。

2. 建筑结构

建筑结构是由梁、板、墙、柱、基础等基本构件通过一定的连接方式所组成的能够承受并传递荷载和其他间接作用（如温度变化引起的收缩、地基不均匀沉降等）的体系。

优秀的建筑结构应具有的特点包括：在应用上要满足空间和功能的需求；在安全上要符合承载和耐久的需要；在技术上要体现科技和工程的新发展；在造型上要与建筑艺术融为一体；在建造上要合理用材并与施工实际相结合。

3. 结构技术

结构技术主要指在既定结构基础上采用的分析、设计方法及所涉及的建筑材料、施工技术等。可以说，结构技术是建筑得以发展和飞跃的重要因素。所谓建筑结构，从广义上讲是指房屋建筑和土木工程的建筑物、构筑物及其相应组成部分的实体，具体是指各种工程实体的承重骨架。

一、建筑的基本要素与原则

1. 建筑的三个基本要素

建筑的三个基本要素包括强度、适用和美观。

（1）强度

强度是建筑的最基本特征，它关系到建筑物保存的完整性和作为一个物体在自然界的生存能力，满足此“强度”所需要的建筑物部分是结构，结构是建筑物的基础，没有结构就没有建筑物，也不存在适用，更不可能有美观。

（2）适用

适用是指该建筑的实用功能，即建筑可提供的空间要满足建筑的使用要求，这是建筑最基本的特性。

（3）美观

美观是建筑物能使那些接触它的人产生一种美学感受，这种效果可能由一种或多种原因产生，其中也包括了建筑形成的象征意义，形状、花纹和色彩的美学特征。

2. 建筑师应考虑的结构三大原则

结构是建筑物的基本受力骨架，一个优秀的建筑作品是各专业人员相互交流、密切配合的结果。在满足建筑物功能要求下的结构形式及方案的对比分析是很必要的，有时方案的形成还受当时或当地施工条件的约束。一栋好的建筑除了有好的建筑元素外，还必定有优质的结构基因，一个好的建筑师必定是一个结构行家。一般情况下，建筑师在设计方案阶段应注意结构上的三大原则概念。

（1）功能优先原则

① 满足建筑功能

房屋建筑功能是明确的，当然有些功能不是单一要求的，如超市建筑要求空间布置灵活多变、视野开阔；体育馆要求空间高大。为满足这些功能要求，建筑在高度、跨度及空间方面都应区别对待；在结构上应有相应体系与之协调。

② 满足造型要求

建筑在立面和平面布局中，为了空间效果，不可避免地使用一些不规则结构，如立面的凹凸、悬挑、转角、咬合，为避免这些不规则结构所导致的应力集中或受力复杂，结构上应限制不规则尺寸的程度（大小）、设置变形缝或者加强部位处理等办法解决。

③ 建筑、结构及施工“三协调”

建筑造型由结构骨架来体现，而结构骨架的建造离不开施工，因此结构的布局不仅要与建筑协调，还要充分考虑施工条件。结构的构成与施工方法密切相关，施工方法的不同可能导致构件的受力不同，因此结构分析中必须保证构件实际受力与计算模型相一致。

④ 选择正确结构体系

不同的结构体系对应不同的抗侧移刚度（如框架结构、框—剪结构、筒体结构），因此，在不同设防烈度区，建筑高度的大小决定了结构体系的类型。当然，对主、附楼已分开处理的结构选型，可根据主、附楼各自受力特点采用不同的结构体系，但须设置必要的变形缝，以避免沉降及地震时房屋的互相碰撞。

⑤ 进行超限审查，满足功能要求

为了满足建筑造型新颖的要求，建筑立面、平面布置等不可避免地超过规定的限制，这时必须详细地分析，包括受力及变形等多方面，通过分析计算，如通过专家委员会专项审查，则可以实现新颖的造型。

（2）受力合理原则

① 构件传力明确

结构中传力途径可分为两个主要体系：一是水平传力体系；二是竖向传力体系。在力传递过程中，必须明确力的传递路径，为此可以采用调整构件刚度的方法来实现，如通过主梁、次梁、次次梁等来实现。主梁、次梁和次次梁是一个相对概念，是相对传力途径而言的。

② 结构空间受力

从结构力学可知，赘余力越多，结构成为可变机构的可能性就越小。在地震作用下，结构双向抗力显得更为必要。因此，在结构整体布局中，尽量构建空间受力体系。对一些特殊建筑，还可采用设置斜撑方法以加强空间刚度。

③ 优化构件布置

结构的行为表现在受力合理、变形满足要求及结构自振周期适当等参数上。为使结构受力合理，可将构件设计成连续构件（梁、板），并尽量对称、规则、刚度中心与质量中心重合，并减少扭转；各种材料的构件有其优势的受力状态，必须加以充分利用。如使混凝土构件尽量处于受压，甚至轴心受压，砌体结构尽量少受弯、受拉，钢结构处于受压或受拉状态。为使变形满足要求同时使自振周期合适，还要控制好结构刚度，须重视“适度”或“优化”的概念。

④ 多道设防体系

随着建筑高度增加，水平作用已由次要地位转为主导地位。在地震作用下，为实现“大震不倒”的原则，结构抗侧力不仅要足够大，而且还应采用多道设防，如在框架—剪力墙结构中，剪力墙是第一道设防体系，等到此体系失效后，还有框架结构可以抵抗水平力，可作为第二道设防体系。

⑤ 减轻结构自重

结构自重的增加主要体现在填充墙用材及建筑装饰用材方面，自重增加不仅使基础负荷加大、同时更明显的是增大了地震作用，相应地增加了工程造价。减轻自重的途径可以是选择轻质的复合材料，或者是利用其他高效能结构类型，如用网架作为大跨结构、壳体作为屋顶等。

⑥ 设置合理构造

由于结构布置的复杂及地质条件的不均匀性，结构在施工及使用过程中会出现一些难以处理的问题，如由不均匀沉缝、受力复杂部位开裂、混凝土徐变性能、收缩性能等导致的裂缝，这些可以通过合理构造来解决。如设置变形缝（沉降缝、伸缩缝和抗震缝）解决由不均匀沉缝、收缩及房屋相互碰撞导致的裂缝和破坏。设置可滑动键解决构件两端在施工过程中因徐变等性能而引起的相对竖向位移差。这些位移差产生的附加内力可达荷载产生内力的6～8倍，完全可能引起构件尚未使用就开裂甚至破坏等问题。此时采用滑动键解决问题就是有效方法之一。

（3）实际出发原则

① 施工条件

我国量大、面广的建设所需的人力和技术主要还是以当地条件为主进行。在进行建筑设计时，必须考虑当地的施工技术水平，建筑师不能太“任性”，一味强调新颖的结果必然是高造价，甚至由于施工技术达不到要求，而导致工程存在不安全因素，留下安全隐患。

② 材料选用

我国传统的三大主材钢筋、混凝土及砌体，已成为人们所熟悉并掌握的材料，但预应力混凝土大跨结构、高性能混凝土材料等并未在全国各地普遍使用。因此，对某些特高效能材料必须在经过深入调查基础后方可考虑使用，尽量不要别出心裁地为体现发展趋势而在局部小范围内采用某些新技术。

③ 降低造价

同样的建筑，用不同的结构体系和不同的材料，其工程造价是不一样的。一般情况下，砌体结构造价最低，钢结构造价最高，钢筋混凝土结构介于二者之间。应在保证安全的前提下，尽量降低造价，不要盲目地追求建筑的高端和奇特。

④ 初始投资与全寿命费用

我国目前注重控制建房时一次性投入，即初始投资，但据分析对比，房屋在后期的维修保养中也将花费不菲的费用。因此，在前期需综合考虑建筑寿命与结构用材及造价相匹配的问题。

二、建筑结构分类

扫一扫

建筑结构分类

建筑结构的分类方法有多种，一般可按照结构所用材料、承重结构类型、使用功能、外形特点、施工方法等进行分类。按所用材料的不同，建筑结构可分为混凝土结构、砌体结构、钢结构和木结构等。

1. 混凝土结构

混凝土结构包括素混凝土结构、钢筋混凝土结构和预应力混凝土结构。其中钢筋混凝土结构应用最为广泛，其主要优点是强度高、整体性好、耐久性与耐火性好、易于就地取材、具有良好的可模性等；其主要缺点是自重大、抗裂性差、施工环节多、工期长等，如图 1–2 所示。

图 1–2　混凝土结构

2. 砌体结构

砌体结构是由块材和砂浆砌筑而成的墙、柱，作为建筑物主要受力构件的结构。砌体结构包括砖砌体结构、石砌体结构和砌块砌体结构，广泛应用于多层民用建筑中，如图 1–3 所示。

图 1–3　砌体结构

砌体结构的主要优点是易于就地取材、耐久性与耐火性好、施工简单、造价低；其主要缺点是强度（尤其是抗拉强度）低、整体性较差、自重大、工人劳动强度高等。

3. 钢结构

钢结构是由钢板、型钢等钢材通过有效的连接方式制作的结构，广泛应用于高层建筑结构及工业建筑中。随着我国经济建设的迅速发展，钢结构得到了越来越广泛的应用。

钢结构与其他结构形式相比，其主要优点是自重小、材质均匀、强度高、可靠性好、施工简单、工期短、具有良好的抗震性能；其主要缺点是易腐蚀、耐火性差、工程造价和维修费用较高，如图1–4所示。

图1–4 钢结构

4. 木结构

木结构是指用木材制成的结构，如图1–5所示。木结构自重较小，木构件便于运输、装拆，能多次使用，故广泛应用于房屋建筑中，还应用于桥梁和塔架中。木材受拉和受剪皆是脆性破坏，其强度受木节、斜纹及裂缝等天然缺陷的影响很大；但在受压和受弯时具有一定的塑性。为保证其耐久性，木结构应采取防腐、防虫、防火措施。

图1–5 木结构

三、多层与高层结构体系

随着社会的发展和人们需求水平的提高，众多的高层建筑应运而生。关于多层与高层建筑的界限，各国的标准有所不同。我国《高层建筑混凝土结构技术规程》（JGJ 3—2010）规定8层及8层以上或高度大于24 m的房屋为高层建筑，2～7层且高度不大于24 m的房屋为多层建筑。

通常，多层房屋常采用混合结构、钢筋混凝土结构；高层房屋常采用钢筋混凝土结构、钢结构、钢—混凝土混合结构。钢筋混凝土房屋常用的结构体系有：框架结构体系、剪力墙结构体系、框架—剪力墙结构体系和筒体结构体系等。

1. 框架结构体系

框架结构体系主要由楼板、梁、柱及基础等承重构件通过节点连接组成，一般由框架梁、柱与基础形成多个平面框架作为主要的承重结构，各平面框架再由连系梁连接起来，形成一个空间结构体系，如图1–6所示。

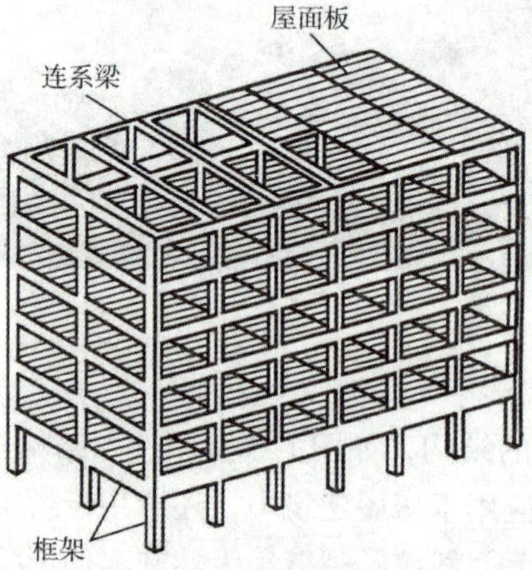

图 1–6　框架结构

框架结构体系的特点是将承重结构和围护、分隔构件分开，墙只起围护及分隔作用。框架结构平面布置灵活，容易满足生产工艺和使用要求，构件易于标准化制作，同时具有较高的承载力和整体性能，广泛用于多层工业厂房及多高层办公楼、旅馆、教学楼、医院、住宅等。

但在水平荷载作用下，框架结构的抗侧刚度小、水平位移大，因此使用高度易受到限制。框架结构的适用高度，地震区为6 ~ 15层，非地震区为15 ~ 20层。

2. 剪力墙结构体系

采用建筑物的墙体作为竖向承重和抵抗侧力的结构称为剪力墙结构体系，如图1–7所示。剪力墙实际就是固结在基础上的钢筋混凝土墙片，既承担竖向荷载又承担水平荷载，所产生的剪力，故称作剪力墙；当建筑底部需较大空间时，可将底层或底部基层部分剪力墙取消，用框架来替代，就形成了框支剪力墙体系。

剪力墙结构体系具有抗侧刚度大、整体性好、整齐美观、抗震性能好，利于承受水平荷载，并可使用滑模、大模板等先进施工方法施工等众多优点，但由于横墙较多、间距较密，使得建筑平面的空间较小。剪力墙结构体系的适用高度为15 ~ 50层，常用于住宅、旅馆等开间较小的高层建筑。

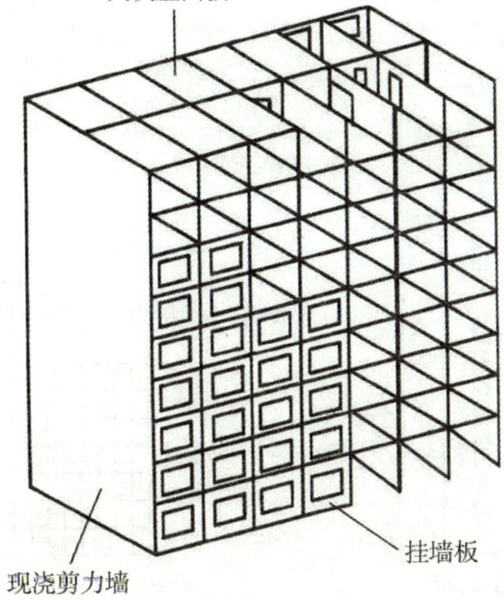

图 1–7 剪力墙结构

3. 框架—剪力墙结构体系

在框架结构体系中设置适当数量的剪力墙，即形成框架—剪力墙体系。该体系综合了框架结构和剪力墙结构的优点，其中竖向荷载主要由框架承担，水平荷载则主要由剪力墙承担，如图1–8所示。

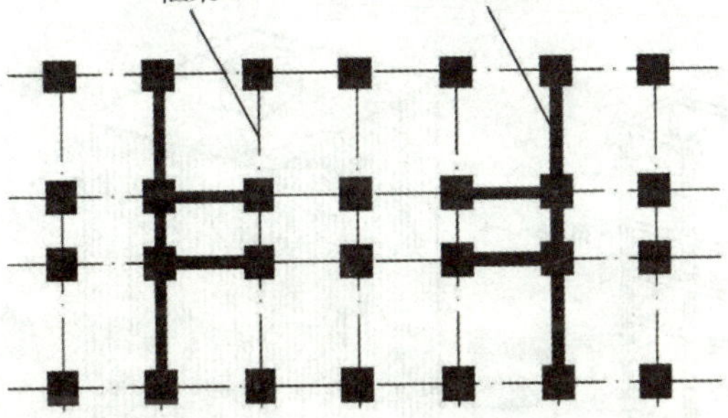

图 1–8 框架—剪力墙结构

框架—剪力墙结构的抗侧刚度较大，抗震性较好，具有平面布置灵活、使用方便的特点，广泛应用于办公楼和宾馆等公共建筑中。框架—剪力墙结构体系的适用高度为15～25层，一般不宜超过30层。

4. 筒体结构体系

以筒体为主要的承受竖向和水平作用的结构称为筒体结构体系。它是在剪力墙结构体系和框架—剪力墙结构体系的基础上发展而形成的。筒体是由若干片剪力墙或密柱框架围合而成的封闭井筒式结构（或框筒）。

根据开孔的多少，筒体有空腹筒和实腹筒之分，如图1–9所示。实腹筒一般由楼梯间、电梯井、管道井等组成，开孔少，常位于房屋中部，故又称核心筒，如图1–9（a）所示。

空腹筒又称框筒，由布置在房屋四周的密排立柱和截面高度很大的横梁组成，如图1-9（b）所示，其中立柱柱距一般为1.2～3.0 m，横梁的梁高一般为0.6～1.2 m。

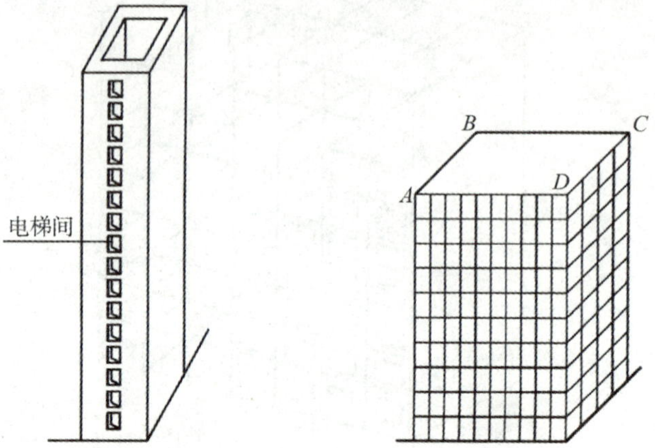

（a）实腹筒　　（b）空腹筒

图1-9　筒体结构（1）

根据所受水平力及房屋高度的不同，筒体结构体系可以布置成框架—核心筒结构、筒中筒结构、成束筒结构和多重筒结构等形式，如图1-10所示。其中，筒中筒结构通常用框筒作为外筒，实腹筒作为内筒。筒体结构体系因为刚度大，可形成较大的内部空间且平面布置灵活，广泛应用于写字楼等超高层公共建筑中。

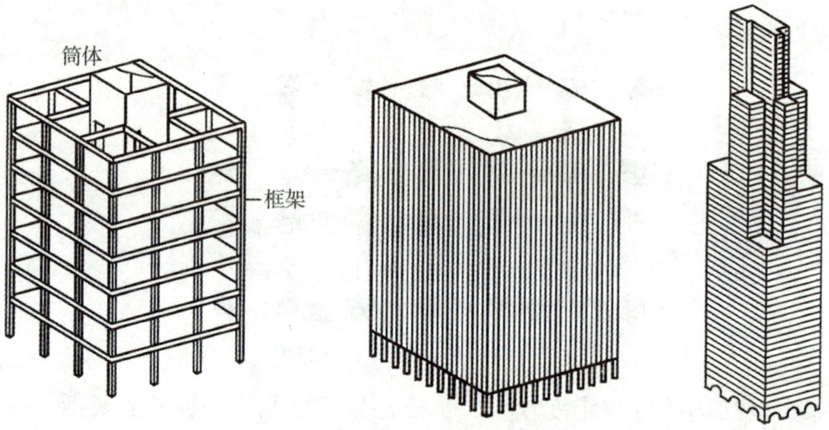

（a）框架—核心筒　　（b）筒中筒　　（c）成束筒

图1-10　筒体结构（2）

知识链接

世界上著名的超高层公共建筑

世界上著名的超高层公共建筑有很多，其中一些著名的建筑有以下几个。

1. 上海中心大厦

上海中心大厦位于中国上海市，高632 m，是中国第一高建筑和世界第二高建筑，包括商业、办公和观光空间。

2. 迪拜哈利法塔

迪拜哈利法塔位于阿联酋迪拜市，是世界上最高的建筑，高828 m，包括住宅、酒店和商业空间。

3. 纽约帝国大厦

纽约帝国大厦位于美国纽约曼哈顿市，高381 m，是一座标志性的摩天大楼，曾经是世界上最高的建筑。

4. 东京晴空塔

东京晴空塔位于日本东京市，高634 m，是世界上最高的电视塔，也是日本的主要旅游景点之一。

5. 吉隆坡双峰塔

吉隆坡双峰塔位于马来西亚吉隆坡市，每座塔楼高452 m，曾经是世界最高塔楼。

以上超高层建筑都成了各自城市的标志性建筑，吸引着大量游客和观光者。

任务二　建筑结构设计基本原理

一、作用与荷载

作用是指施加在结构上的集中或分布荷载以及引起结构外加变形或约束变形因素的总称。在此范畴内，直接作用，即通常所说的荷载，如结构自重、楼面人群、屋面的雪荷载以及墙面的风荷载等。而将引起结构外加变形或约束变形的原因称为间接作用，如地震、地基沉降、混凝土收缩及温度等因素。图1–11（a）中梁上的作用是荷载，图1–11（b）中梁上的作用是荷载和中间支座沉降。

（a）　　（b）

图1–11　结构上的作用

1. 作用效应

由作用引起的结构或构件的反应称为作用效应。对钢筋混凝土结构而言，结构上的作用使结构产生内力与变形，还可能使之出现裂缝，这些都是作用效应。值得注意的是，直接作用和间接作用都能产生作用效应，如图1–12所示。从作用效应后果来看，间接作用效应后果不为人们所重视，但有时其后果比直接作用效应更具破坏性，如地震间接作用的作用效应就具有很大的破坏力，如图1–13所示。

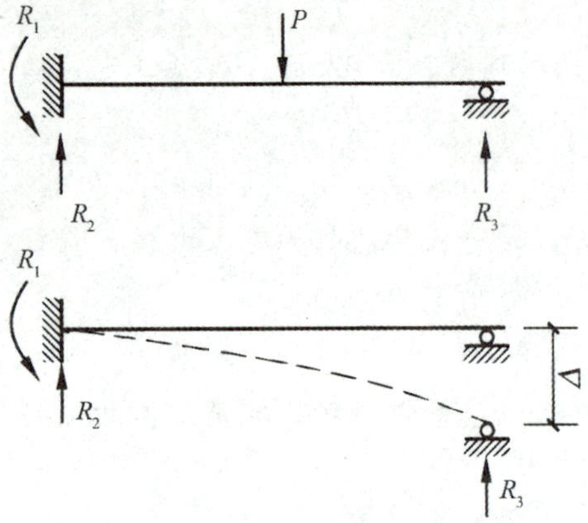

图 1–12　作用效应示意图

图 1–13　地震后的房屋

2. 结构抗力的随机性

结构或结构构件承受作用效应的能力称为结构抗力。结构抗力与构件的截面尺寸、形式及材料等级有关。

楼面上的人群荷载、屋面上的雪荷载以及工业厂房中的吊车荷载等，都是可移动的，且其数值可能较大，也可能较小，具有随机性质。即使结构自重，由于所用材料的不同，或在制作过程中出现的不可避免的尺寸误差，其重量也不可能与设计值完全相等。地震、地基沉降及温差等间接作用也具有随机性质，即作用具有随机性。

作用效应是结构上作用效果的反应，既然结构上的作用是随机的，其作用效应也就具有随机性质。

影响结构抗力的主要因素是材料性能和构件的几何尺寸及计算的精确性等。由于材质及生产工艺等因素的影响，构件的制作误差及施工安装误差等的存在，构件几何参数、强度和变形也将存在差别，加之计算公式的不精确和理论上的假定，这些都会导致结构抗力具有随机的性质。

3. 荷载的分类

荷载可以按照时间、空间及结构反应不同进行分类，它们适用于不同的场合。

（1）按时间的变异分类

按时间的变异分类，可以将荷载分为以下几类。

① 永久荷载

结构上的荷载是不随时间而变化的。设计结构时，必须相对固定一个时间坐标以作为基准，这就是设计基准期，设计基准期一般为50年。永久荷载是指在设计基准期内，其值不随时间变化，或其变化与平均值相比可以忽略不计的荷载。属于永久荷载的有结构自重、土压力、预加应力、地基沉降以及焊接等，有时也称为恒荷载。

② 可变荷载

可变荷载是指在设计基准期内，其值随时间变化，且其变化值与平均值相比不可忽略的荷载。属于可变荷载的有安装荷载、风荷载、雪荷载、吊车荷载以及温度变化等，有时也称为活荷载。

③ 偶然荷载

偶然荷载是指在设计基准期内不一定出现，而一旦出现，其量值很大，且持续时间很短的荷载。属于偶然荷载的有地震、爆炸以及撞击等。

（2）按空间位置的变异分类

按空间位置的变异分类，可以将荷载分为以下几类。

① 固定荷载

固定荷载是指在结构空间位置上具有固定分布的荷载。属于固定荷载的有结构构件的自重以及工业与民用建筑楼面上的固定设备荷载等。

② 可动荷载

可动荷载是指在结构空间位置上的一定范围内可以任意分布的荷载。例如，工业与民用建筑楼面上的人群荷载、吊车荷载等。

（3）按结构的反应分类

按结构的反应分类，可以将荷载分为以下几类。

① 静态荷载

静态荷载是指对结构构件不产生加速度，或其加速度可以忽略不计的荷载。例如，结构自重、住宅与办公楼的楼面活荷载等。

② 动态荷载

动态荷载是指对结构或构件产生不可忽略的加速度的荷载。例如，吊车荷载、地震、设备振动、作用在高耸结构上的风荷载等。

4. 荷载的代表值

荷载是随机变量，任何一种荷载的大小都具有程度不同的变异性。因此，进行建筑结构设计时，对于不同的荷载和不同的设计情况，应采用不同的代表值。

（1）永久荷载的代表值

对于永久荷载而言，只有一个代表值，这就是它的标准值。永久荷载标准值，对于结构自重，可按结构构件的设计尺寸与材料单位体积（或单位面积）的自重来计算确定。

对于常用材料的构件，单位体积的自重可由《建筑结构荷载规范》（GB 50009—2012）附录A查得。对于某些自重变异较大的材料或构件（如现场制作的保温材料、混凝土薄壁构件等），自重的标准值应根据对结构的不利状态，取上限值或下限值。原则上，荷载的标准值应取其在结构设计基准期内可能达到的最大量值。

（2）可变荷载的代表值

对于可变荷载，应根据设计的要求，分别取不同的荷载值作为其代表值。

① 标准值

可变荷载的标准值，是可变荷载的基本代表值。《建筑结构荷载规范》（GB 50009—2012）中，对于楼面和屋面活荷载、吊车荷载、雪荷载和风荷载等可变荷载的标准值，规定了具体数值或计算方法，设计时可以查用。

例如，民用建筑楼面均布活荷载标准值可由表1–1查得。

表 1–1 民用建筑楼面均布活荷载标准值及其组合值、频遇值和准永久值系数

类别	标准值（kN/m^2）	组合值系数 ψ_c	频遇值系数 ψ_f	准永久值系数 ψ_q
教室、食堂、餐厅、一般资料档案室	2.5	0.7	0.6	0.5
礼堂、剧场、影院、有固定座位的看台	3.0	0.7	0.5	0.3
公共洗衣房	3.0	0.7	0.6	0.5
商店、展览厅、车站、港口、机场大厅及旅客等候室	3.5	0.7	0.6	0.5
无固定座位的看台	3.5	0.7	0.5	0.3
健身房、演出舞台	4.0	0.7	0.6	0.5
运动场、舞厅	4.0	0.7	0.9	0.3
通风机房、电梯机房	7.0	0.9	0.9	0.8
厨房	2.0	0.7	0.6	0.5
浴室、卫生间、盥洗室	2.5	0.7	0.6	0.5
宿舍、旅馆、医院病房、托儿所、幼儿园、住宅的走廊和门厅	2.0	0.7	0.5	0.4
办公楼、餐厅、医院门诊部的走廊和门厅	2.5	0.7	0.6	0.5
教学楼及其他可能出现人员密集的地方的走廊和门厅	3.5	0.7	0.5	0.3

注：（1）表中所给各项活荷载适用于一般使用条件，当使用荷载较大或情况特殊时，应按实际情况采用。

（2）表中各项荷载不包括隔墙自重和二次装修荷载；对固定隔墙的自重应按恒荷载考虑，当隔墙位置可灵活自由布置时，非固定隔墙自重应取每延米长墙重（kN/m）的1/3作为楼面活荷载的附加值（kN/m^2）计入，附加值不小于1.0 kN/m^2。

② 组合值

当结构面临两种或更多的可变荷载，并且在承载能力极限状态按照基本组合设计或在正常使用极限状态下荷载按标准组合设计时，鉴于这些可变荷载同时达到最大值的可能性较低，因此，可通过将它们的标准值乘以一个不大于1的荷载组合系数，该系数以ψ_c表示，来进行调整。经过这一调整后的可变荷载标准值，即称为可变荷载的组合值。综上所述，可变荷载的组合值是在结构承受两种或两种以上可变荷载时的代表性数值。

③ 频遇值

对可变荷载，在设计基准期内，其超越的总时间仅为设计基准期一小部分的作用值，或在设计基准期内其超越频率为某一给定频率的作用值，称为可变荷载的频遇值。

频遇值大小为可变荷载标准值乘以荷载频遇值系数。屋面均布活荷载、标准值及其组合值、频遇值和准永久值系数见表1–2。

表 1–2 屋面均布活荷载、标准值及其组合值、频遇值和准永久值系数

项次	类别	标准值（kN/m^2）	组合值系数 ψ_c	频遇值系数 ψ_f	准永久值系数 ψ_q
1	不上人屋面	0.5	0.7	0.5	0
2	上人屋面	2.0	0.7	0.5	0.4
3	屋顶花园	3.0	0.7	0.6	0.5

注：(1) 不上人屋面，当施工或维修荷载较大时，应按实际情况采用；对不同类型的结构应按有关设计规范的规定采用，但不得低于0.3 kN/m^2。

(2) 上人屋面，当兼作其他用途时，应按相应楼面活荷载采用。

(3) 屋顶花园活荷载不包括花圃土石等材料自重。

(4) 对于因屋面排水不畅而引起的积水荷载，应采用构造措施加以防止；必要时，应按积水的可能深度确定屋面活荷载。

④ 准永久值

在设计基准期内，可变荷载的值会随时间而发生变化，但其变化情况因荷载类型而异。以住宅楼面为例，人群荷载的流动性较大，而家具荷载的流动性相对较小。在图书馆中，情况类似，人群荷载的流动性较大，而图书荷载的流动性则相对较小。可变荷载中，在设计基准期内出现时间较长（一般不低于25年）的荷载值，被定义为该可变荷载的准永久值。

可变荷载的准永久值为可变荷载标准值乘以荷载准永久值系数。由于可变荷载准永久值只是可变荷载标准值的一部分，因此，可变荷载准永久值系数小于或等于1.0，用ψ_q表示。

《建筑结构荷载规范》(GB 50009—2012) 中给出了各种可变荷载的准永久值系数取值，设计时可以查用。正常使用极限状态按长期效应组合设计时，应采用可变荷载的准永久值作为其代表值。

二、建筑结构的功能要求

任何建筑结构设计都应在预定的设计使用年限内，在正常使用的条件下满足设计所预期的各种功能要求。

设计使用年限是指房屋建筑在正常设计、正常施工、正常使用和维护下所应达到的使用年限。在这一规定的时间内，结构或结构构件不需进行大修即可按其预定目的使用。由表1-3可见，我国通常的建筑结构设计的使用年限是50年。

对于按照我国现行设计规范选用的可变作用及与时间有关的材料性能等取值而选用的时间参数称为设计基准期。它不等同于建筑结构的设计使用年限。《建筑结构可靠度设计统一标准》(GB 50153—2008) 规定的设计基准期为50年。

相应的《建筑结构荷载规范》(GB 50009—2012) 所考虑的荷载统计参数都是按设计基准期为50年确定的，如设计时需采用其他设计基准期，则必须另行确定在设计基准期内最大荷载的概率分布及相应的统计参数。

表 1-3　设计使用年限分类

类别	设计使用年限（年）	举例
1	1 ~ 5	临时性建筑
2	25	易于替换的结构构件
3	50	普通房屋和构筑物
4	100及以上	纪念性建筑和特别重要的建筑结构

满足设计所预期的各种功能要求包括以下方面。

1. 安全性

在正常施工和正常使用时，能承受可能出现的各种作用。并且在设计规定的偶然事件（如地震、爆炸）发生时及发生后，仍能保持必需的整体稳定性。所谓整体稳定性，系指在偶然事件发生时及发生后，建筑结构仅产生局部的损坏而不致发生连续倒塌。

2. 适用性

在正常使用时具有良好的工作性能。如不产生影响使用的过大的变形或振幅，不发生足以让使用者产生不安的过宽裂缝。

3. 耐久性

在正常维护下具有足够的耐久性能。结构在正常维护条件下应能在规定的设计使用年限内满足安全、实用性的要求。

上述对结构安全性、适用性、耐久性的要求总称为结构的可靠性。即结构和结构构件在规定的时间内（设计使用年限），在规定的条件下（正常设计、正常施工、正常使用和维护），完成预定功能（安全性、适用性、耐久性）的能力称为结构的可靠性。结构的可靠性的概率度量称为结构的可靠度。也就是说，可靠度是指在规定的时间内和规定的条件下，结构完成预定功能的概率。

三、极限状态设计表达式

极限状态设计是结构设计的一种方法，旨在确保结构在其使用寿命内的安全性和可靠性。极限状态设计表达式是用于计算各种极限状态下结构件的承载能力或性能的数学表达式。

1. 承载能力极限状态设计表达式

承载能力极限状态设计表达式为

$$\gamma_0 S < R$$

式中　γ_0——结构构件的重要性系数。对安全等级为一级或设计使用年限为100年及以上的结构构件不应小于1.1，对安全等级为二级的结构构件不应小于1.0，对安全等级为三级的结构构件不应小于0.9，对地震设计状况下应取1.0；

S——承载能力极限状态的荷载效应组合设计值；

R——结构构件的抗力设计值。

2. 正常使用极限状态设计表达式

正常使用极限状态主要验算结构构件的变形、抗裂度或裂缝宽度等，使其满足结构的适用性和耐久性的要求。其设计表达式为

$$S \leqslant C$$

式中　S——正常使用极限状态的荷载效应组合值；

C——结构或构件达到正常使用要求的规定限值（变形、裂缝宽度、应力等限值）。

四、结构的可靠度理论

设计任何建筑物或构筑物，必须在其设计使用年限内，满足以下各预定功能的要求，见表1–4。

表 1–4　需要满足的要求

要求	具体内容
安全性要求	要求结构构件在正常施工和使用时，能承受可能出现的各种作用；在偶然事件发生时及发生后，仍能保持必需的整体稳定性
适用性要求	要求结构构件在正常使用时具有良好的工作性能。如受弯构件在正常使用时不出现过大的挠度和过宽的裂缝
耐久性要求	要求在正常维护下，结构具有足够的耐久性能。足够的耐久性能是指结构在规定的工作环境下，在预定的设计期内，其材料性能的恶化不会导致结构出现不可接受的失效概率

结构的安全、适用和耐久是其可靠的标志，总称为结构的可靠性。

结构的可靠度是指在规定的时间和规定的条件下，完成既定功能的概率。这里所指的规定时间指设计使用年限，一般为50年；规定的条件是指正常设计、正确施工及正常使用的条件，即不违反有关国家规范及规程的要求；既定功能是指结构的安全性、适用性和耐久性。由此可见，可靠度是结构可靠性在概率上的度量。

（1）结构的可靠概率与失效概率

设结构抗力为R，作用效应为S，则定义结构的功能函数用$Z=R-S$来描述其工作状态，当$Z>0$时，结构抗力大于作用效应，结构可靠；当$Z<0$时，结构抗力小于作用效应，结构失效；当$Z=0$时，结构抗力等于作用效应，结构处于极限状态。

因此，结构可靠的基本条件是$Z\geqslant 0$（$R\geqslant S$）。

我国的《建筑结构可靠度设计统一标准》（GB 50068—2001）在大量统计的基础上，规定对于一般性工业与民用建筑的失效概率规定不得超过以下限值：延性破坏的结构$[P_f]=6.9\times10^{-4}$，脆性破坏的结构$[P_f]=1.1\times10^{-4}$，且结构的可靠概率P_s和失效概率P_f须满足$P_s+P_f=1$。

（2）可靠指标

引入可靠指标β替代失效概率P_f来具体度量结构的可靠性。

可靠指标β为结构功能函数Z的平均值μ_z与其标准差σ_z之比，即

$$\beta=\frac{\mu_z}{\sigma_z}=\frac{\mu_R-\mu_S}{\sqrt{\sigma_R^{\ 2}+\sigma_S^{\ 2}}}$$

可靠指标与失效概率存在对应的关系，β值越大，失效概率P_f越小；反之β越小，失效概率P_f越大，见表1–5。

表 1-5　β 与 P_f 的关系

β	2.0	2.5	2.7	3.0	3.2	3.7	4.0	4.2
P_f	2.28×10^{-2}	6.21×10^{-3}	3.5×10^{-3}	1.35×10^{-3}	6.9×10^{-4}	1.1×10^{-4}	3.17×10^{-5}	1.3×10^{-6}

建筑物的安全等级是根据结构破坏可能产生后果的严重程度进行划分，共分为三级。各类结构构件按承载力极限状态进行设计时可靠指标与安全等级的关系，见表1-6。

表 1-6　结构构件承载能力极限状态的可靠指标

破坏类型	安全等级		
	一级	二级	三级
延性破坏	3.7	3.2	2.7
脆性破坏	4.2	3.7	3.2

以上讨论的主要是承载能力的问题，它涉及结构的最基本要求，即安全性问题。对于适用性和耐久性问题，在正常使用条件下，结构构件设计的可靠指标的取值可以比承载力极限状态设计时的取值低一些。

任务三　结构材料力学性能

一、结构材料基本要求

1. 结构材料力学性能基本要求

结构材料性能对结构构件的受力性能及其满足使用功能要求具有决定性影响。因此，在挑选结构材料时，应对其力学性能提出明确的标准。其中，主要的力学性能指标包括强度、弹性与塑性、冲击韧性及徐变和应力松弛等。这些指标的综合评估将确保所选材料能够满足工程需求，保证结构的安全与稳定。

（1）强度

强度是材料抵抗破坏能力的指标。根据材料在受力时的变形状态不同，材料有弹性极限强度、屈服强度、极限强度；根据材料的受力状态不同，又有抗压强度、抗拉强度、抗剪强度和抗扭强度等；如果材料受到循环荷载作用，还要考虑疲劳强度。

① 弹性极限强度

材料在受力初期，材料的应力和应变基本满足线性关系，如果此时卸载，构件的变形能够完全恢复，此阶段为弹性阶段。弹性阶段的最大应力称为弹性极限应力或弹性极限强度。

② 屈服强度

材料根据其变形性能可以分为塑性材料和脆性材料。塑性材料在应力超过极限弹性应力后，应力不再有明显增加，而是在小范围内波动，但应变急剧增大，这种现象称为屈服。一般以屈服阶段最小应力作为屈服强度。脆性性质的钢材没有明显的屈服阶段，取残余变形0.2%对应的应力作为名义屈服强度。

③ 极限强度

材料所能够承受的最大荷载与初始截面面积的比值称为最大名义应力，也称为材料的极限强度。

④ 疲劳强度

结构构件在变幅循环荷载作用下，当达到一定的循环次数时，会发生脆性破坏，且破坏应力远小于屈服应力，这种破坏称为疲劳破坏。在规定的荷载循环次数和荷载变化幅度下，材料能够承担的最大动态应力称为材料的疲劳强度。

（2）弹性与塑性

材料在外力作用下产生变形，当外力去除后能完全恢复到原始形状的性质称为弹性。相应的变形称为弹性变形。在弹性范围内，应力与应变的比值定义为弹性模量。材料的弹性模量越大，材料的刚度越大，就越不容易变形。

材料在外力作用下产生变形，当外力去除后，有一部分变形不能恢复，这种性质称为材料的塑性。材料塑性性能可以通过测量材料伸长率、断面收缩率或冷弯性能来确定。

（3）冲击韧性

冲击韧性是指钢材抗冲击而不破坏的能力。冲击韧性与材料的塑性有关，它是强度和塑性的综合指标。材料的冲击韧性与其内在质量、宏观缺陷和微观组成有关。此外，冲击韧性易受温度影响，温度的下降将会明显地降低材料的冲击韧性，对结构的安全不利。

（4）徐变和应力松弛

徐变是指在恒定温度和应力条件下，构件或材料的变形随时间的增加而增大的现象。混凝土具有徐变特性，钢材在高温下也会出现徐变特性。

应力松弛是指在恒定温度和应变条件下，构件或材料的应力随时间的增加而减小的现象。对于预应力钢筋混凝土结构，应力松弛将会引起预应力损失，从而降低构件的抗裂度。

2. 其他要求

结构材料还需满足以下要求。

（1）协同工作性能

材料的协同工作性能是指两种或两种以上的材料或杆件可以融合成一体，共同参与受力和变形，而不会轻易分开的性能。如钢材的可焊性、钢筋和混凝土之间以及砌块与砂浆之间的黏结性能等。

（2）耐久性

耐久性对建筑物的使用寿命起到至关重要的决定作用，要根据材料所处的使用环境等因素，综合考虑耐久性，合理选择结构材料或采取相应的保护措施。

（3）可加工性

材料制成构件的过程中，都要进行加工，如钢材的切割、焊接，因此，在选择结构材料时，要充分考虑材料的加工难度和施工企业的实际加工制作能力。

（4）取材便利

构件采用的材料尽量在当地取用，并且尽可能少地破坏当地环境资源，从而达到价格合理、经济适用、满足可持续性发展的目的。

二、结构分析方法

基于建筑物的功能需求和场地特性，要进行结构选型，并据此进行结构布置，涵盖平面和立面布局。随后，根据荷载及计算简图进行结构分析。一个完整的建筑结构应包含以下三个承重部分：首先是水平承重结构；其次是竖向承重结构；最后是基础承重结构。

水平承重结构主要包括楼盖和屋盖结构，用于支撑建筑的水平部分。竖向承重结构则涵盖框架结构、桁架结构、剪力墙结构及筒体结构等，负责承受和传递建筑的竖向荷载。而基础承重结构则包括地基和基础部分，为整个建筑提供稳固的支撑。这三个部分共同构成了建筑结构的整体，它们相互作用、相互影响。

通常情况下，水平承重结构会将楼盖和屋面上的各种荷载传递给竖向承重结构，这些荷载再通过竖向承重结构进一步传递给基础承重结构。这一过程确保了建筑物在各种荷载作用下的稳定性和安全性。

1. 结构分析应遵循的基本原则

（1）结构分析步骤

结构选型和布置确定之后，可以进行结构分析，其步骤如下。

① 假定结构构件截面尺寸规格，选择材料。

② 确定结构计算简图。

③ 计算荷载的大小：当有抗震设防要求时，还要计算地震作用的大小；当要求对温度、地基不均匀沉降、混凝土收缩、徐变影响进行分析时，还要计算温差、地基不均匀沉降以及混凝土收缩、徐变量的大小。

④ 选择合适的结构分析方法。

⑤ 进行结构的内力与变形计算。

结构的内力求得以后，可以对其进行构件设计；结构的变形求得以后，可以对其进行变形验算，以检验结构构件的刚度是否满足要求。

（2）结构分析基本原则

进行结构分析时，应遵循以下基本原则。

① 所有情况下均应对结构进行整体分析。对结构中的重要部位、形状发生突变的部位以及内力和变形有异常变化的部位，必要时应另做更详细的局部分析。对两种极限状态进行分析时，应分别采用相应的荷载代表值和荷载组合值。

② 当结构在施工和使用期的不同阶段有多种受力状况时，应分别进行结构分析，并确定其最不利的作用效应组合。当结构有可能遭遇火灾、爆炸、撞击等偶然作用时，应按国家现行有关标准的要求进行相应结构分析。

③ 结构分析中所采用的各种简化和近似假定，如边界条件、材料本构关系、材料性能的计算指标、初始应力和变形状况等，应有理论或试验的依据，并应具有相应的构造保证措施，或经工程实践验证。计算结果的准确程度应符合工程设计的要求。

④ 结构分析应满足力学平衡条件；应在不同程度上符合变形协调条件，包括节点和边界的约束条件。

2. 分析方法及其适用范围

（1）混凝土结构

混凝土不是理想的弹性材料，当压应力较大时，应力—应变关系不为直线，呈非线性发展，内力与按弹性方法计算的结果有较大出入。

混凝土结构的分析方法可归纳为五类，进行结构分析时，宜根据结构类型、构件布置、材料性能和受力特点等进行选择。这五类方法分别如下。

① 弹性分析方法

弹性分析方法以弹性材料为基础，可以用于各种混凝土结构的承载能力极限状态及正常使用极限状态的作用效应分析。

宜采用弹性分析方法进行分析的构件有：直接承受动力荷载的结构；使用期间要求不出现裂缝的结构；处于侵蚀环境的结构；长期处于高温或负温的结构。

② 塑性内力重分布分析方法

塑性内力重分布分析方法考虑了混凝土结构在较大荷载下结构由于裂缝的出现与开展等非线性性质相对于弹性分析结果发生的变化，是对弹性计算内力进行调整的方法。

对于房屋建筑中的钢筋混凝土连续梁和连续单向板，宜采用塑性内力重分布的分析方法进行分析。

③ 塑性极限分析方法

塑性极限分析方法又称塑性分析法或极限平衡法，主要用于有明显屈服点钢筋配筋的混凝土结构破坏阶段的分析。

承受均布荷载的周边支撑的双向矩形板，可采用塑性极限分析法进行承载能力极限状态设计，同时应满足正常使用极限状态的要求。

④ 弹塑性分析方法

弹塑性分析方法以钢筋混凝土的实际力学性能为依据，可准确地分析结构受力全过程的各种荷载效应，而且可以解决各种体形和复杂受力的结构分析问题。

特别重要的或受力状况特殊的大型杆系结构和二维、三维结构，必要时应对其整体或局部进行受力全过程的非线性分析。

⑤ 试验分析方法

根据试验结果，可靠度分析理论可作为两种极限状态的设计依据。

（2）钢结构

建筑结构的内力和变形可按结构静力学方法进行弹性或弹塑性分析。结构稳定性设计应在结构分析中或在构件设计中考虑二阶效应。

结构内力分析可采用一阶弹性分析、二阶弹性分析和直接分析。二阶弹性分析和直接分析应考虑初始几何缺陷和残余应力的影响。

结构的初始缺陷应包含结构整体初始几何缺陷和构件初始几何缺陷及残余应力。

① 一阶弹性分析与设计

当钢结构的内力和位移计算采用一阶弹性分析时，可按照有关规定进行构件连接和节点设计。对于形式和受力都复杂的结构，应按结构弹性稳定理论确定构件的计算长度系数。

② 二阶弹性分析与设计

二阶弹性分析应考虑二阶 $P-\Delta$ 效应和结构整体初始缺陷，宜考虑构件初始缺陷，对未在分析中考虑的因素应在设计阶段得到体现。二阶效应可按近似的二阶理论对一阶弯矩进行放大来考虑。

③ 直接分析设计法

直接分析设计法应考虑二阶 $P-\Delta$ 和 $p-\delta$ 效应，同时考虑结构和构件的初始缺陷，允许材料的弹塑性发展、内力重分布。结构和构件采用直接分析设计法进行分析和设计时，计算结果可直接作为结构或构件在承载能力极限状态和正常使用极限状态下的设计依据。

任务四 建筑结构抗震基本知识

一、抗震的概念

强烈地震作为全球最严重的自然灾害之一，短时间内便能引发巨大的人员伤亡和财产损失。历史中一次又一次的地震灾难及其教训，都深刻提醒着人们：防震减灾工作的紧迫性和重要性。为了有效减少地震带来的灾害，新建工程的抗震设计成为一项根本且至关重要的减灾策略。下面主要介绍地震及其与房屋建筑抗震设防相关的基本知识。

在建筑抗震设计中，地震被定义为由岩层构造状态突然破裂引发的振动。这种破裂或因局部岩层塌落、火山活动、核爆炸等产生，通过波的形式传递到地面，引发地面的颠簸和摇晃。地震的破坏力极大，常常导致严重的人员伤亡和巨大的经济损失。因此，人们需高度重视抗震设计工作，以应对这一严重的自然灾害。

国家制定了《建筑抗震设计规范》（GB 50011—2010），对地震实行以预防为主的方针，建筑经抗震设防后，减轻地震破坏，避免人员伤亡，减少经济损失，如图1-14所示。

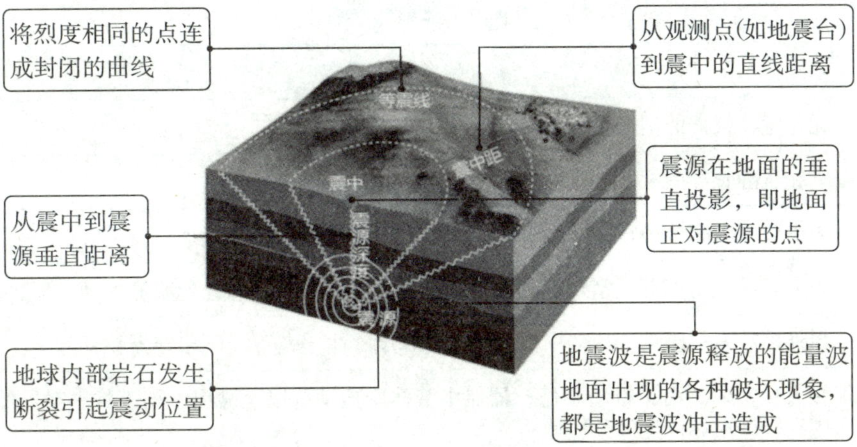

图 1–14　地震构造示意图

1. 震源

地震发生的起始位置称为震源，震源正上方的地面位置称为震中，位于震中的区域往往是振动最早、最强烈的地方。震源垂直向上到地表的距离是震源深度。

2. 震源深度

一般把震源深度在60 km以内的地震称为浅源地震；60 ~ 300 km的地震称为中源地震；300 km以上的地震称为深源地震。

震源越浅，破坏越大，但波及范围也越小，反之亦然。破坏性地震一般是浅源地震。

3. 震级

地震的震级是衡量一次地震释放能量大小的等级。用符号M表示，一般称为里氏震级。$M<2$的地震人们感觉不到，称为微震；$M=2\sim4$的地震为有感地震；$M\geqslant5$的地震，对建筑物有不同程度的破坏，称为破坏地震；$M>7$的地震，称为强烈地震或大地震；$M\geqslant8$的地震称为特大地震。如2008年5月四川省汶川地震等级为8级。

4. 地震烈度

地震烈度指地震时某一地区地面和各类建筑物遭受一次地震影响的强弱程度。一般情况下，震中区的地震烈度最高，随距离震中区的远近不同，地震烈度就有差异。为了在实际工作中评定烈度的高低，有必要制定一个统一的评定标准，这个规定的标准称为地震烈度表，在世界各国使用的有几种不同的烈度表。

我国按12个烈度等级划分烈度表，主要是根据宏观的地震影响和破坏现象（如人的感觉、物体的反应、房屋建筑物的破坏、地表改观等现象）定性划分的，见表1–7。1 ~ 5度以人的感觉为主；6 ~ 10度以房屋震害为主，人的感觉仅供参考；11度和12度以地表现象为主，11度和12度的评定，需要专门研究。

表 1–7　地震烈度表

烈度	地震现象
1度	人无感觉，仪器能记录到
2度	个别完全静止中的人能感觉到
3度	室内少数人在完全静止中能感觉到；门窗轻微作响，悬挂物微动
4度	室内大多数人有感觉，室外少数人有感觉；门窗有响声，悬挂物明显摆动，器皿作响
5度	室内外多数人有感觉，从梦中惊醒；门窗作响，尘土落下，不稳定器物翻倒
6度	很多人从室内跑出，行动不稳；器皿中液体剧烈动荡以至溅出，架上的书籍器皿翻倒坠落；房屋有轻微损坏以至部分损坏
7度	自行车、汽车上人有感觉；房屋轻度破坏（局部破坏、开裂），经小修或者不修可以继续使用；牌坊、烟囱损坏，地表出现裂缝及喷砂冒水
8度	行走困难；房屋中等破坏（结构受损，需要修复才能使用）；少数破坏路基塌方，地下管道破裂；树枝折断
9度	行动的人摔倒；房屋严重破坏（结构严重破坏，局部倒塌），修复困难；牌坊、烟囱等崩塌，铁轨弯曲；滑坡塌方常见
10度	处于不稳状态的人会摔出，有抛起感；房屋大多数倒塌；道路毁坏，山石大量崩塌，水面大浪扑岸
11度	房屋普遍倒塌；路基堤岸大段崩毁，地表产生很大变化，大量山崩滑坡
12度	地面剧烈变化，山河改观；一切建筑物普遍毁坏；地形剧烈变化，动植物遭毁灭

5. 设防烈度

设防烈度是指按国家规定的权限批准作为一个地区抗震设防依据的地震烈度，即建筑物需要抵抗地震作用对建筑物的破坏程度。《建筑抗震设计规范》中给出了全国主要城镇的抗震设防烈度，见表1–8。对抗震设防烈度为6度及以上地区的建筑，必须进行抗震设计。

表 1–8　全国部分城市抗震设防烈度

抗震设防烈度	城市
6度	重庆、哈尔滨、杭州、南昌、济南、武汉、长沙、南宁、贵阳、青岛
7度	上海、石家庄、沈阳、长春、南京、合肥、福州、广州、成都、西宁、澳门、大连、深圳、珠海
8度	北京、太原、呼和浩特、昆明、拉萨、西安、兰州、银川、乌鲁木齐、海口、台北

6. 抗震等级

抗震等级是指设计部门依据国家有关规定，按照“建筑物重要性分类与设防标准”，根据烈度、结构类型和建筑物高度等，而采用不同抗震等级进行的具体设计。以钢筋混凝土框架结构为例，抗震等级划分为四级，以表示其很严重（一级）、严重（二级）、较严重（三级）及一般（四级）四个级别。设防烈度越高，抗震等级就越高。

二、建筑抗震设防标准与目标

1. 抗震设防分类和设防标准

《建筑抗震设计规范》（GB 50011—2010）将建筑物按其使用功能的重要性分为甲、乙、丙、丁四个抗震设防类别。

（1）甲类建筑

甲类建筑是指遭地震破坏后对社会有严重影响，对国民经济有巨大损失或有特殊要求的建筑。地震作用应高于本地区抗震设防烈度的要求，其值应按批准的地震安全性评价结果确定。抗震措施，当抗震设防烈度为6～8度时，应符合本地区抗震设防烈度提高一度的要求；当地震设防烈度为9度时，应符合比9度抗震设防更高的要求。

（2）乙类建筑

乙类建筑是指地震时使用功能不能中断或需尽快恢复的建筑（如消防、急救、供水、供电等）。地震作用应符合本地区抗震设防烈度的要求。抗震措施，一般情况下，当抗震设防烈度为6～8度时，应符合本地区抗震设防烈度提高一度的要求；当地震设防烈度为9度时，应符合比9度抗震设防更高的要求。地基基础的抗震措施，应符合有关规定。对较小的乙类建筑，当其结构改用抗震性能较好的结构类型时，应允许仍按本地区抗震设防烈度的要求采取抗震措施。

（3）丙类建筑

丙类建筑是指地震破坏后有一般影响及其他不属于甲、乙、丁类的一般建筑（如公共建筑、住宅、旅馆、厂房等）。地震作用和抗震措施均应符合本地区抗震设防烈度的要求。

（4）丁类建筑

丁类建筑是指地震破坏或倒塌不会影响甲、乙、丙类建筑，且社会影响、经济损失轻微的建筑（如储存物品价值低、人员活动少的单层仓库等建筑）。一般情况下，地震作用仍应符合本地区抗震设防烈度的要求；抗震措施应允许比本地区抗震设防烈度的要求适当降低，但抗震设防烈度为6度时不应降低。

2. 抗震设防目标

建筑物在设计使用年限期间有可能遭受多次不同烈度的地震。抗震设计要求建筑具有不同的抵抗能力，对一般较小的地震，发生的可能性大，故又称多遇地震，这时要求结构不受损坏，在技术上和经济上都可以做到；而对于罕遇的强烈地震，由于发生的可能性小，但地震作用大，在此强震作用下要保证结构完全不损坏，技术难度大，经济投入也大，是不合算的，这时若允许有所损坏，但不倒塌，则将是经济合理的。我国抗震规范根据这些原则提出了“三个水准”的抗震设防目标。

（1）第一水准：当遭受低于本地区设防烈度的多遇地震影响时，一般不受损坏或不需修理仍可继续使用。

（2）第二水准：当遭受本地区设防烈度的地震影响时，可能损坏，但经一般修理或不需修理仍可继续使用。

（3）第三水准：当遭受高于本地区设防烈度的罕遇地震（大震）时，建筑不致发生倒塌或危及生命财产的严重破坏。

通常将其概括为"小震不坏，中震可修，大震不倒"。

三、抗震设计的基本要求

为了达到合理的抗震目的，在进行抗震设计时，应遵循下列要求。

1. 场地与地基选择

在挑选建筑场地和地基时，应优先考虑那些对抗震有利的地段。对于可能产生不利影响的地段，应明确提出避免建设的要求。若实际情况使得无法避免，则需采取切实有效的抗震措施。在任何情况下，甲、乙、丙类建筑均不得在危险地段进行建设。关于建筑抗震有利、不利地段及危险地段的界定，可参考《建筑抗震设计规范》的相关规定。

在进行地基与基础设计时，同一结构单元的基础应尽量避免建立在性质迥异的地基之上。同时，不应将部分基础设计为天然地基，而另一部分采用桩基，以确保整体结构的稳定性和安全性。

2. 建筑设计与结构规则性

建筑结构的平面、立面及竖向剖面布置应追求规则、对称，并保持良好的整体性。结构的侧向刚度应实现均匀变化，而竖向抗侧力构件的截面尺寸和材料强度则建议自下而上逐渐减小。

对于不规则的建筑结构，可在适当位置设置防震缝以满足实际需求。同时，此类结构应按照《建筑抗震设计规范》进行水平地震作用的计算及内力调整，并针对薄弱环节采取有效的抗震构造措施。

3. 结构体系选择

结构体系选择应挑选合理的抗震结构体系。这一选择需基于建筑的抗震设防类别、设防烈度、建筑高度、场地条件、地基、结构材料以及施工等因素进行技术、经济及使用条件的综合考量。所选的结构体系应具备多道抗震防线的能力。

4. 结构构件设计

结构构件的设计应有利于抗震。对于砌体结构，需按规定配置钢筋混凝土圈梁、构造柱及芯柱，或采用配筋砌体等措施。对于混凝土结构构件，应避免剪切破坏先于弯曲破坏，混凝土的压溃先于钢筋的屈服，以及钢筋的锚固破坏先于构件破坏。对于钢结构构件，应合理控制其尺寸，防止局部或整体失稳。此外，应增强结构各构件之间的连接，确保连接破坏不先于连接的构件，从而保障结构的整体性。

5. 非结构构件设计

非结构构件包括建筑非结构构件（如女儿墙、围护墙和隔墙、幕墙、装饰贴面）以及建筑附属机电设备，其自身及其与结构主体的连接均应进行抗震设计。对于附着于楼、屋面结构上的非结构构件以及楼梯间的非承重墙体，应采取与主体结构可靠连接或锚固等措施，以防在地震时倒塌伤人或损坏重要设备。

6. 隔震与消能减震设计

采用隔震与消能减震设计可以有效减轻地震造成的灾害。目前，这一技术主要应用于有特殊使用功能的建筑以及抗震设防烈度为8度和9度的建筑。

7. 结构材料与施工要求

对于抗震结构，设计文件中应明确标注对材料和施工质量的特殊要求。结构材料的性能指标必须符合《建筑抗震设计规范》的相关规定。当需要以强度等级较高的钢筋替代原设计中的纵向受力钢筋时，应按照钢筋承载力设计值相等的原则进行换算，并满足最小配筋率、抗裂验算等要求。对于钢筋混凝土构造柱、芯柱以及底部框架—抗震墙砖房中的砖抗震墙的施工，应先砌墙后浇构造柱、芯柱和框架梁柱。

知识链接

我国建筑的抗震设计

我国作为地震频发国家之一，对建筑抗震设计一直非常重视。建筑在抗震方面的设计措施如下。

1. 采用抗震加固技术

对一些老旧建筑进行抗震加固，提高其抗震能力，例如，在结构体系中增加剪力墙、钢筋混凝土柱或梁等。

2. 安装防震支撑系统

在高层建筑或特殊结构中，安装防震支撑系统以减少地震荷载对建筑的影响，如液压减震器或隔震层等。

3. 采用地震吸能构造

设计使用具有吸能性能的构造体系，如能耗式结构、减震结构等，以吸收地震能量，降低地震对建筑物的影响。

4. 严格执行抗震规范

建筑设计和施工时需严格按照《建筑抗震设计规范》（GB 50011—2010）执行，以确保建筑的抗震性能达标。

通过科学的抗震设计和措施，可以提高建筑物抵抗地震的能力，保障人民生命财产安全。

项目小结

建筑的基本要素与原则是构成一座建筑的基础，包括建筑的空间形体、功能需求、结构体系和材料选择等。

建筑结构设计基本原理主要包括受力规律、结构设计的力学基础和平衡原则，确保建筑结构的安全和稳定。

结构材料力学性能及结构分析方法是设计中重要的考虑因素，结构材料的强度、刚度和耐久性会影响建筑结构的质量。结构分析方法包括静力分析、动力分析和有限元分析等。

建筑结构抗震知识是保障建筑安全的重要方面，抗震设计要求考虑地震荷载作用下结构的变形、位移和破坏情况，采取相应的抗震设计措施确保建筑在地震中具有良好的抗震性能。

通过本项目的学习，读者可以系统地掌握建筑结构设计的基础理论、实践技能与前沿知识，具备解决复杂建筑结构问题的能力。这些知识将帮助读者深入理解建筑结构的工作机理，掌握结构设计的科学方法和规范要求，提升对建筑结构安全性和经济性的评估能力。同时，对于抗震设计的深入了解，将使读者能够设计出更加安全、可靠，适应地震等自然灾害的建筑结构，从而保障人民生命财产安全。

课后习题

一、填空题

1. 建筑的三个基本要素包括 _______、适用和美观。

2. 建筑师应考虑的结构三大原则包括：功能优先原则、_______ 原则、实际出发原则。

3. 建筑结构的分类主要包括：混凝土结构、_______ 结构、钢结构、木结构。

4. 对钢筋混凝土结构而言，结构上的作用使结构产生内力与变形，还可能使之出现裂缝，这些都是 _______。

二、简答题

1. 建筑的三个基本要素有哪些？

2. 功能优先原则包括哪些内容？

3. 按所用材料的不同，建筑结构的分类有哪些？

项目二

结构设计总说明

项目导读

结构设计总说明是结构设计文件中的重要组成部分，是对结构设计原则、设计依据、设计方案、材料选择、施工要求等内容的总体阐述。它旨在向设计人员、施工人员、监理人员等传达结构设计的意图和要点，确保结构设计的安全性、适用性和经济性。结构设计总说明包括的内容有：设计依据、设计原则、设计方案、材料选择、施工要求等。

学习目标

知识目标

◆掌握建筑结构设计的基本理论知识。

◆理解结构设计总说明中的各项内容。

◆掌握结构施工图的基本内容与符号表示方法。

技能目标

◆需要具备分析结构设计总说明的能力，能够理解设计要求、依据，提取关键信息，为后续设计工作奠定基础。

◆要能够阅读、理解和解释结构施工图的各种图示内容，包括布置图、结构图、节点图等。

◆要具备绘制结构设计相关图纸的能力，将设计方案呈现出来。

素质目标

◆培养学生细致耐心的品质，能够对结构设计总说明进行仔细阅读，确保理解准确。

◆培养学生严谨细致的工作态度，保证对结构施工图的认真解读与理解。

◆培养学生的团队合作与沟通能力，与设计团队及施工人员有效地交流与配合。

思政目标

◆学生需了解和遵守设计理论和规范，提高对建筑结构安全性、稳定性等方面的责任感和使命感。

◆通过对结构设计总说明和施工图的学习，培养学生分析问题、解决问题的能力，增强其工程设计思维和创新意识。

◆培养学生的社会责任感和可持续发展意识，在未来的工作中关注工程实践对社会、环境、经济等方面的影响。

任务工单

一、任务名称

结构设计总说明的识读。

二、任务目的

掌握如何从结构设计总说明中获取关键信息，并理解砌体和钢筋混凝土结构设计的要点，培养学生文档解读和工程实际应用能力。

三、任务内容

（1）结构设计总说明的概要介绍和重点内容解读。

（2）砌体结构设计要点的提取和理解。

（3）钢筋混凝土结构设计要点的提取和理解。

四、实施过程

（1）阅读结构设计总说明，理解其总体结构和涉及的内容。

（2）针对砌体结构和钢筋混凝土结构的设计要点进行提取与梳理。

（3）结合提取的要点，进行归纳总结，形成针对砌体和钢筋混凝土结构设计的概要摘要。

五、实施要求

（1）对结构设计总说明的主要内容进行仔细阅读和理解。

（2）提取并总结砌体和钢筋混凝土结构设计的关键要点。

（3）按要求完成针对结构设计总说明中砌体和钢筋混凝土结构设计要点的摘要整理。

六、任务评价

围绕以下几个方面内容，为本次任务的完成情况写一段简单的评价总结。

（1）对结构设计总说明的概要介绍和重点内容的理解能力。

（2）对砌体和钢筋混凝土结构设计要点的准确提取和梳理能力。

（3）砌体和钢筋混凝土结构设计摘要的逻辑性和完整性。

任务一　结构施工图的基本组成

一、结构施工图的主要内容

施工图作为工程师间的沟通桥梁，精准传达了设计者的初衷，并为施工、监理及经济核算提供了不可或缺的参考。为确保建筑结构施工图设计的权威性、连贯性、精确性和逻辑性，并为材料选购、设备定制、预算编制、工程施工、安装及验收等各个环节提供坚实支撑，在施工图设计文件编制之前，需对材料、设备、编制规范等进行详尽的市场调研。

根据建筑项目的实际需求，进行结构造型和构件布局的设计，并通过力学计算，确定房屋各承重构件的材质、形态、尺寸及内部构造。最终，将这些设计细节绘制成图，用以指导实际施工。这类专门用于指导承重构件及其他受力构件施工的工程图样，被称为结构施工图，简称“结施”。

结构施工图主要用来作为施工放线、开挖基槽、支模板、绑扎钢筋、设置预埋件、浇捣混凝土和安装梁板柱等构件及编制预算与施工组织计划等的依据。对于工程造价专业学生来说，熟悉结构施工图是至关重要的。

结构施工图包含内容有：图纸目录、结构设计总说明、基础图、结构平面图和构造详图。

1. 图纸目录

全部图纸都应在图纸目录上列出，图纸目录的图号是“G–0”。

结构施工图的图别为结施。图号排列的原则是：从整体到局部，按施工顺序由下而上。

例如，结构总说明的图号为“G–1”（G表示结施，也可用JG符号表示结施），以后依次为桩基础统一说明及大样、基础及基础梁平面、由下而上的各层结构平面、各种大样图、楼梯表、柱表、梁大样及梁表。

按平法绘图时，各层结构平面又分为墙柱定位图、各类结构构件的平法施工图（模板图，板、梁、柱、剪力墙配筋图等，特殊情况下增加的剖面配筋图），并应和相应构件的构造通用图及说明配合使用。此时应按基础、柱、剪力墙、梁、板、楼梯及其他构件的顺序排列，见表2–1。

2. 结构设计总说明

结构设计总说明是统一描述该项工程有关结构方面共性问题的图纸，其编制原则是提示性的。

结构设计总说明应详尽涵盖以下关键内容：工程的整体概述、设计的核心原则与依据、结构设计的主要技术参数、关键荷载值的设定、主要结构材料的选择、地基基础及地下室的构造要求、混凝土结构的详细构造规范、非结构构件的构造标准、混凝土结构的施工指南、沉降观测的具体要求、节点梁柱混凝土浇筑的明确范围及示意图、梁配筋的构造细节、现浇钢筋混凝土过梁的构造、女儿墙和梁底挂板的详细构造、基础底板或基础梁后浇带的构造方法，以及地下室外墙后浇带的构造标准。

表 2-1 某工程图纸目录示例

图纸目录				工程名称	××× 住宅	
				设计编号	202405	
				专业	结构	
序号	版号	图号	图名	图集	页次	备注
1	1	G-1	结构设计总说明（一）			
2	1	G-2	结构设计总说明（二）			
3	1	G-3	基础平面布置图			
4	1	G-4	一～四层墙、柱平面定位图			
5	1	G-5	一～四层墙、柱配筋图			
6	1	G-6	五～十层墙、柱平面定位图			
7	1	G-7	五～十层墙、柱配筋图			
8	1	G-8	十一层～屋面墙、柱平面定位图			
9	1	G-9	十一层～屋面墙、柱配筋图			
10	1	G-10	十层顶梁配筋图			
11	1	G-11	十一层顶梁配筋图			
12	1	G-12	十二层顶梁配筋图			
13	1	G-13	十三层顶梁配筋图			
14	1	G-14	十四层顶梁配筋图			
15	1	G-15	十五层顶梁配筋图			
16	1	G-16	十六层顶梁配筋图			
17	1	G-17	十七层顶梁配筋图			
18	1	G-18	十八层顶梁配筋图			
19	1	G-19	十九层顶梁配筋图			
20	1	G-20	坡屋面梁配筋图			
21	1	G-21	坡屋面板配筋图			
22	1	G-22	机房顶梁板配筋图			
23	1	G-23	楼梯配筋图			

3. 基础图

基础图是表示建筑物地面以下基础部分的平面布置和详细构造的图样，包括基础平面布置图与基础详图。基础图是施工放线、土方开挖、砌筑或浇筑混凝土基础的依据。

人工挖孔（冲、钻孔）灌注桩或预应力钢筋混凝土管桩一般都有统一说明及大样。图中用“√”表示适用于本设计的内容，同时应在空格处填上需要的内容。

4. 结构平面图

结构平面图是假想沿着楼板面将建筑物水平剖开所作的水平剖面图，表示各层梁、板、柱、墙、过梁和圈梁等的平面布置情况，以及现浇楼板、梁的构造与配筋情况及构件之间的结构关系图，如图2–1所示。

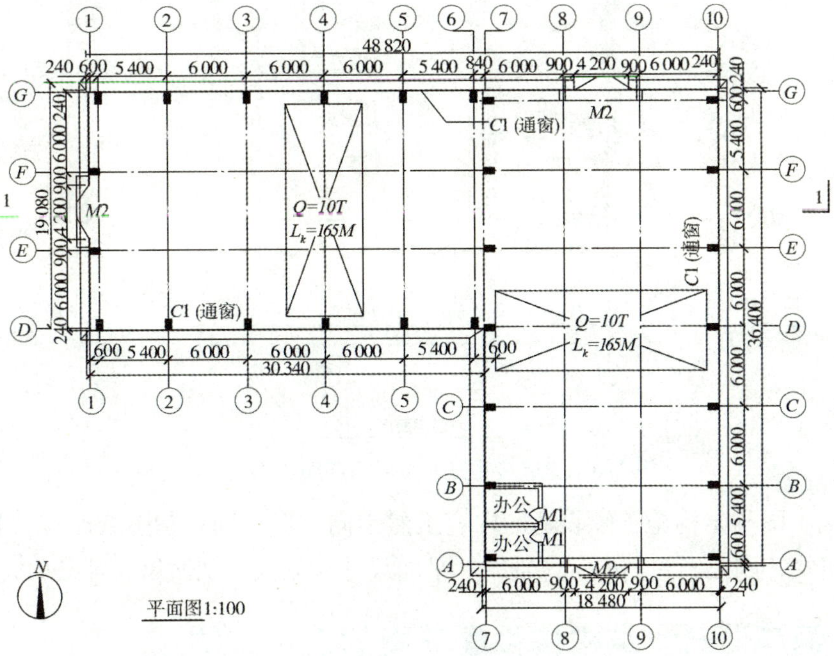

图 2–1　单层工业厂房结构平面图（单位：mm）

结构平面图为施工中安装梁、板、柱等各种构件提供依据，同时为现浇构件支模板、绑扎钢筋、浇筑混凝土提供依据。

结构平面图主要包括楼盖结构平面图和屋盖结构平面图，混合结构房屋有时还包括圈梁布置图。工业建筑还包括柱网、吊车梁、柱间支撑、连系梁布置等。

5. 构造详图

构造详图主要表示节点的构造做法以及各构件的钢筋配置情况、模板情况等，一般有柱、梁、板、剪力墙等构件详图和楼梯、屋架、雨篷、过梁等详图。

知识链接

建筑施工图

建筑施工图是主要用来表示房屋的规划位置、外部造型、内部布置、内外装修、细部构造、固定设施及施工要求等。它包括施工图首页、总平面图、平面图、立面图、剖面图和详图。某建筑物三~六层平面图如图2–2所示。

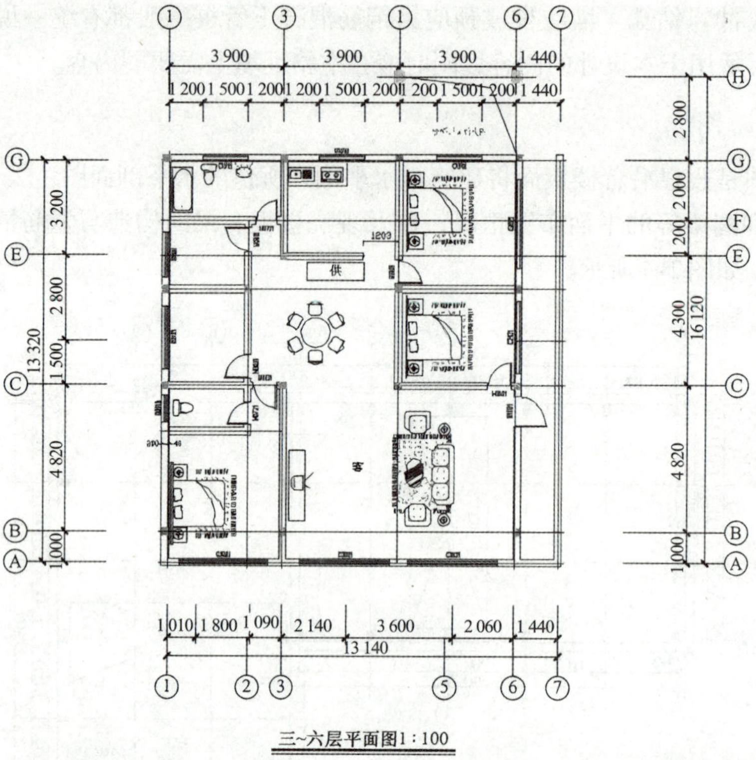

图 2-2　某建筑物三～六层平面图（单位：mm）

建筑施工图与结构施工图表达的内容虽然不同，但对同一套图纸而言，它们所反映的是同一建筑物，因此，它们的定位轴线、平面尺寸和立面、剖面尺寸等必须完全相符。

二、钢筋混凝土结构构件配筋图的表示方法

钢筋混凝土结构是现代建筑领域中广泛采用的一种结构形式，其优良的承载能力和耐久性使得它成为许多大型和高层建筑的首选。在钢筋混凝土结构的设计过程中，配筋图的绘制是至关重要的环节。配筋图不仅详细展示了结构中各构件的尺寸、形状和配筋规格，还为施工提供了精确的依据。目前，钢筋混凝土结构构件配筋图的表示方法主要有三种：详图法、梁柱表法和结构施工图平面整体设计方法。

1. 详图法

详图法是一种通过平面、立面和剖面图将各构件（如梁、柱、墙等）的结构尺寸、配筋规格等详细表示出来的方法。这种方法能够非常逼真地展现构件的实际情况，为施工人员提供了直观、准确的指导。然而，详图法绘图的工作量相对较大，需要绘制大量的图纸，并且在修改时也需要对多张图纸进行逐一调整，工作效率相对较低。

2. 梁柱表法

梁柱表法则是通过表格填写的方式，将结构构件的结构尺寸和配筋规格用数字符号表达出来。这种方法相较于详图法来说，绘制工作量大大减少，设计人员可以在较短时间内

完成大量数据的整理与填写。同时，由于数据采用表格形式进行展示，修改起来也相对方便。然而，梁柱表法的不足之处在于，对于同类构件的许多数据需要多次填写，容易出现错漏现象。此外，由于表格数量较多，管理和查阅起来也相对烦琐。

3. 结构施工图平面整体设计方法

结构施工图平面整体设计方法简称平法，平法把结构构件的截面形式、尺寸及所配钢筋规格在构件的平面位置用数字和符号直接表示，再与相应的“结构设计总说明”和梁、柱、墙等构件的“构造通用图及说明”配合使用。平法的优点是图面简洁、清楚、直观性强，图纸数量少，设计和施工人员都很喜欢。

为了保证按平法设计的结构施工图实现全国统一，平法的制图规则已纳入国家建筑标准设计图集，详见《混凝土结构施工图平面整体表示方法制图规则和构造详图》（22G 101–1）（以下简称《平法规则》）。

详图法能加强绘图基本功的训练；梁柱表法目前应用较少；而平法则已广泛被应用。以下内容均以平法表示方法为主，介绍结构施工图的识读。

知识链接

结构施工图的识读要领

识读结构施工图应遵循：由浅入深、由粗到细、由大到小、全面细致的原则。及时发现设计中各工种之间存在的矛盾、设计中不明确的、施工中有困难的及设计图中有差错的地方，并通过图纸会审的方式予以提出，便于设计单位对施工图做进一步的明确与调整，以保证工程施工的顺利进行。

结构施工图的识读要领包括以下几方面。

1. 熟悉图例

了解图中不同符号和线型的含义，如不同材料、尺寸、部件等的表示方法。

2. 查看图框信息

结构施工图通常包含项目名称、图号、比例尺等重要信息，需要首先查看。

3. 分析标注

关注图中的标注、尺寸、箭头等，这些信息描述了结构的具体尺寸、位置关系等重要参数。

4. 理解分层结构

结构施工图常常包含多层次的信息，需要理解各个构件之间的关系及连接方式。

5. 综合认识整体

将各个部分的信息综合起来，理解整个结构的构成和设计意图。

任务二　结构设计总说明的识读

结构设计总说明是用文字的形式来表达工程概况、结构设计依据、结构材料要求、选用的标准图和施工的特殊要求。结构设计总说明是结构施工图的纲领性文件。

结构设计总说明一般包括以下内容。

一、工程概况和设计总则

工程概况是对项目整体情况的清晰描述，其中包括工程名称、位置、规模、用途等重要信息，为结构设计提供了全面的背景资料。

设计总则规定了设计工作的基本原则和要求，包括技术经济指标、安全等级、设计使用年限等内容，为后续设计提供了明确的指导和约束。

以下为某工程结构设计总说明工程概况和设计总则的示例。

（1）本说明及施工图纸中的尺寸单位除注明外，标高以米（m）为单位，其余以毫米（mm）为单位。

（2）本工程 ±0.000 为首层室内地面标高，相当于测量图绝对标高 23.3 m。

（3）本工程为行政办公楼，地上 8 层，建筑结构高度 26.4 m。本工程的结构类型为框架—剪力墙结构，现浇混凝土楼盖。

（4）本工程结构安全等级为二级，设计使用年限为 50 年，高层防火的建筑分类为一类，耐火等级为一级。

（5）除按本说明要求外，尚应遵守各有关施工和验收规范及规程的规定。

（6）施工准备或施工过程中，若发现图纸错漏或与实际情况不符之处，请及时通知设计单位及相关部门研究解决。

（7）本工程施工图纸需经图纸会审后方可用于施工。如有涉及结构安全的重大修改时，还应经原审图单位审查通过后方可施工。

（8）本工程用途为办公楼，在设计使用年限内未经技术鉴定或设计许可，不得改变结构的用途和使用环境。

二、设计主要依据资料

设计主要依据资料是对设计所依据的法规标准、规范要求等进行说明，同时包括了收集整理的相关资料和数据，为设计提供了坚实的理论和实践基础。

以下为某工程结构设计总说明设计主要依据资料的示例。

（1）施工图阶段建筑、设备专业提供的有关图纸和资料。

（2）岩土工程勘察资料见 ×× 编制的《岩土工程勘察报告》。

（3）初步设计阶段的设计审查文件，见《××》。

（4）初步设计阶段的抗震设防专项审查文件，见《××》。

（5）结构电算软件采用××计算软件。

（6）本工程设计所遵循的主要规范、规程及建筑标准设计图集如下。

①《建筑工程抗震设防分类标准》（GB 50223—2008）。

②《建筑结构荷载规范》（GB 50009—2012）。

③《建筑地基基础设计规范》（GB 50007—2011）。

④《混凝土结构设计规范》（GB 50010—2010）。

⑤《建筑抗震设计规范》（GB 50011—2010）。

⑥《高层建筑混凝土结构技术规程》（JGJ 3—2010）。

⑦《建筑桩基技术规范》（JGJ 94—2008）。

⑧《混凝土结构施工图平面整体表示方法制图规则和构造详图》（22G101）。

⑨ 全国民用建筑工程设计技术措施节能专篇《结构》。

⑩《混凝土结构耐久性设计规范》（GB/T 50476—2008）。

三、结构抗震设计、楼面荷载及耐久性要求

结构抗震设计是对结构在抗震方面的设计要求和措施进行详细描述，其中包括抗震设防烈度、结构抗震措施等内容，以确保结构在地震发生时具备一定的安全性能。

楼面荷载及耐久性要求规定了楼面的荷载标准和耐久性要求，以确保结构在使用过程中能够承受楼面所受到的荷载，并具备良好的耐久性，保障使用安全和稳定性。

以下为某工程结构设计总说明中结构抗震设计和楼面荷载及耐久性要求的示例。

（1）本工程抗震设防类别为丙类，抗震设防烈度为7度，基本地震加速度值为0.10 g。设计地震分组为一组，场地土类别为Ⅱ类。

结构构件抗震等级见表2-2。

表 2-2　结构构件抗震等级

结构类型	框架	剪力墙	
结构部位	—	底部加强部位	非底部加强部位
抗震等级	三	二	二

（2）本工程楼面（屋面）均布荷载标准值见表2-3。

表 2-3　本工程楼面（屋面）均布荷载标准值　　单位：kN/m²

位置	标准层						屋面层	
使用功能	机房	办公	厕所	阳台	走廊	楼梯	上人屋面	不上人屋面
活荷载取值	7.0	2.0	2.5	2.5	2.5	3.5	2.0	0.5

注：除上述已标明的荷载外，其余未注明的荷载按《建筑结构荷载规范》（GB 50009—2012）的规定取值。施工时不能超过本表设计荷载，否则另行处理。

（3）风荷载：50年重现期基本风压值为0.50 kN/m²，承载力计算时风压值为0.50 kN/m，地面粗糙度为B类。

（4）混凝土结构的使用环境类别见表2-4。

表2-4 混凝土结构的使用环境类别

环境类别	条件
一	室内干燥环境；无侵蚀性静水浸没环境
二a	室内潮湿环境；非严寒和非寒冷地区的露天环境；非严寒和非寒冷地区与无侵蚀性的水或土壤直接接触的环境；严寒和寒冷地区的冰冻线以下与无侵蚀性的水或土壤直接接触的环境
二b	干湿交替环境；水位频繁变动环境；严寒和寒冷地区的露天环境；严寒和寒冷地区的冰冻线以上与无侵蚀性的水或土壤直接接触的环境
三a	严寒和寒冷地区冬季水位变动区环境；受除冰盐影响环境；海风环境
三b	盐渍土环境；受除冰盐作用环境；海岸环境
四	海水环境
五	受人为或自然的侵蚀性物质影响的环境

注：（1）室内潮湿环境是指构件表面经常处于结露或湿润状态的环境。

（2）严寒和寒冷地区的划分应符合现行国家标准《民用建筑热工设计规范》（GB 50176—2002）的有关规定。

（3）海岸环境和海风环境宜根据当地情况，考虑主导风向和结构所处逆风、背风部位等因素的影响，由调查研究和工程经验确定。

（4）受除冰盐影响环境是指受到除冰盐雾影响的环境；受除冰盐作用环境是指被除冰盐溶液溅射的环境以及使用除冰盐的洗车房、停车楼等建筑。

（5）露天环境是指混凝土结构表面所处的环境。

四、地基基础

地基基础作为整体结构的支撑核心，其设计需严格遵循工程需求，以确保结构的安全稳固。该设计涵盖地基类型的选定、承载力的精确计算以及基础形式的合理规划等多个方面，每一项都需经过科学论证与严谨考量，以确保地基基础能够充分满足工程项目的各项要求。

以下为某工程结构设计总说明地基基础的示例。

（1）本工程地基基础设计等级为乙级。

（2）本工程采用钻孔灌注桩基础，详见基础施工图详图。

（3）地下水（土）对±0.000以下混凝土结构构件有微腐蚀性，施工单位应按照《工业建筑防腐蚀设计标准》（GB/T 50046—2018）中第4.2、4.7、4.8节相应条款的防腐蚀措施，对处于腐蚀性水（土）的混凝土构件作出处理。

五、钢筋混凝土结构

钢筋混凝土结构部分主要包括材料选择、结构布局和构造形式、钢筋混凝土施工工艺、钢筋混凝土砌缝和构造缝处理等方面内容。

以下为某工程结构设计总说明钢筋混凝土结构的示例。

扫一扫

钢筋混凝土结构

1. 结构材料

热轧钢筋：HPB300（Φ）$f_y=f_y'=270\ \text{N/mm}^2$；HRB335（Φ）$f_y=f_y'=300\ \text{N/mm}^2$。

HRB400（Φ）$f_y=f_y'=360\ \text{N/mm}^2$；RRB400（$Φ^R$）$f_y=f_y'=360\ \text{N/mm}^2$。

HRB500（Φ）$f_y=435\ \text{N/mm}^2$；$f_y'=410\ \text{N/mm}^2$。

冷轧带肋钢筋：CRB550级（$Φ^R$）$f_y=f_y'=360\ \text{N/mm}^2$。

钢筋的强度标准值应具有不小于95%的保证率。

2. 抗震框架与斜撑钢筋强度及伸长率要求

抗震等级为一、二、三级的框架和斜撑（含梯段），其纵向钢筋采用普通钢筋时，钢筋的抗拉强度实测值与屈服强度实测值的比值不应小于1.25，且钢筋的屈服强度实测值与强度标准值的比值不应大于1.30，且钢筋在最大拉力下的总伸长率实测值不应小于9%。

3. 采用预拌混凝土浇筑主体结构

本工程使用预拌混凝土浇筑主体结构，在施工过程中，严格遵守混凝土配比与搅拌的标准化流程，确保每一批次的预拌混凝土都能达到设计要求，以增强主体结构的强度与耐久性。

4. 根据《混凝土结构施工图平面整体表示方法制图规则和构造详图》（22G101–1）设计与施工

本工程根据《混凝土结构施工图平面整体表示方法制图规则和构造详图》（22G101–1）及相关标准规范进行设计与施工，旨在确保建筑结构的安全性、耐久性和功能性。

5. 纵向钢筋的连接要求

纵向钢筋的连接要求如下。

（1）当受拉钢筋直径$d \geqslant 25$ mm、受压钢筋直径$d>28$ mm时，不宜采用绑扎搭接接头。

（2）一、二级框架柱（剪力墙暗柱）及三级框架柱（剪力墙暗柱）的底层，以及一级框架梁，其钢筋连接宜采用机械连接接头。

（3）框支柱、框支梁的钢筋连接应采用机械连接接头。

（4）当接头位置无法避开梁端、柱端加密区时，应采用满足等强度要求的机械连接接头，且钢筋接头面积百分率不宜大于50%。

（5）除以上情况外，钢筋连接可采用搭接或焊接。

6. 现浇结构各部位构件的混凝土强度等级

根据《施工图结构设计总说明（混凝土结构）》，混凝土强度等级可见表2–5。

表 2–5　混凝土强度等级

项目	构件		混凝土强度	备注
通用项目	基础垫层		C15	
	基础底板		C30	
	后浇带		高一级的无收缩混凝土	
	砌休中圈梁、构造柱、现浇过梁		C20	
主楼	墙、柱	基础顶至 × × 层	C40	
		× × 层及以上	C35	
	梁、板、楼梯	× × 层至 × × 层	C35	
		× × 层及以上	C30	
裙房	梁、板、柱、楼梯	× × 层至 × × 层	C35	
		× × 层及以上	C30	

注：（1）表中数值仅为示例。

（2）防水混凝土应注明抗渗等级。

（3）高层建筑的基础及地下室外墙、底板，当采用粉煤灰混凝土时，可利用 × × d 龄期的强度指标作为混凝土设计强度。

7. 楼板

（1）除平面图中标明外，单向板底筋的分布筋及单向板、双向板支座负筋的分布筋要求见表2–6。

表 2–6　分布筋

板厚度（mm）		60 ~ 90	100 ~ 130	140 ~ 160	170 ~ 200	210 ~ 250
钢筋种类	HRB400级钢筋	Φ6@200	Φ8@250	Φ8@200	Φ10@250	Φ10@200

（2）双向板的底筋，其短向筋在下层，长向筋放在短向筋之上。

（3）在结构平面图中，中间支座板负筋所标尺寸当只有一个尺寸时指钢筋全长，当支座两侧均有尺寸时指从梁中线计起；对边支座板负筋尺寸则指从梁内边计起。

（4）除结构平面图中标明外，砌体墙下未布置梁时，在墙下板底处另加钢筋3Φ12，钢筋两端锚入梁内10d。

（5）楼板底筋的锚固长度为伸至梁中线且≥10d；所有板筋（受力或非受力）当用搭接接长时，其搭接长度除按本说明有关要求外且不小于250 mm。在同一截面的接头钢筋截面面积不宜超过该截面钢筋总截面面积的25%。

（6）对配有双层钢筋的一般楼板（板厚小于200 mm），除标明做法外，均应加支撑钢筋，支撑钢筋直径不小于10 mm，形式如图2–3所示，每平方米设置一个。

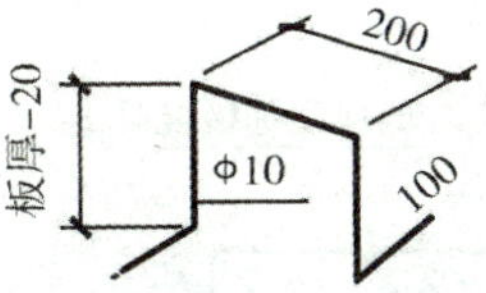

图 2-3　支撑钢筋形式（单位：mm）

（7）设备各专业所需预留的小孔洞（边长不大于300 mm）的位置及尺寸、预埋件大样及位置，若结构平面图中未表示，请参照有关图纸预留，不得后凿，施工单位应有专人负责此项工作或派专人与机电安装施工队配合，避免产生错误。

（8）板中预埋管应设在板钢筋之间，对采用分离式配筋的楼板在板跨中部无支座负筋处加设钢筋网，如图2-4所示。

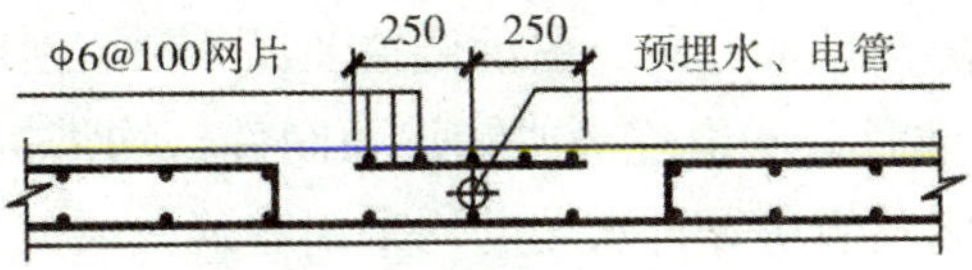

图 2-4　板中预埋管（单位：mm）

（9）开洞楼板除图中标明做法外，当洞宽（b）小于300 mm时不设附加钢筋，板筋绕过洞边，不需切断。当洞口尺寸为300 mm ≤ b ≤ 800 mm时，按图2-5附加钢筋。

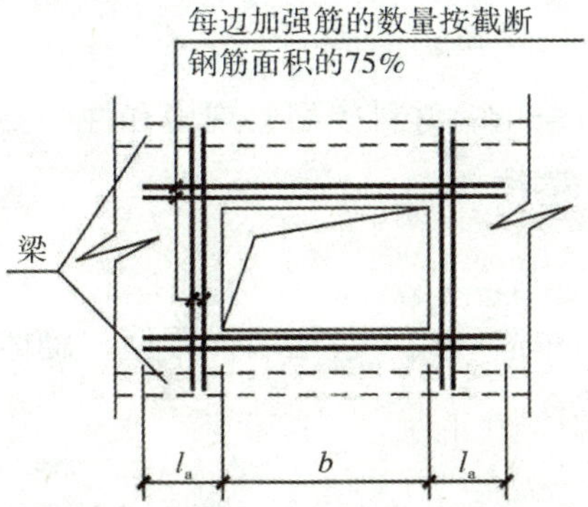

图 2-5　洞边加筋大样（单位：mm）

（10）凡端跨板的端支座为钢筋混凝土墙时，该处的板面筋应锚入墙内长度为l_a。

（11）除风井和排烟井道外，其余管道井的封板均为二次浇筑板，施工时预留板筋，安装管道时应尽量保留钢筋，管道安装完毕并补焊被切断的钢筋后，方可浇灌混凝土。

8. 梁

（1）梁（墙、柱）的配筋及构造要求见施工图纸，构造详图中未详尽部分参照《混凝土结构施工图平面整体表示方法制图规则和构造详图》（22G101-1）施工。

（2）框架梁的纵向钢筋不应与箍筋、拉筋及预埋件等焊接。

（3）设备管线需要在梁侧开洞或埋件时，应严格按设计图纸要求设置，在浇灌混凝土之前经检查符合设计要求后方可施工，孔洞不得后凿。

（4）当框架柱混凝土强度等级高于框架梁5 MPa时，其节点区的混凝土强度应按其中较高者施工，做法如图2-6（a）和图2-6（b）所示。

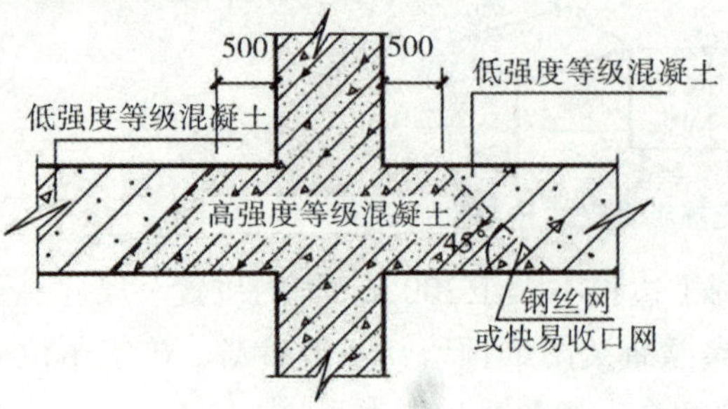

（a）梁柱节点（1）

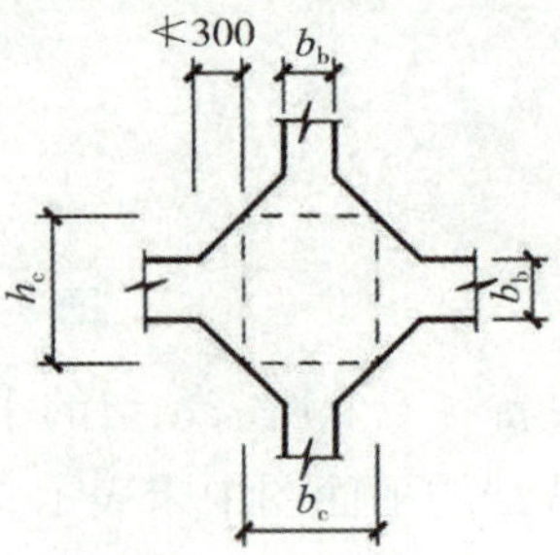

（b）梁柱节点（2）

图 2-6　梁柱节点（单位：mm）

（5）跨度不小于4 m的支承梁或跨度不小于2 m的悬臂梁，应按施工规范要求起拱。

（6）反梁结构的屋面需按排水方向、图示位置及尺寸预留泄水孔，不得后凿。

（7）当屋面为结构找坡时，不论现浇或铺设预制件，均需按建筑平面图所示坡度要求浇作或铺放。阳台、卫生间及厨房等排水坡度均采用建筑找坡。

六、砌体

砌体部分主要内容包括以下几点。

1. 砌体材料选择

砌体材料选择是明确砌体所采用的材料类型、规格和性能要求，如砖块、石材、混凝土砌块等，以确保材料符合设计要求。

2. 砌体结构形式

砌体结构形式是描述砌体的构造形式，包括墙体厚度、砌体强度等，以及可能涉及的墙体开洞、设备安装孔等设计要求。

3. 砌体施工工艺

砌体施工工艺是指说明砌体墙施工的工艺流程、方法和标准，包括水平和垂直交错砌筑、四平头或六平头砌筑等要求，以确保施工质量。

4. 砌缝设置

砌缝设置是指规定了砌体砌缝的宽度、深度和形式，包括垂直砌缝、水平砌缝、交叉缝等类型的设置要求，以确保墙体结构的强度和稳定性。

5. 砌缝处理

砌缝处理是指描述砌缝的处理方法，如填充砂浆、加筋、密封等工艺，以保证砌缝的牢固性和耐久性。

6. 砌体防水处理

砌体防水处理指出了砌体结构中需要进行防水处理的部位和方法，以确保建筑结构具备良好的防水性能。

以下为某工程结构设计总说明的砌体部分说明示例。

（1）墙体块材骨架结构中的墙砌体均不作承重用。室内地面以下用MU10灰砂砖M7.5水泥砂浆砌结。其余砌体厚度及砂浆强度详见表2-7。

表 2-7　砌体厚度及砂浆强度

砌块名称	块材干密度级别或密度	砌块强度等级	砂浆强度等级	备注
蒸压加气混凝土砌块	B07	A5.0	M5	1. 砌块干燥收缩率不超过0.4 mm/m 2. 砂浆为水泥石灰混合预拌砂浆

（2）当墙体的水平长度大于5 m或墙端部没有钢筋混凝土墙、柱时，应在墙中间或墙端部加设构造柱。构造柱具体位置详见建筑平面图。

构造柱的混凝土强度等级为C20，竖筋用4Φ12，箍筋用Φ6@200，其柱脚及柱顶在主体结构中预埋4Φ12竖筋，该竖筋伸出主体结构面500 mm。施工时需先砌墙后浇柱，砌墙时墙与柱要砌成马牙槎，如图2-7所示，墙与柱的拉结筋沿墙高每隔500 mm（块材600 mm）设2Φ6，埋入墙内1 000 mm并与柱连接，如图2-8所示，应在砌墙时预埋。

（3）钢筋混凝土墙或柱与砌体用2Φ6钢筋连接，该钢筋沿钢筋混凝土墙或柱高度每隔500 mm（块材600 mm）预埋，锚入钢筋混凝土墙或柱内200 mm，外伸长度为：6、7度抗震设防时宜沿墙全长贯通，8、9度抗震设防时应沿墙全长贯通，非抗震设防时为500 mm，若墙垛长不足上述长度，则伸满墙垛长度，末端需弯直钩。

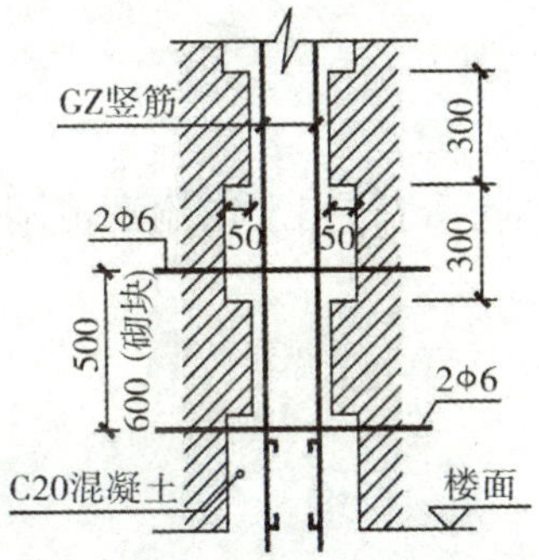

图 2-7　马牙槎示意图（单位：mm）

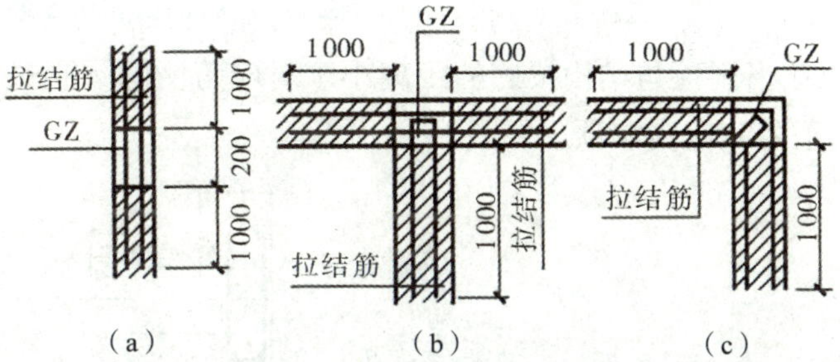

图 2-8　构造柱 GZ 与墙体连接（单位：mm）

（4）高度大于4 m厚190 mm的砌体及高度大于3 m厚90 mm的砌体，需在墙体半高处设置与柱连接且沿墙全长贯通的钢筋混凝土水平系梁。梁宽同墙宽，梁高190 mm的砌体为240 mm，90 mm的砌体为120 mm。配筋上下各2Φ12、箍筋Φ8@250。

（5）墙顶部斜砖必须逐块敲紧砌实，砂浆满填，且需待下部砌体沉实后（一般约5 d左右），再砌顶部斜砖。

（6）砌体墙中的门、窗洞及设备预留孔洞，处于地震区，其洞顶均需设钢筋混凝土过梁；对非地震区，过梁除图中另有注明外统一按下述处理。

① 当洞宽为700 ~ 1 000 mm时采用钢筋砖过梁，梁高取洞宽的1/4，梁底放3Φ8钢筋，

钢筋伸入支座370 mm并设弯直钩，用1：3水泥砂浆做20 mm厚保护层，用M10混合砂浆砌筑。

② 砌体墙中的门、窗洞及设备预留孔洞，也可采用预制钢筋混凝土过梁，见表2–8和图2–9所示。

表 2–8　砌体墙中的门、窗洞及设备预留孔洞采用预制钢筋混凝土过梁对应的尺寸

门、窗洞净宽（mm）	*h*（mm）	*a*（mm）	钢筋		
			①	②	③
900	120	250	2ϕ8	—	6ϕ@200
1 000	120	250	2ϕ8	—	6ϕ@200
1 200	120	250	2ϕ10	—	6ϕ@200
1 500	180	250	2ϕ12	2ϕ8	6ϕ@150
1 800	180	250	2ϕ14	2ϕ10	6ϕ@150
2 100	240	250	2ϕ14	2ϕ10	6ϕ@200
2 400	240	250	2ϕ16	2ϕ10	6ϕ@200

注：混凝土强度等级为C20，当无②号值时，③号值为分布值。

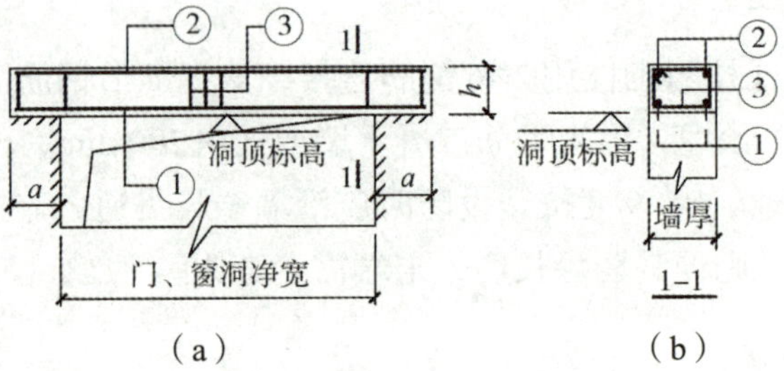

图 2–9　门、窗洞口过梁

③ 当洞顶与结构梁底的距离小于对应跨度的预制过梁高度时，可将门、窗洞宽范围内梁底下降到门窗洞顶，如图2–10所示。

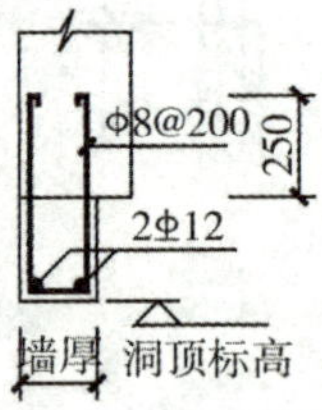

图 2–10　门、窗洞口范围梁底降低

（7）砌体施工质量控制等级为B级。

（8）所有砌体砌筑砂浆和抹灰砂浆必须采用预拌砂浆。

七、施工缝的设置

施工缝设置主要阐述施工缝的设置原则和方法，包括在何处设置施工缝、施工缝的宽度和深度等要求，以减少开裂风险并保证结构的整体稳定性。

肋形楼盖应沿着次梁的方向浇灌混凝土，其施工缝应留在次梁跨中的1/3区段内，如浇

灌平板楼盖，施工缝应平行于板的短边。

钢筋混凝土柱、墙的施工缝通常设在楼层梁下及板面处。

知识链接

施工要求及注意事项

（1）钢筋、水泥除必须有出厂证明外，还需专门抽样检验，质量合格方可使用，并做好试块的制作与试验以及隐蔽工程验收。

（2）悬挑梁、板必须待混凝土强度达到100%设计强度后，方可拆除底模，必要时应装回头顶。

（3）未尽事宜需遵守有关施工验收规范、规程和规定。

（4）应严格控制地下室梁板、壁板等构件混凝土水灰比和坍落度，且保湿养护时间不少于14 d。

（5）当需要以强度等级较高的钢筋代替原设计中的纵向受力钢筋时，应按照钢筋承载力设计值相等的原则换算，并应满足最小配筋率及抗裂验算的要求。

项目小结

结构设计总说明识读是理解结构设计各个环节的关键。在识读结构设计总说明时，需要关注结构施工图的主要内容。同时，需要熟悉钢筋混凝土结构构件配筋图的表示方法。

通过本项目的学习，读者可以提高在实际工程中的应用能力，为未来的工程实践打下基础。

课后习题

一、填空题

1. 基础图是表示建筑物地面以下基础部分的平面布置和详细构造的图样，包括基础平面布置图与 ________。

2.________ 是假想沿着楼板面将建筑物水平剖开所作的水平剖面图，表示各层梁、板、柱、墙、过梁和圈梁等的平面布置情况，以及现浇楼板、梁的构造与配筋情况及构件之间的结构关系图。

3.________ 主要表示节点的构造做法以及各构件的钢筋配置情况、模板情况等，一般有柱、梁、板、剪力墙等构件详图和楼梯、屋架、雨篷、过梁等详图。

4. 详图法是一种通过平面、立面和 ________ 图将各构件（如梁、柱、墙等）的结构尺寸、配筋规格等详细表示出来的方法。

二、简答题

1. 结构施工图包含哪些内容？

2. 简述基础图的概念和作用。

3. 简述结构平面图的概念、作用及内容。

项目三

混凝土结构基本构件

项目导读

混凝土结构基本构件是指承受轴向压力、拉力、弯矩、剪力等的混凝土构件。这些构件通常由钢筋和混凝土组成，通过混凝土的抗压强度和钢筋的抗拉强度共同工作。基本构件的力学性能对于整个结构体系至关重要，其承载力和耐久性直接关系到结构的安全性。

混凝土结构基本构件在建筑工程中具有广泛的应用，如梁、板、柱、基础等。这些构件的设计和施工需要遵循一定的规范和标准，确保结构的稳定性和安全性。同时，需要综合考虑结构形式、材料性能、环境条件等因素，进行合理的结构设计，以达到安全、经济、实用的目的。

学习目标

知识目标

◆理解钢筋混凝土受弯构件、受压构件、受扭构件、预应力混凝土构件的设计原理、构造特点和应用范围。

◆掌握钢筋混凝土构件施工图的绘制方法、构件尺寸、钢筋布置规范等相关知识。

技能目标

◆能够根据设计要求绘制钢筋混凝土构件施工图，包括构件的尺寸、钢筋的布置等。

◆掌握进行混凝土结构基本构件现场施工的技能，包括浇筑、振捣、模板拆除等操作。

素质目标

◆培养学生的工程实践能力，促进实践与理论相结合。

◆培养学生的团队合作意识和沟通能力，能够在团队中协作完成项目。

思政目标

◆培养学生对工程建设的责任感和使命感，注重工程质量和安全。

◆培养学生的创新精神和解决问题的能力，能够灵活应对工程实践中的挑战。

任务工单

一、任务名称

轴心受压构件的承载力计算。

二、任务目的

掌握轴心受压构件承载力的计算方法，加深对该知识点的理解。

三、任务内容

（1）理解轴心受压构件的承载力计算原理。

（2）进行轴心受压构件承载力计算的实际操作练习。

四、实施过程

（1）给定一个轴心受压构件的几何参数和材料参数，包括截面尺寸、混凝土和钢筋强度等。

（2）根据相关公式，计算轴心受压构件的等效长度、极限承载力等参数。

（3）进行轴心受压构件承载力的详细计算过程，包括受压区深度、受压钢筋面积等计算。

（4）检查计算结果，确保准确性。

五、实施要求

（1）熟悉轴心受压构件承载力计算的相关理论知识。

（2）运用所学知识进行实际计算操作。

（3）注重计算的准确性和细致性。

六、任务评价

围绕以下几个方面内容，为本次任务的完成情况写一段简单的评价总结。

（1）应用相关公式和计算方法进行轴心受压构件承载力计算。

（2）计算结果的准确性和完整性。

（3）工程计算能力和解决问题的能力。

____

____

____

____

任务一　钢筋混凝土受弯构件

在工程项目中，受弯构件是混凝土结构中不可或缺的部分，广泛应用于工业建筑和民用建筑的梁、板、楼梯等关键构造部位。在实际工程中，梁的常见截面形态包括矩形、T形、工字形等，板主要涵盖矩形板、空心板和槽形板等截面形式。这些构件形式的合理选择和应用，对于确保整个结构的安全性和稳定性至关重要。

受弯构件在外荷载作用下，截面上将同时承受弯矩M和剪力V的作用。在弯矩较大的区域，可能会发生由弯矩引起的正截面受弯破坏；在剪力较大的区域，可能会发生由弯矩和剪力共同作用而引起的斜截面受剪破坏；此外，当受力钢筋的切断、弯起或锚固不满足要求时，还可能发生斜截面受弯破坏。

为了确保钢筋混凝土受弯构件的安全性和稳定性，需要进行正截面和斜截面承载力计算。通过正截面承载力计算，可以确定受弯构件的材料、截面尺寸以及纵向受力钢筋的用量，从而避免正截面受弯破坏的发生。而通过斜截面承载力计算，可以进一步复核所选用的材料与截面尺寸，并确定箍筋与弯曲钢筋的用量，以保证斜截面不受剪力破坏。此外，还需采取适当的构造措施，以确保斜截面不会发生受弯破坏。这些计算和构造措施的有效实施，将有助于保障工程项目的安全性和稳定性。

一、受弯构件的一般构造要求

1. 梁的构造

扫一扫

梁的构造

梁中通常配置有纵向受力钢筋、箍筋、弯起钢筋及架立钢筋。当梁的截面高度较大时，还应在梁侧设置构造钢筋。梁内钢筋的形式和构造如图3-1所示。

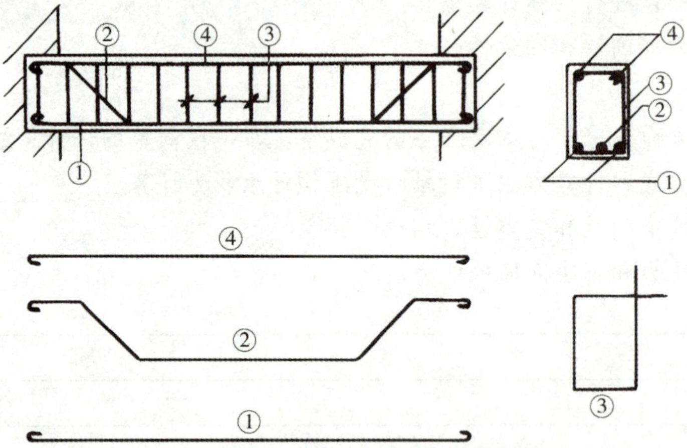

图 3-1　梁内钢筋的形式和构造

纵向受力钢筋通常布置于梁的受拉区，承受由弯矩产生的拉应力，其直径和根数应通过计算来确定。梁中纵向受力钢筋宜采用HRB400级或HRB335级，常用直径为12～25 mm，根数不应少于两根。

为保证钢筋与混凝土之间的黏结和便于浇筑混凝土，梁上部纵向钢筋水平方向的净间距不应小于30 mm和1.5d（d为钢筋的最大直径）；梁下部纵向钢筋水平方向的净间距不应小于25 mm和d。纵向钢筋应尽量布置成一层，当一层排不下时宜布置成两层，各层钢筋之间的净间距不应小于25 mm和d，当梁下部钢筋配置多于两层时，两层以上钢筋水平方向中距应比下边两层的中距增大1倍，如图3-2所示。

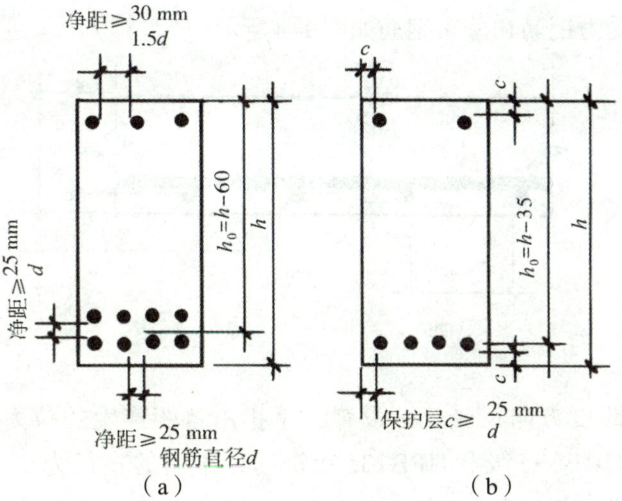

图 3-2　钢筋的净距和混凝土保护层

箍筋主要用来承受由剪力和弯矩在梁内引起的主拉应力，同时还可固定受力钢筋的位置，并和其他钢筋一起形成钢筋骨架。箍筋应根据计算确定。箍筋的最小直径与梁高h有关，当$h \leq 800$ mm时，不宜小于6 mm；当$h>800$ mm时，不宜小于8 mm。梁支座处的箍筋一般从梁边（或墙边）50 mm处开始设置。支撑在砌体结构上的钢筋混凝土独立梁，在纵向受力钢筋的锚固长度l_{as}范围内应设置不少于两道的箍筋，当梁与混凝土梁或柱整体连接时，支座内可不设置箍筋。

弯曲钢筋是由纵向受力钢筋弯起而成。其作用除在跨中承受由弯矩产生的拉力外，在靠近支座的弯起段用来承受弯矩和剪力共同产生的主拉应力，即作为受剪钢筋的一部分。弯起钢筋的数量、位置由计算确定，钢筋弯起的顺序一般是先内层后外层、先内侧后外侧，弯起角度一般为45°，当梁高$h>800$ mm时采用60°。梁底层钢筋中的角部钢筋不应弯起，顶层钢筋中的角部钢筋不应弯下。

架立钢筋主要用于固定箍筋的正确位置，与梁底纵向受力钢筋形成钢筋骨架，并承受由于混凝土收缩及温度变化而产生的拉力。架立钢筋一般需配置两根，设置在梁的受压区外缘两侧，如受压区配有纵向受压钢筋时，可兼作架立钢筋。架立钢筋的直径与梁的跨度l_0有关，当$l_0<4$ m时，不宜小于8 mm；当$l_0=4\sim6$ m时，不宜小于10 mm；当$l_0>6$ m时，不宜小于12 mm。

当梁截面腹板高度$h_w \geq 450$ mm时，应在梁的两侧沿高度配置纵向构造钢筋（即腰筋），用于防止在梁的侧面产生垂直于梁轴线的收缩裂缝，同时也可增强钢筋骨架的刚度。每侧纵向构造钢筋（不包括梁上下部受力钢筋及架立钢筋）的截面面积不应小于腹板截面面积bh_w的0.1%，且其间距不宜大于200 mm。梁两侧的纵向构造钢筋宜用拉筋联系，拉筋直径与箍筋直径相同，如图3-3所示。

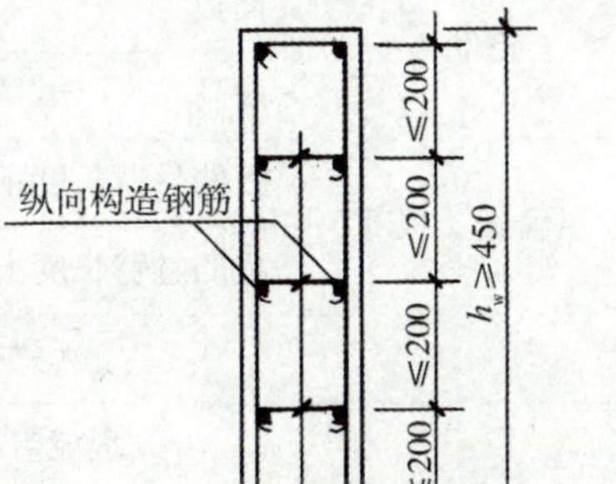

图 3-3　腰筋与拉筋（单位：mm）

2. 板的构造

板中通常配有受力钢筋和分布钢筋如图3-4所示。

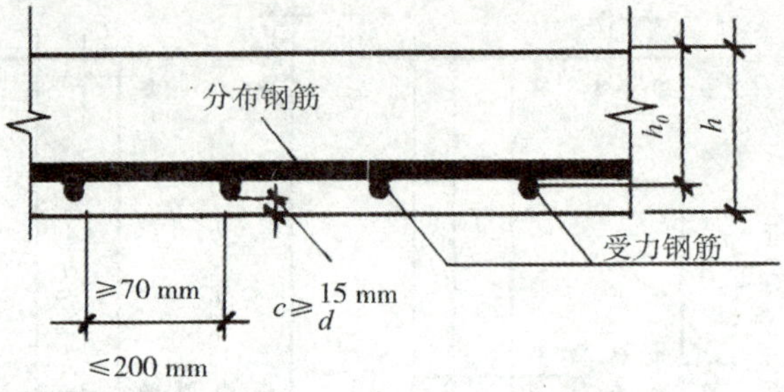

图 3-4　板的配筋

受力钢筋沿板跨度方向在受拉区设置，承担由弯矩产生的拉力。板中的受力钢筋常采用HRB400级、HRB335级和HPB235级钢筋，常用的直径为6 mm、8 mm、10 mm、12 mm。其间距一般为70～200 mm，当板厚h>150 mm时，则间距不宜大于1.5h，且最大不宜超过250 mm。

分布钢筋布置在受力钢筋的内侧，与受力钢筋垂直，其作用是将荷载均匀地传递给受力钢筋，在施工中固定受力钢筋的设计位置，同时也可抵抗因混凝土收缩及温度变化而在垂直于受力钢筋方向产生的应力。

工程中现浇板的常用厚度为60～120 mm，板厚以10 mm为模数。表3-1为按刚度要求规定的最小板厚。现浇板的宽度一般较大，设计时可取单位宽度（b=1 000 mm）进行计算。

表 3-1　现浇钢筋混凝土板的最小厚度

板的类型		厚度 /mm
单向板	屋面板	60
	民用建筑楼板	60
	工业建筑楼板	70
	行车道下的楼板	80
双向板		80
密肋板	面板	50
	肋高	250
悬臂板（根部）	板的悬臂长度不大于500 mm	60
	板的悬臂长度大于500 mm	100
无梁楼板		150
现浇空心楼盖		200

楼板厚度需要满足最小厚度要求与模数要求，板截面厚度可根据楼板的高跨比h/l_0确定，现浇钢筋混凝土板截面高跨比参考值见表3-2。

表 3–2　现浇钢筋混凝土板截面高跨比参考值

板类型		高跨比 h/l_0
单向板		1/35 ~ 1/40
双向板		1/40 ~ 1/50
悬臂板		1/10 ~ 1/12
无梁楼板	有柱帽	1/32 ~ 1/40
	无柱帽	1/30 ~ 1/35

3. 混凝土的保护层厚度和截面的有效高度

为防止钢筋锈蚀，保证混凝土与钢筋之间的足够黏结，梁、板的钢筋表面必须有足够的混凝土保护层厚度c。它是指最外层钢筋的外边缘至混凝土的外边缘的距离，纵向受力钢筋的混凝土最小保护层厚度应符合表3–3的规定，且不小于受力钢筋的直径。

表 3–3　混凝土最小保护层厚度

单位：mm

环境类别	板、墙、壳	梁、柱、杆
一	15	20
二a	20	25
二b	25	35
三a	30	40
三b	40	50

注：（1）表中混凝土保护层厚度指最外层钢筋外边缘至混凝土表面的距离，适用于设计使用年限为50年的混凝土结构。

（2）构件中受力钢筋的保护层厚度不应小于钢筋的公称直径。

（3）一类环境中，设计使用年限为100年的结构最外层钢筋的保护层厚度不应小于表中数值的1.4倍；二、三类环境中，设计使用年限为100年的结构应采取专门的有效措施。

（4）混凝土强度等级不大于C25时，表中保护层厚度数值应增加5 mm。

（5）基础底面钢筋的保护层厚度，有混凝土垫层时应从垫层顶面算起，且不应小于40 mm。

在进行受弯构件配筋计算时，要确定梁、板的有效高度h_0。所谓有效高度，是指受拉钢筋的重心至截面受压边缘的垂直距离，它与受拉钢筋的直径和排数有关，截面的有效高度可表示为

$$h_0=h-a_s$$

式中　h_0——截面有效高度；

h——截面高度；

a_s——受拉钢筋的重心至截面受拉边缘的距离。对于室内正常环境下的梁，当混凝土的强度等级≥C25时，a_s取35 mm（单层钢筋）、60 mm（双层钢筋），板的a_s取20 mm。

纵向受拉钢筋的配筋百分率是指纵向受拉钢筋总截面面积A_s与构件正截面的有效面积

bh_0的比值，用ρ表示，或简称配筋率，用百分数来计量，即

$$\rho=\frac{A_s}{bh_0}$$

纵向受拉钢筋的配筋百分率ρ在一定程度上标志了正截面上纵向受拉钢筋与混凝土之间的面积比率，它是对梁的受力性能有很大影响的一个重要指标。根据我国的经验，板的经济配筋率为0.3% ~ 0.8%；单筋矩形梁的经济配筋率为0.6% ~ 1.5%。

二、钢筋的锚固与连接

1. 钢筋的锚固

为保证钢筋受力后与混凝土有可靠的黏结，不产生与混凝土之间的相对滑动，纵向钢筋必须通过其受力截面在混凝土中有足够的埋入长度。《混凝土结构通用规范》以钢筋应力达到屈服强度f_y时，不发生黏结锚固破坏所需的最小埋入长度称为锚固长度。

将受拉钢筋的锚固长度称为基本锚固长度，用l_a表示，按下式计算。

$$l_a=\alpha\frac{f_y}{f_t}d$$

式中　l_a——受拉钢筋的锚固长度；

f_y——钢筋的抗拉强度设计值；

f_t——混凝土轴心抗拉强度设计值，当混凝土强度等级>C40时，按C40取用；

d——钢筋的公称直径；

α——钢筋的外形系数，光面钢筋（HPB235级钢筋）α=0.16，带肋钢筋（HRB335、HRB400和RRB400级钢筋）α=0.14。

按上式计算的纵向受拉钢筋的最小锚固长度l_a见表3-4。

表3-4　受拉钢筋的最小锚固长度l_a　　单位：mm

钢筋种类	混凝土强度等级									
	C20		C25		C30		C35		C40	
	$d\leqslant25$	$d>25$	$d\leqslant25$	$d>25$	$d\leqslant25$	$d>25$	$d\leqslant25$	$d>25$	$d\leqslant25$	$d>25$
HPB235	31d		27d		24d		22d		20d	
HRB335	39d	42d	34d	37d	30d	33d	27d	30d	25d	27d
HRB400 RRB400	46d	51d	40d	44d	36d	39d	33d	36d	30d	33d

注：（1）HPB235钢筋为受拉钢筋时，其末端应做180° 弯钩，弯后平直段长度不应小于3d，当为受压钢筋时可不做弯钩。

（2）在任何情况下，锚固长度不得小于250 mm。

在工程中，当符合下述情况时，按上式计算的锚固长度还应进行修正，修正系数如下。

（1）对直径大于25 mm的带肋钢筋，其锚固长度应乘以修正系数1.1。

（2）对环氧树脂涂层带肋钢筋，其锚固长度应乘以修正系数1.25。

（3）当钢筋在混凝土施工过程中易受扰动（如滑模施工）时，应乘以修正系数1.1。

（4）当带肋钢筋在锚固区的混凝土保护层厚度大于钢筋直径的3倍且配有箍筋时，可乘以修正系数0.8。

（5）除构造需要的锚固长度外，当钢筋的实际配筋面积大于其设计计算面积时，如有充分依据和可靠措施，其锚固长度可乘以设计计算面积与实际配筋面积的比值，但对有抗震设防要求及直接承受动力荷载的结构构件，不得采用此项修正。

经上述修正后的锚固长度不应小于按上式计算锚固长度的0.7倍，且不应小于250 mm。

当HRB335级、HRB400级和RRB400级纵向受拉钢筋末端采用机械锚固（末端与钢板穿空塞焊、末端与短钢筋双面贴焊）措施时，包括附加锚固端头在内的锚固长度可取为按上式计算的锚固长度的0.7倍。

采用机械锚固措施时，锚固长度范围内的箍筋不应少于3个，其直径不应小于纵向钢筋直径的0.25倍，其间距不应大于纵向钢筋直径的5倍。当纵向钢筋的混凝土保护层厚度不小于钢筋公称直径的5倍时，可不配置上述钢筋。

当计算中充分利用纵向钢筋的抗压强度时，其锚固长度不应小于受拉锚固长度的0.7倍。

2. 钢筋的连接

在工程实际中，往往由于钢筋供货长度不足需要进行钢筋的连接。钢筋的连接可分为三种形式：绑扎搭接连接、机械连接（锥螺纹套筒、钢套筒挤压连接等）和焊接连接。无论采用哪种连接方式，受力钢筋的接头均宜设置在受力较小处，且在同一根钢筋上宜少设接头。

（1）绑扎搭接连接

钢筋的绑扎搭接连接完全是靠钢筋与混凝土之间的黏结力来传递内力的，若钢筋搭接长度不够，则可能造成黏结力的破坏，导致钢筋与混凝土之间发生相对滑移，使构件失效。《混凝土结构通用规范》作出以下规定。

① 轴心受拉及小偏心受拉杆件（如桁架和拱的拉杆）的受力钢筋不得采用绑扎搭接接头；当受拉钢筋的直径d>28 mm及受压钢筋的直径d>32 mm时，不宜采用绑扎搭接接头。

② 同一构件中相邻受力钢筋的绑扎搭接接头宜相互错开，如图3-5所示。钢筋绑扎搭接接头连接区段的长度为1.3倍搭接长度，凡搭接接头中点位于该连接区段长度内的搭接接头均属于同一连接区段。同一连接区段内，纵向钢筋搭接接头面积百分率为该区段内有搭接接头的纵向受力钢筋截面面积与全部纵向受力钢筋截面面积的比值。

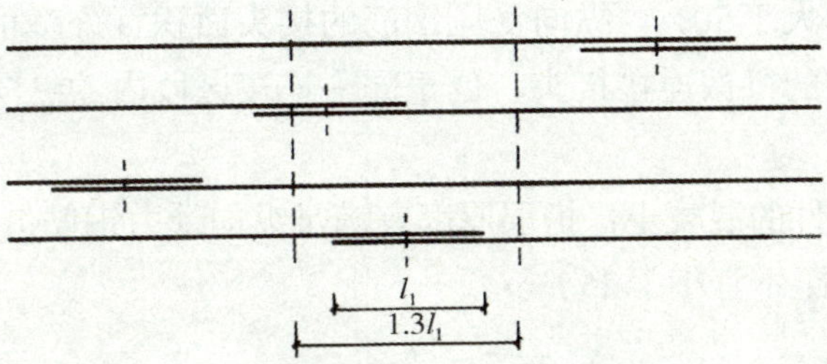

图3-5　同一连接区段内纵向受拉钢筋绑扎搭接接头

位于同一连接区段内的受拉钢筋搭接接头面积百分率：对梁类、板类及墙类构件，不宜大于25%；对柱类构件，不宜大于50%。当工程中确有必要增大受拉钢筋搭接接头面积百分率时，对梁类构件不应大于50%；对板类、墙类及柱类构件可根据实际情况放宽。

③ 纵向受拉钢筋绑扎搭接接头的搭接长度l_1应根据位于同一连接区段内的钢筋搭接接头面积百分率按下式计算。

$$l_1=\zeta l_a$$

式中　l_a——纵向受拉钢筋的锚固长度，按表3-4确定；

ζ——纵向受拉钢筋搭接长度修正系数，按表3-5确定。

表3-5　纵向受拉钢筋搭接长度修正系数

纵向钢筋搭接接头面积百分率（%）	≤25	50	100
ζ	1.2	1.4	1.6

在任何情况下，纵向受拉钢筋的绑扎搭接接头的搭接长度均不应小于300 mm。

④ 当构件中的纵向受压钢筋采用搭接连接时，其受压搭接长度在任何情况下不应小于200 mm。

⑤ 在纵向受力钢筋搭接长度范围内应配置箍筋，其直径不应小于搭接钢筋较大直径的0.25倍。当钢筋受拉时，箍筋间距不应大于搭接钢筋较小直径的5倍，且不应大于100 mm；当钢筋受压时，箍筋间距不应大于搭接钢筋较小直径的10倍，且不应大于200 mm。当受压钢筋直径d>25 mm时，尚应在搭接接头两个端面外100 mm范围内各设置两个箍筋。

（2）焊接连接

纵向受力钢筋的焊接接头应相互错开。钢筋焊接接头连接区段的长度为35d（d为纵向受力钢筋的较大直径）且不小于500 mm，凡接头中点位于该连接区段长度内的焊接接头均属于同一连接区段。位于同一连接区段内纵向受力钢筋的焊接接头面积百分率，对纵向受拉钢筋接头不应大于50%。纵向受压钢筋的接头面积百分率可不受限制。

（3）机械连接

纵向受力钢筋的机械连接接头宜相互错开。钢筋机械连接接头连接区段的长度为35d（d为纵向受力钢筋的较大直径），凡接头中点位于该连接区段长度内的机械连接接头，均属于同一连接区段。在受力较大处设置机械连接接头时，位于同一连接区段内的纵向受拉钢筋接头面积百分率不宜大于50%。纵向受压钢筋的接头面积百分率可不受限制。直接承受动力荷载的结构构件中的机械连接接头，位于同一连接区段内的纵向受力钢筋接头面积百分率不应大于50%。

机械连接接头连接件的混凝土保护层厚度宜满足纵向受力钢筋最小保护层厚度的要求。连接件之间的横向净间距不宜小于25 mm。

任务二　钢筋混凝土受压构件

当构件上作用着以纵向压力为主的内力时，该构件被称为受压构件。受压构件在工程结构中是最为常见的构件，如钢筋混凝土柱、桁架中的上弦杆以及受压腹杆等均属于受压构件。

钢筋混凝土受压构件（柱）按纵向力与构件截面形心轴线相互位置的不同，可分为轴心受压构件与偏心受压构件。当纵向压力与构件形心轴线相重合时为轴心受压构件，否则为偏心受压构件，如图3-6所示。当构件上同时作用有轴力N和弯矩M时，可看成具有偏心距$e_0=M/N$的偏心压力N的作用，因此这类压弯构件也属于偏心受压构件，如图3-7所示。

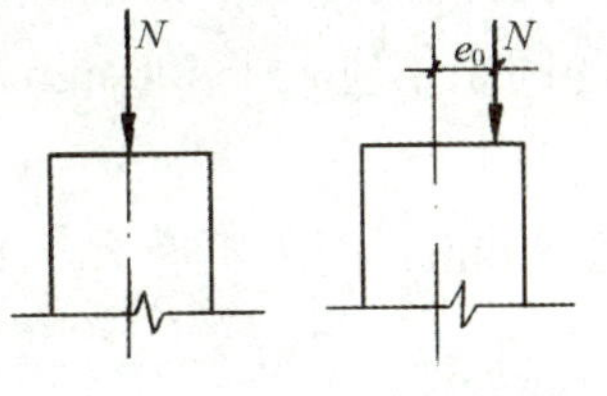

（a）轴心受压　（b）偏心受压

图 3-6　受压构件

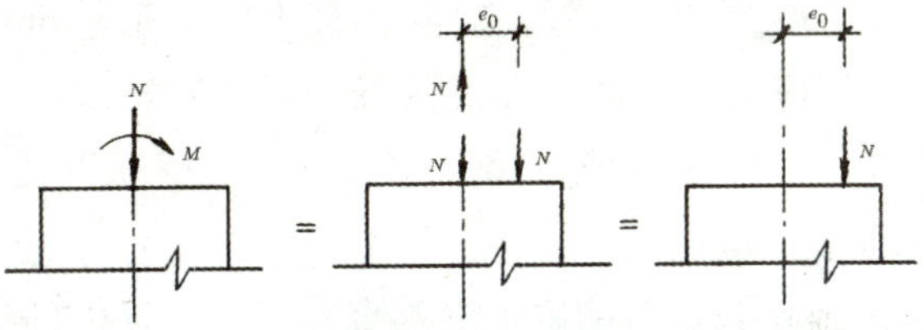

图 3-7　压弯构件

一、钢筋混凝土构造要求

1. 混凝土的材料强度等级选用

混凝土强度等级宜选用C25、C30、C35、C40，必要时可选用更高强度等级的混凝土。钢筋一般采用HRB335级、HRB400级、RRB400级，不宜采用高强度的钢筋。

2. 截面形状和尺寸

考虑制作模板方便，轴心受压柱通常采用正方形截面，也可采用矩形截面或圆形截面：偏心受压柱通常采用矩形截面。单层工业厂房的预制柱常采用工字形截面，以减轻自重。圆形截面主要用于桥墩、桩和公共建筑中的柱。柱的截面尺寸不宜过小，矩形柱截面边长，非抗震设计时不宜小于250 mm，圆形截面柱直径不宜小于350 mm，一般应控制构件的长细比满足$l_0/b \leqslant 30$及$l_0/h \leqslant 25$（l_0为柱的计算长度）。当柱截面的边长在800 mm以下时，一般以50 mm为模数；当柱截面的边长在800 mm以上时，一般以100 mm为模数。

3. 纵向受力钢筋

柱内纵向受力钢筋主要用来协助混凝土承受压力，以减小截面尺寸，同时承受可能的弯矩以及混凝土收缩和温度变化引起的拉应力，防止构件突然的脆性破坏。对偏心较大的偏心受压构件，截面受拉区的纵向受力钢筋则用来承受拉力。

轴心受压柱的纵向受力钢筋应沿截面四周均匀对称布置，偏心受压柱的纵向受力钢筋布置在弯矩作用方向的两对边：纵向受力钢筋直径不宜小于12 mm，一般取12～32 mm，根数不得少于4根，全部纵向受力钢筋的配筋率（$\rho'=A_s'/bh$）不宜大于5%，且不应小于

0.6%，同一侧纵向钢筋的配筋率不应小于0.2%。通常受压钢筋的配筋率不超过3%，在0.6% ~2%。柱中纵筋的净距不应小于50 mm，对水平浇筑的预制柱，其净距要求与梁相同。偏心受压柱中垂直于弯矩作用平面的侧面上的纵向受力钢筋以及轴心受压柱中各边的纵向受力钢筋，其间距不宜大于300 mm。

4. 箍筋

受压构件中箍筋的作用首先是与纵筋形成骨架，保证纵筋的正确位置，同时还可以减小受压钢筋支撑长度，以防止纵筋压屈。此外，箍筋还对核芯部分的混凝土有一定的约束作用，从而改变了核芯部分混凝土的受力状态，使其强度有所提高。

在受压构件中截面周边箍筋应做成封闭式，不可采用有内折角的形式。箍筋直径不应小于$d_{max}/4$（d_{max}为纵筋最大直径），且不应小于6 mm。箍筋的间距不应大于400 mm及短边尺寸b，且不应大于$15d_{min}$（d_{min}为纵筋最小直径）。

当柱中全部纵筋的配筋率大于3%时，箍筋直径不应小于8 mm，间距不应大于$10d_{min}$，且不应大于200 mm。

在纵筋搭接长度范围内，箍筋直径不应小于$0.25d_{max}$；当钢筋受拉时，箍筋间距不应大于$5d_{min}$，且不应大于100 mm；当钢筋受压时，箍筋间距不应大于$10d_{min}$，且不应大于200 mm。当受压钢筋直径d>25 mm时，还应在搭接接头两个端面外100 mm范围内各设置两道箍筋。

纵向钢筋至少每隔一根放置于箍筋转弯处。当柱截面短边尺寸大于400 mm且各边纵筋多于3根时，或当柱截面短边尺寸不大于400 mm但各边纵筋多于4根时，应设置附加箍筋。附加箍筋的直径和间距要求均与设置的箍筋情况相同。

在多层房屋建筑中，一般在楼板顶面处设置施工缝，通常是将下层柱的纵筋伸出楼面一段距离，与上层柱筋相连接。常用连接方法有焊接连接、机械连接和搭接连接。搭接连接时，其搭接长度应满足以下要求。

（1）纵向钢筋受拉时，不应小于纵向受拉钢筋的搭接长度l_l，且在任何情况下均不应小于300 mm。

（2）纵向钢筋受压时，不应小于纵向受拉钢筋的搭接长度l_l的0.7倍，且在任何情况下均不应小于200 mm。

二、偏心受压构件

偏心距e_0=0时，为轴心受压构件；当$e_0 \to \infty$时，即N=0时，为受弯构件。偏心受压构件的受力性能和破坏形态介于轴心受压构件和受弯构件之间，其破坏形态与偏心距e_0和纵向钢筋配筋率有关。

1. 偏心受压构件破坏形态分类

偏心受压构件破坏形态按其破坏特征可分为受拉破坏和受压破坏。

（1）受拉破坏（大偏心受压破坏）

当M较大、N较小时，截面部分上存在较大的受拉区，或者当偏心距e_0较大时，会出现受拉破坏。其破坏特征为：截面受拉侧混凝土较早出现裂缝的应力随荷载增加发展较快，首先达到屈服强度；此后，裂缝迅速开展，受压区高度减小；最后受压侧钢筋受压屈服，受压区混凝土压碎而达到破坏。这种破坏具有明显预兆，变形能力较大，破坏特征与配有受压钢筋的适筋梁相似，承载力主要取决于受拉侧钢筋。形成这种破坏的条件是：偏心距 e_0 较大，且受拉侧纵向钢筋配筋率合适，通常称为大偏心受压。

（2）受压破坏（小偏心受压破坏）

当相对偏心距 e_0/h_0 较小时，截面全部受压或大部分受压，或者虽然相对偏心距 e_0/h_0 较大但受拉侧纵向钢筋配置较多时，此时会出现受压破坏。其破坏特征：截面受压侧混凝土和钢筋的受力较大，而受拉侧钢筋应力较小。当相对偏心距 e_0/h_0 很小时，“受拉侧”还可能出现“反向破坏”的情况。截面最后是由于受压区混凝土首先压碎而达到破坏。承载力主要取决于受压区混凝土和受压侧钢筋，破坏时受压区高度较大，远侧钢筋可能受拉也可能受压，破坏具有脆性性质。第二种情况在设计中应予避免，因此受压破坏一般为偏心距较小的情况，故常称为小偏心受压。

大偏压破坏和小偏压破坏的界限为：受拉钢筋屈服与受压区混凝土边缘极限压应变 ε_{cu} 同时达到，与适筋梁和超筋梁的界限情况类似，在此不再详述。

2. 偏心受压构件的受力特点

试验表明，偏心受压构件的破坏特征与纵向力的偏心距 e_0、纵筋的数量等因素有关，一般分为大偏心受压和小偏心受压两类破坏形态。

（1）大偏心受压破坏

当纵向力的偏心距 e_0 较大，且距纵向力较远的一侧钢筋配置不太多时，易发生大偏心受压破坏。此时截面在离纵向力 N 较近一侧受压，较远一侧受拉。随荷载增加，首先在受拉区发生横向裂缝，并且不断地开展、延伸。破坏时受拉钢筋先达到屈服强度，截面受压区高度逐渐减小，最后受压区混凝土被压碎而使构件破坏，与此同时，受压钢筋也达到屈服强度。这种破坏形态在破坏前有明显的预兆，属于延性破坏。

（2）小偏心受压破坏

当纵向力的偏心距 e_0 较小，或虽偏心距 e_0 较大，但距纵向力较远的一侧配筋较多时易发生小偏心受压破坏。破坏时，距纵向力较远一侧的混凝土和纵向钢筋可能受压或受拉，其混凝土可能出现微小横向裂缝或不出现裂缝，相应的钢筋应力一般均未达到屈服强度。距纵向力较近一侧的纵向受压钢筋先达到屈服强度，受压区混凝土被压碎而破坏。这种破坏形态在破坏前没有明显的预兆，属于脆性破坏。

（3）大、小偏心受压破坏的界限

从以上两种偏心受压破坏特征可以看出，二者之间的根本区别在于远离纵向力一侧的受拉钢筋在破坏时能否达到屈服强度，这和受弯构件的适筋破坏及超筋破坏两种情况相类似。因此，两种偏心受压破坏形态的界限与受弯构件适筋和超筋破坏形态的界限相同。

当受压区高度 $x \leqslant \xi_b h_0$ 时，属于大偏心受压破坏；当 $x > \xi_b h_0$ 时，属于小偏心受压破坏。

（4）偏心受压构件的受力分析

在大偏心受压状态下，破坏时受拉一侧的钢筋应力先达到屈服强度，随着变形的增大和混凝土受压区面积的减小，受压一侧的混凝土随后也达到其极限压应变；此时，截面的应力分布和破坏形态与受弯构件中的适筋梁双筋截面相类似，截面受力分析可以采用与受弯构件相类似的方法。

在小偏心受压状态下，达到极限状态时受拉一侧的钢筋拉应力往往还较小，当轴向力N较大而偏心距e_0又较小时，受拉一侧的钢筋还可能承受压应力。不论是拉应力还是压应力，此时应力值均达不到钢筋的屈服强度。

单从破坏形态来看，小偏心受压破坏与受弯构件中的钢筋截面有类似之处，两者受拉一侧的钢筋均未屈服，都是由于受压一侧混凝土被压碎而发生的脆性破坏。同时两者又有较大区别，小偏心受压构件截面的受力状态不单与截面上作用的弯矩M有关，主要还取决于作用的轴向力N的大小。也就是说，小偏心受压时受拉一侧钢筋应力达不到屈服，受压一侧混凝土发生受压破坏是一种基本特征。

由 于偏心受压构件的受力钢筋一般集中布置在弯矩作用方向的截面两对边位置上，若离纵向力较远一侧的钢筋A_s和离纵向力较近一侧的钢筋A_s'强度等级相同，即$A_s=A_s'$，为对称配筋；若$A_s \neq A_s'$，则为不对称配筋。

任务三 钢筋混凝土受扭构件

扭转是结构构件基本受力方式之一。在钢筋混凝土结构中，构件通常都是处于弯矩、剪力和扭矩共同作用的复合受扭状态，很少有处于纯扭矩作用的情况。

一、受力特点

1. 纯扭构件

试验研究表明，在纯扭矩作用下，无筋矩形截面混凝土构件开裂前具有与匀质弹性材料类似的性质，截面长边中点剪应力最大，在截面四角点处剪应力为零。当截面长边中点附近最大主拉应变达到混凝土的极限拉应变时，构件就会开裂。随着扭矩的增加，裂缝与构件纵轴线成45°角向相邻两个面延伸，最后构件三面开裂，一面受压，形成一空间扭曲斜裂面而破坏。自开裂至构件破坏的过程短暂，破坏突然，属于脆性破坏，抗扭承载力很低，如图3-8（a）所示。

钢筋混凝土矩形截面为纯扭构件，当扭矩很小时，混凝土未开裂，钢筋拉应力也很低，构件受力性能类似于无筋混凝土截面。随着扭矩的增大，在某薄弱截面的长边中点首先出现斜裂缝，此时扭矩稍大于开裂扭矩T_{cr}。斜裂缝出现后，混凝土卸载，裂缝处的主拉应力主要由钢筋承担，因而钢筋应力突然增大。

当构件配筋适中时，荷载可继续增加，随之在构件表面形成连续或不连续的与纵轴线成35°～55°的螺旋形裂缝。扭矩达到一定值时，某一条螺旋形裂缝形成主裂缝，与之相交的纵筋和箍筋达到屈服强度，截面三边受拉，一边受压，最后混凝土被压碎而破坏。破裂面为空间曲面，如图3-8（b）所示。

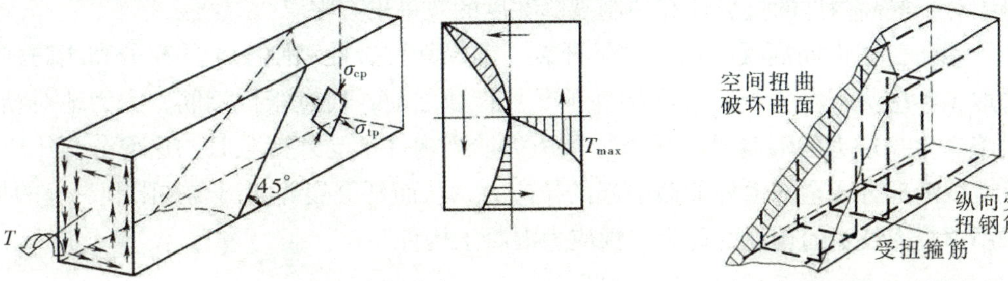

（a）弹性应力分布　　（b）钢筋混凝土纯扭的破坏

图3-8　纯扭构件

2. 复合受扭构件

在弯矩、剪力和扭矩的联合影响下，钢筋混凝土构件的受力状态呈现出高度的复杂性。构件的破坏特征及其承载能力，均受到外部荷载条件以及内部因素的共同影响。依据不同的外部和内部条件，构件可能会展现出弯型破坏、扭型破坏、剪扭型破坏等多种破坏状态。

二、构造要求

1. 受扭纵筋

受扭纵筋应沿截面周边均匀对称布置，且在截面四角必须设置受扭纵筋；受扭纵筋的间距不应大于200 mm和梁截面短边尺寸；受扭纵筋的接头与在支座内的锚固均应按受拉钢筋的构造要求处理。

在弯剪扭构件中，梁顶、梁侧的受扭纵筋可兼作梁的架立钢筋和梁侧面的纵向构造钢筋。

2. 受扭箍筋

受扭箍筋必须做成封闭式，且应沿截面周边布置；箍筋末端应做成135°弯钩，弯钩端头平直段长度不应小于$10d$（d为箍筋直径）；箍筋间距应符合最大箍筋间距要求。

任务四　预应力混凝土构件

一、预应力混凝土的基本知识

钢筋混凝土在受拉和受弯等状态下的构件，由于混凝土材料本身的抗拉强度和极限拉应变值相对较低，因此在承受正常使用荷载时常常会出现裂缝。对于不允许开裂的构件，受拉钢筋的强度无法得到充分利用。为了满足变形控制和裂缝宽度限制的要求，通常需要增加构件的截面尺寸和钢筋用量，这不可避免地增加了构件的自重。这种情况下，钢筋混凝土结构在大跨度或承受动力荷载的场合下的应用将变得不切实际或成本高昂。

此外，尽管采用高强度钢筋，但其优势在钢筋混凝土结构中难以发挥，而提高混凝土强度等级对于提高构件的抗裂性和控制裂缝宽度的效果也有限。

为了预防普通钢筋混凝土构件过早开裂，确保其抗裂性和刚度，并充分利用高强度材料，采取了预应力混凝土技术。在构件承受外荷载之前，通过张拉钢筋，人为地对结构使用阶段将产生拉应力的混凝土区域施加预压力。当构件承受外荷载时，这部分预压应力能够有效地抵消部分或全部由外荷载引起的拉应力，从而延缓裂缝的出现并限制裂缝的扩展。这种采用预应力技术的构件，称为“预应力混凝土构件”。

1. 预应力混凝土结构构件的分类

按照使用荷载对截面拉应力控制要求的不同，预应力混凝土结构构件可分为三种，见表3-6。

表 3-6　预应力混凝土结构构件分类

分类	含义
全预应力混凝土	在各种荷载组合下构件截面上均不允许出现拉应力的预应力混凝土构件，大致相当于裂缝控制等级为一级的构件
有限预应力混凝土	在短期荷载作用下，容许混凝土承受某一规定拉应力值，但在长期荷载作用下，按混凝土不得受拉的要求设计，相当于裂缝控制等级为二级的构件
部分预应力混凝土	在使用荷载作用下，容许出现裂缝，但按最大裂缝宽度不超过允许值的要求设计，相当于裂缝控制等级为三级的构件

2. 预应力混凝土结构与其他混凝土结构比较

（1）预应力混凝土结构与普通混凝土结构比较

与普通混凝土结构相比，预应力混凝土结构的主要优点如下。

① 提高了构件的抗裂性能，改善了构件的受力性能，因此其适用于对裂缝要求严格的结构。

② 由于采用高强度混凝土和钢筋，从而节省了材料和减轻了结构自重，因此其适用于跨度大或承受重型荷载的构件。

③ 提高了构件的刚度，减少了构件的变形，因此其适用于对构件的刚度和变形控制较高的结构构件。

④ 提高了结构或构件的耐久性、耐疲劳性和抗震能力。

预应力混凝土结构的缺点是需要增设施加预应力的设备，制作技术要求较高，施工周期较长。

（2）预应力混凝土构件与钢筋混凝土构件比较

① 在施工阶段，预应力混凝土构件与普通钢筋混凝土构件中的钢筋和混凝土两种材料所处的应力状态不同。普通钢筋混凝土构件中，钢筋和混凝土均处于零应力状态；而预应力混凝土构件中，钢筋和混凝土均有初应力，其中钢筋处于拉应力状态，混凝土处于受压状态，一旦预压应力被抵消，预应力混凝土和普通钢筋混凝土之间没有本质的不同。

② 预应力混凝土构件出现裂缝比普通钢筋混凝土构件迟得多，但裂缝出现时的荷载与破坏荷载比较接近。

③ 预应力混凝土构件与条件相同的未加预应力的钢筋混凝土构件承载能力相同，故预加应力能推迟裂缝出现，但不能提高承载能力。

二、预应力的施加方法

对混凝土施加预应力一般是通过张拉钢筋，利用钢筋被拉伸后产生的回弹力挤压混凝土来实现的。根据张拉钢筋与浇筑混凝土的先后关系，预加应力的方法可分为先张法和后张法两大类。

1. 先张法

在浇筑混凝土之前张拉预应力钢筋的方法称为先张法，如图3-9所示。先张法是通过钢筋与混凝土之间的黏结力阻止钢筋的弹性回缩，使构件混凝土处于预压状态。

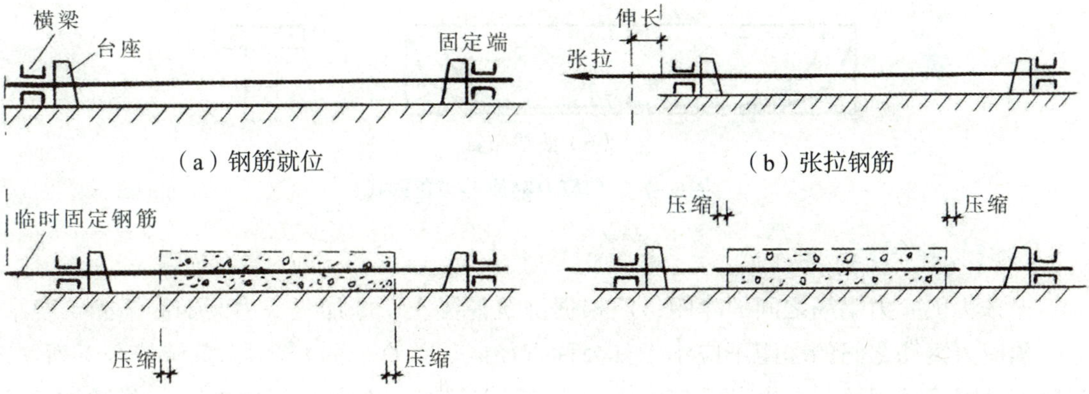

（a）钢筋就位　（b）张拉钢筋

（c）临时固定钢筋，浇灌混凝土并养护　（d）放松钢筋，钢筋回缩，混凝土受预压

图 3-9　先张法主要工序示意图

2. 后张法

在结硬后的混凝土构件上张拉钢筋的方法称为后张法，如图3-10所示。后张法是通过锚具锚住钢筋阻止钢筋弹性回缩，使构件混凝土处于预压状态。

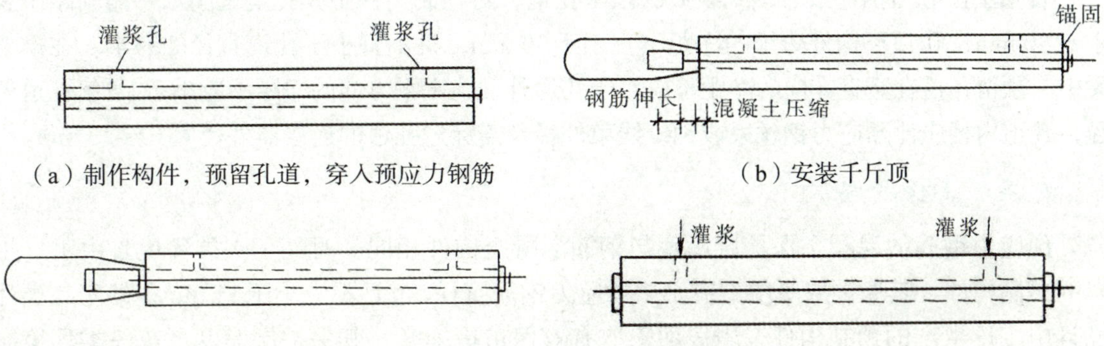

（a）制作构件，预留孔道，穿入预应力钢筋　（b）安装千斤顶

（c）张拉钢筋　（d）锚住钢筋，拆除千斤顶，孔道压力灌浆

图 3-10　后张法主要工序示意图

先张法的生产工序少，工艺简单，能成批生产，质量容易保证，适用于批量生产的中小型构件，如楼板、屋面板等；后张法不需台座，便于在现场制作大型构件，但工序较多，操作也较麻烦，适用于大、中型构件。

三、预应力混凝土构件的一般构造要求

1. 预应力钢筋的布置形式

预应力钢筋主要有直线布置和曲线布置两种形式。直线布置主要用于跨度和荷载较小的情况，如预应力混凝土板，如图3-11（a）所示。曲线布置主要用于跨度和荷载较大的构件，如预应力混凝土梁等，如图3-11（b）所示。

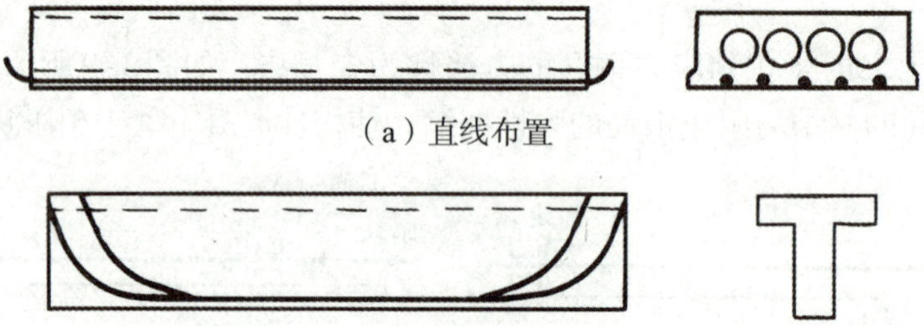

（a）直线布置

（b）曲线布置

图 3-11　预应力钢筋的布置形式

2. 钢筋的间距

先张法预应力钢筋之间的净距，应根据浇筑混凝土、施加预应力及钢筋锚固等要求确定。预应力钢筋之间的净距不应小于其公称直径或等效直径的1.5倍，且应符合下列规定：对热处理钢筋及钢丝，不应小于15 mm；对三股钢绞线，不应小于20 mm；对七股钢绞线，不应小于25 mm。

当先张法预应力钢丝按单根方式配筋困难时，可采用相同直径钢丝并筋的配筋方式。并筋的等效直径，在双并筋时应取为单筋直径的1.4倍，在三并筋时应取为单筋直径的1.7倍。

3. 预留孔道

后张法预应力钢丝束、钢绞线束的预留孔道，对预制构件中其孔道之间水平净间距不宜小于50 mm；孔道至构件边缘的净距不宜小于30 mm，且不宜小于孔道直径的一半；在框架梁中，预留孔道在竖直方向的净距不应小于孔道外径，水平方向的净距不应小于1.5倍孔道外径；孔道内径应比预应力钢丝束或钢绞线束外径及需穿过孔道的连接器外径大10 ~ 15 mm。

4. 混凝土保护层

预应力钢筋的混凝土保护层厚度与钢筋混凝土构件相同。对处于一类环境且由工厂生产的预制构件，其保护层厚度不应小于预应力钢筋直径d，且不应小于15 mm；处于二类环境且由工厂生产的预制构件，当表面采取有效保护措施时，其保护层厚度可按一类环境数值取用。

在框架梁中，后张法预留孔道从孔壁算起的混凝土保护层厚度，梁底不宜小于50 mm，梁侧不宜小于40 mm。

5. 构件端部加强措施

（1）先张法

先张法预应力混凝土构件，预应力钢筋端部周围的混凝土应采取加强措施，如图3–12所示。

① 单根配置的预应力钢筋端部宜设置长度不小于150 mm且不少于4圈的螺旋筋，如图3–12（a）所示，当有可靠经验时，也可利用支座垫板上的插筋代替螺旋筋，但插筋数量不应少于4根，其长度不宜小于120 mm。

② 对采用预应力钢丝配筋的薄板，在板端100 mm范围内应适当加密横向钢筋，如图3–12（b）所示。

③ 对分散布置的多根预应力钢筋，在构件的端部10d（d为预应力钢筋直径）范围内，应设置3～5片与预应力钢筋垂直的钢筋网，如图3–12（c）所示。

④ 对槽形板类构件，为防止板面端部产生纵向裂缝，应在构件端部100 mm范围内沿板面设置附加横向钢筋，其数量不应少于2根，如图3–12（d）所示。

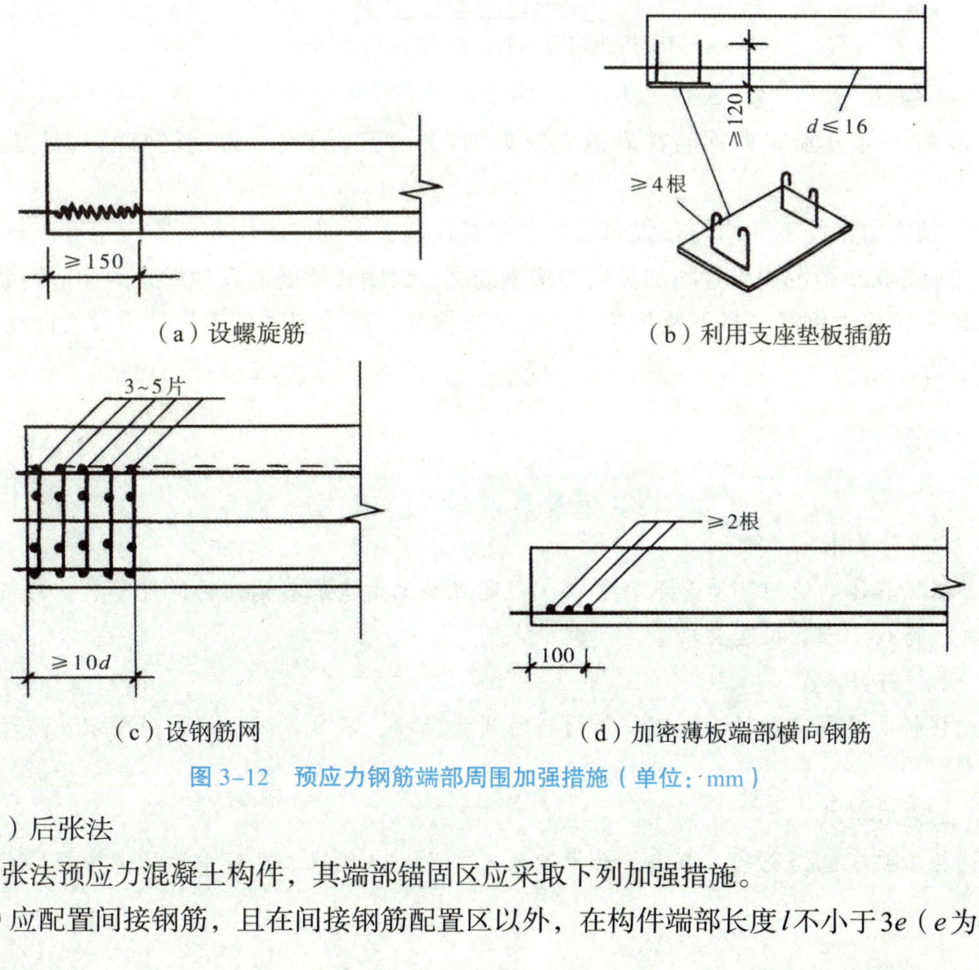

（a）设螺旋筋　（b）利用支座垫板插筋

（c）设钢筋网　（d）加密薄板端部横向钢筋

图 3–12　预应力钢筋端部周围加强措施（单位：mm）

（2）后张法

后张法预应力混凝土构件，其端部锚固区应采取下列加强措施。

① 应配置间接钢筋，且在间接钢筋配置区以外，在构件端部长度l不小于3e（e为截面

重心线上部或下部预应力钢筋的合力点至邻近边缘的距离）但不大于1.2h（h为构件端部截面高度）、高度为2e的附加配筋区范围内，均匀布置附加箍筋或网片，如图3-13所示。

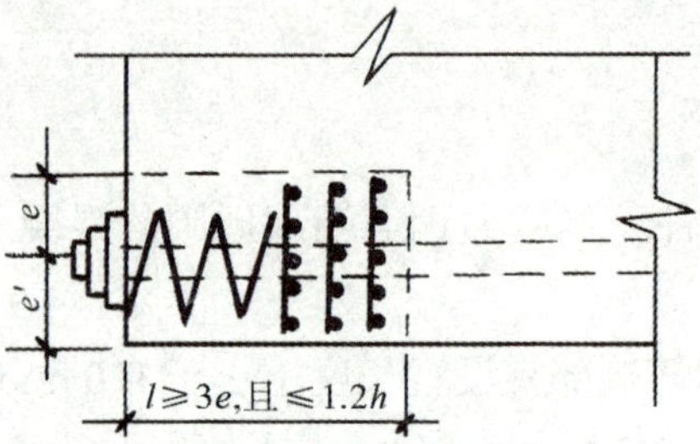

图 3-13　端部间接配筋

② 当构件在端部有局部凹陷时，应增设折线构造钢筋，或其他有效的构造钢筋，如图3-14所示。

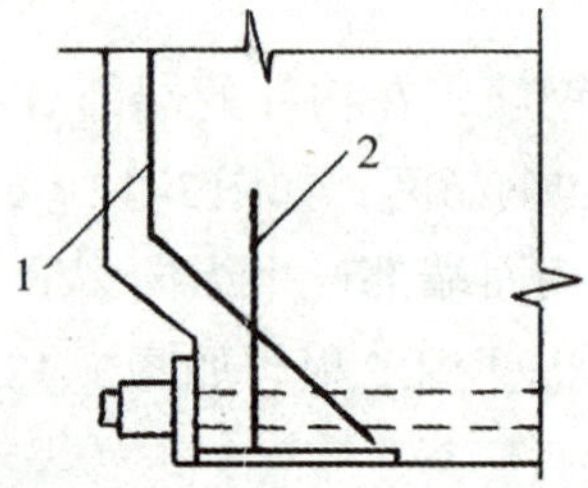

1—折线构造钢筋；2—竖向构造钢筋。

图 3-14　端部凹进处构造配筋

③ 将一部分预应力钢筋在靠近支座处弯起，弯起的预应力钢筋宜沿构件端部均匀布置。

④ 预应力钢筋不能均匀布置而需集中布置在截面下部或集中布置在上部和下部时，应在构件端部0.2h范围内设置附加竖向焊接钢筋网、封闭式箍筋或其他形式的构造钢筋。

⑤ 在预应力钢筋锚具下及张拉设备处的支撑处，应设置预埋钢板并需设置间接钢筋和附加钢筋。

知识链接

混凝土结构基本构件的使用规范

1. 设计要求

根据具体的使用环境和承载要求，规定混凝土结构基本构件的设计参数，包括受力条件、荷载标准、抗震要求等。

2. 材料要求

材料要求规定混凝土、钢筋等材料的质量标准、强度等级、使用限制以及质量控制要求。

3. 施工要求

施工要求包括浇筑、振捣、养护等施工工艺，以及施工过程中的质量控制要求。

4. 检验验收

检验验收规定验收标准、检验方法，确保混凝土结构基本构件的质量符合规范要求。

项目小结

混凝土结构基本构件是建筑工程中常见的重要构件，包括钢筋混凝土受弯构件、受压构件、受扭构件、预应力混凝土构件等。钢筋混凝土受弯构件主要用于承受弯曲荷载，在梁和板等结构中被广泛应用，其设计需要考虑受弯构件截面尺寸、受压区深度、受拉钢筋的布置等因素，以确保其强度和刚度符合设计要求。受压构件如柱、墙等主要承受压力，在设计中需要考虑受压区域的尺寸、箍筋布置等，以保证其承载能力和稳定性。

受扭构件如楼板承托梁、矩形和T形截面的柱等，在设计中需要考虑受扭区的加固、钢筋的布置等因素，以提高其扭转性能。预应力混凝土构件广泛用于大跨度桥梁、水利水电工程等。在施工阶段，钢筋混凝土构件需要制作施工图，包括构件的尺寸、钢筋的布置、模板支撑等详细信息，以指导施工人员进行施工作业。

通过本项目的学习，读者能够深入理解不同受力状态下混凝土构件的性能表现、掌握构件设计的基本原理和方法、学会如何根据具体条件进行构件的选型与计算，以及提升解决实际工程问题的能力，从而能够更全面地把握混凝土结构设计的精髓，为从事土木工程领域的设计、施工、研究等工作打下坚实的基础。

课后习题

一、填空题

1. 梁中通常配置有纵向受力钢筋、________、弯起钢筋及架立钢筋。

2. 纵向受力钢筋通常布置于梁的 ________，承受由弯矩产生的拉应力，其直径和根数应通过计算来确定。

3. 板中通常配有受力钢筋和 ________ 钢筋。

4. 当构件上作用着以纵向压力为主的内力时，该构件称为 ________。

二、简答题

1. 受压构件的分类有哪些？

2. 混凝土的材料强度等级选用标准是什么？

3. 什么是预应力混凝土构件？

项目四 钢筋混凝土楼（屋）盖、楼梯

项目导读

钢筋混凝土楼（屋）盖是建筑工程中的重要组成部分，对房屋的承重和空间分隔起着重要的作用。钢筋混凝土楼（屋）盖通常由梁、板、柱等构件组成，通过钢筋和混凝土的共同工作，承受荷载并传递到基础或承重墙中。楼梯是建筑中常见的垂直交通工具，它连接楼层之间，使人们能够上下行走。楼梯通常由楼梯段、平台、栏杆等构件组成，通过钢筋混凝土、木材等材料制成，具有不同的形式和尺寸，以满足不同的使用需求。

钢筋混凝土楼（屋）盖和楼梯的设计和施工需要遵循一定的规范和标准，确保结构的稳定性和安全性。在钢筋混凝土楼（屋）盖的设计中，需要考虑楼（屋）盖的承重能力、空间分隔效果、材料性能等因素，进行合理的结构设计。在楼梯的设计中，需要考虑楼梯的使用人数、使用频率、安全性能等因素，从而进行合理的尺寸和材料选择；同时，需要综合考虑环境条件、使用功能等因素，进行合理的布局和设计，以达到安全、舒适、实用的目的。

学习目标

知识目标

◆掌握钢筋混凝土结构的基本原理、设计方法和规范要求。

◆了解混凝土、钢筋等材料的性质、规格、用途和施工要求。

◆掌握混凝土浇筑、钢筋布置、模板搭设、支模支撑等施工工艺。

技能目标

◆掌握钢筋混凝土楼盖、楼梯的现浇工艺，包括模板安装、钢筋布置、混凝土浇筑、养护等操作技能。

◆能够使用测量工具对模板、钢筋等进行准确的测量和校正。

◆了解监控施工过程中的质量要求，确保混凝土的强度、板肋形楼盖的平整度等达到设计要求。

◆掌握施工中的安全规范、事故防范知识以及应急处理技能。

素质目标

◆培养学生在团队中协作的能力，包括与同学、老师和施工人员的良好沟通与合作。

◆鼓励学生在施工过程中寻求创新，提高施工效率和质量。

思政目标

◆加强对安全生产的认识，培养学生安全意识和危机处理能力。

◆弘扬工匠精神，培养学生对建筑行业的尊重和热爱，树立精益求精、追求卓越的品质观念。

◆注重培养学生在施工过程中的环保、节能、可持续发展等社会责任。

任务工单

一、任务名称

钢筋混凝土梁板结构施工图解析。

二、任务目的

培养学生对梁板结构施工的理解和掌握能力，提高实际操作技能和工程管理能力。

三、任务内容

（1）理解梁板结构的基本原理和设计要求。

（2）分析钢筋混凝土梁板结构施工图的主要内容和标注。

（3）学习梁、板的钢筋布置图和节点细部构造图。

（4）熟悉梁板结构的施工工艺和注意事项。

四、实施过程

（1）为学生提供一份钢筋混凝土梁板结构的施工图纸。

（2）学生分组，对施工图进行解析和讨论，明确梁、板的尺寸，钢筋布置等关键信息。

（3）学生根据施工图纸，模拟梁板结构的施工过程，包括模板搭设、钢筋绑扎、混凝土浇筑等。

（4）学生对施工过程中遇到的问题进行讨论和解决，总结施工经验。

五、实施要求

（1）具备一定的结构原理和施工工艺知识。

（2）熟悉使用施工图纸和相关标注方式。

（3）讨论过程中要注意施工规范和要求。

六、任务评价

围绕以下几个方面内容，为本次任务的完成情况写一段简单的评价总结。

（1）梁板结构施工图解析能力。

（2）在模拟施工过程中的操作技能和问题处理能力。

（3）对施工规范和安全操作的遵守程度。

（4）团队合作能力和创新思维。

任务一　钢筋混凝土楼盖的类型

楼盖在建筑物中发挥着至关重要的作用，如图4–1所示。其首要职责是传递楼盖上的竖向力至竖向结构构件，如柱、墙和基础等。此外，楼盖还需承担水平力的传递，这些力可以直接传递给竖向结构，或在其之间进行分配。同时，楼盖还作为竖向结构构件的水平联系和支撑，为建筑物的整体稳定性提供重要保障。

图4–1　楼盖

楼盖的结构类型可根据不同的分类标准进行划分。按照结构的受力形式，楼盖可分为单向板肋梁楼盖、双向板肋梁楼盖、井式楼盖、密肋楼盖和无梁楼盖等；按照是否施加预应力，楼盖可分为钢筋混凝土楼盖和预应力混凝土楼盖，其中预应力混凝土楼盖还可细分为无黏结预应力混凝土楼盖；按照施工方法的不同，楼盖可分为现浇整体式楼盖、装配式楼盖和装配整体式楼盖。这些不同类型的楼盖各有其特点和适用场景，为建筑设计提供了丰富的选择。

一、现浇整体式楼盖

现浇整体式楼盖的全部构件均为现场浇筑，其整体性好、刚度大、抗震性较好，但模板用量多、工期长。现浇整体式楼盖主要有肋形楼盖、井字楼盖和无梁楼盖三种。

1. 肋形楼盖

肋形楼盖由板、次梁、主梁组成，三者整体相连，如图4–2所示。板的四周支撑在次梁、主梁上。当板区格的长边与短边之比超过一定数值（≥3.0）时，板上的荷载主要沿短边的方向传递到支承梁上，而沿长边方向传递的荷载很小，可以忽略不计，这种板称为单向板，相应的肋形楼盖称为单向板肋形楼盖，如图4–2（a）所示；当板区格的长边与短边之比较小（≤2.0）时，板上的荷载将通过两个方向同时传递到相应的支承梁上，此时板沿两个方向受力，称为双向板，相应的肋形楼盖称为双向板肋形楼盖，如图4–2（b）所示；当板区格的长边与短边之比在2～3时一般按双向板计算，也可按沿短边方向的单向板计算，但长边方向应布置足够量的钢筋。

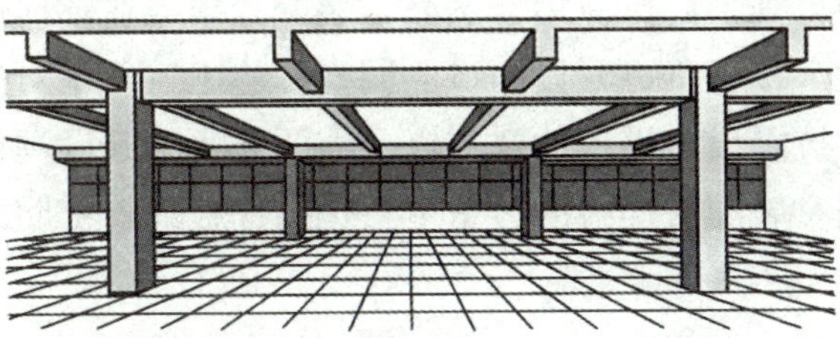
（a）单向板

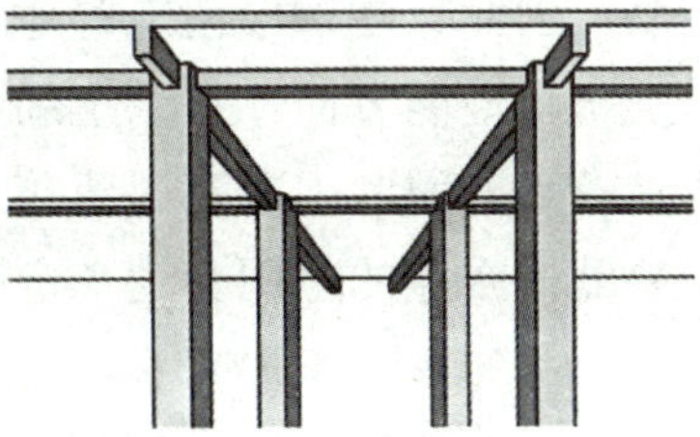
（b）双向板

图 4–2　肋形楼盖

2. 井字楼盖

井字楼盖是双向板的发展，由双向板与交叉梁系组成，如图4–3所示。在一般楼盖中双向板的跨度为3 ~ 6 m，板厚为100 ~ 150 mm；当建筑功能上需要大跨度时，板厚度大，很不经济。为优化材料使用，设计了一种梁结构，通过在板底受拉区域去除部分混凝土来实现。这种设计使双向受力主要集中在几根等高且相互垂直的梁上。

在这种结构中，楼盖的两个方向的梁不分主次，相互交叉形成井字状，这种梁称为井字梁。井字梁共同承受从板上传递下来的荷载，交叉点无须设置柱子，这种设计在建筑上表现优秀，使整个楼盖表现得像一块大型双向受力的平板。井字楼盖在中小型的礼堂、餐厅、展览厅、会议室以及公共建筑的门厅或大厅中得到了广泛应用。

3. 无梁楼盖

无梁楼盖是一种板、柱结构体系。钢筋混凝土平面楼板直接支撑在柱上，所以与肋梁楼盖相比，其板厚要大。为了改善板的受力条件，通常在每层柱的上部设置柱帽。无梁楼盖具有平整的顶棚，较好的采光、通风和卫生条件，可节省模板并简化施工。当楼面活荷载标准值在5 kN/m^{2}以上，且柱距在6 m以内时，无梁楼盖比肋梁楼盖经济。无梁楼盖适用于多层厂房、商场、书库、冷藏库、仓库以及地下水池的顶盖等建筑，如图4–4所示。

扫一扫

无梁楼盖

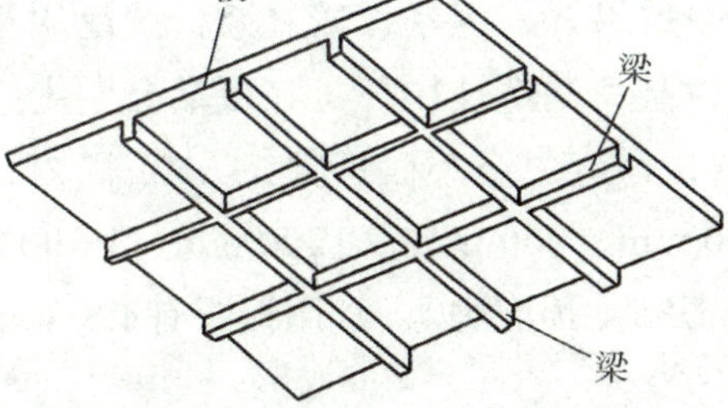

图 4–3　井字楼盖

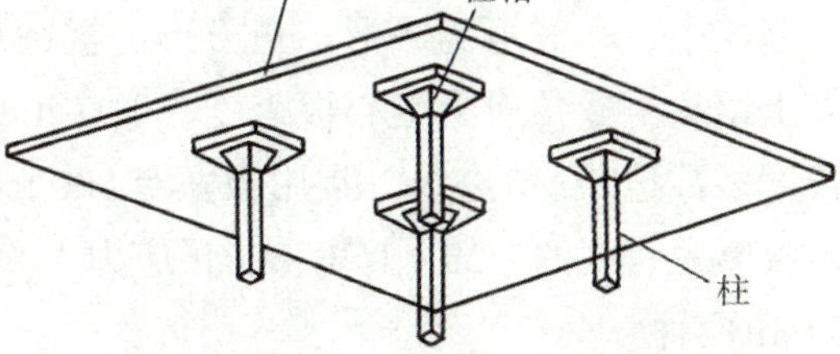

图 4–4　无梁楼盖

二、装配式楼盖

装配式楼盖主要结构形式为预制板与现浇梁的结合，亦可采用预制梁与预制板的组合。此类楼盖设计，模板使用经济，工期相对较短，有利于预应力技术的实施，且构件尺寸精度较高。因此，在多层住宅等建筑中得到了广泛应用。然而，装配式楼盖在整体性、抗震性以及防水性能方面存在一定局限性，楼板不可开设洞口。同时，施工过程中对吊装条件的要求较高。因此，在高层建筑、有抗震设防需求的建筑以及需要防水和开设洞口的楼面中，装配式楼盖的应用受到一定限制。装配式楼盖的类型主要包括铺板式、密肋式和无梁式。

1. 铺板式楼盖的构件形式

（1）预制板

常用预制板有肋形槽形板、双T形板、实心板、空心板等，如图4–5所示。

（a）肋形槽形板　（b）双T形板　（c）实心板　（d）空心板

图4–5　预制板的类型

槽形板由面板、纵肋、横肋组成。按照肋的位置可分为肋向下的正槽板和肋向上的倒槽板两种。正槽板受力合理，用料少，便于开洞，但隔声、隔热效果差，一般用于对顶棚要求不高的建筑。倒槽板能提供平整的顶棚，但受力性能较差，且施工比较麻烦，目前较少采用这种形式。

槽形板由于开洞方便，在工业建筑中应用较多，也适于民用建筑中的厨房、卫生间楼板。板跨一般3 ~ 6 m（非预应力槽形板跨度一般在4 m以内，预应力槽形板跨度可达6 m以上），板宽为600 ~ 1 500 mm，板厚为30 ~ 50 mm，肋高为150 ~ 300 mm。

双T形板整体刚度大、承载力大但对吊装有较高要求，可用于跨度12 m以内的楼板、外墙板、屋面板。

实心板制作简单、板面平整、施工方便，常用于小跨度的走道板、架空搁板、地沟盖板等，跨度一般在1.5 ~ 2.4 m，板厚为跨度的1/30左右，常用板厚为50 ~ 100 mm，板宽为400 ~ 1 200 mm。一般考虑到板与板之间的灌缝及板的安装，板的实际尺寸较设计尺寸要小一些，一般板底宽度要小10 mm，板面宽度至少要小20 ~ 30 mm。

空心板板面平整，用料少，刚度大，隔热、隔声效果好，但制作较复杂，广泛用于楼盖、屋盖中，孔洞可为圆形、正方形、椭圆形等，为避免端部被压坏，在板端孔洞内应塞混凝土堵头。非预应力空心板跨度一般在4.8 m以内，预应力空心板跨度在7.5 m以内，板的长度多数按0.3 m进级。常用板宽有500 mm、600 mm、900 mm、1 200 mm、1 500 mm等，板厚为跨度的1/20 ~ 1/30（非预应力）和1/30 ~ 1/35（预应力），常用板厚有120 mm和150 mm两种。

（2）预制梁

梁的高跨比一般为1/14 ~ 1/8，一般为单跨梁，主要是简支梁和伸臂梁，截面形式有矩形、花篮形、T形、倒T形，十字形等。梁的截面形式如图4–6所示。

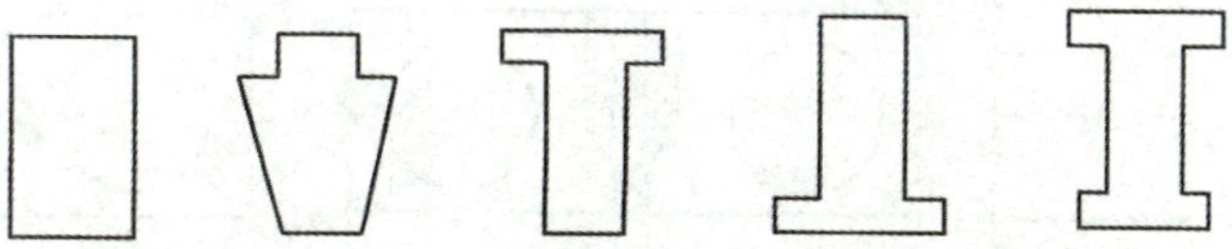

（a）矩形　（b）花篮形　（c）T形　（d）倒T形　（e）十字形

图 4–6　梁的截面形式

2. 铺板式楼盖的结构布置

铺板式楼盖的结构布置应视墙体布置和柱网尺寸而异，通常板有铺设在横墙、纵墙、梁上等三种布置方案。在选择布置方案时，应根据房间的净尺寸和吊装能力，尽可能选择较宽的板，且型号不宜太多。通常会遇到下列情况。

（1）铺板布置时一般选用一种基本型号，再以其他型号板补充，排板时允许板间存在10 ~ 20 mm的空隙。应尽量避免将板边（沿板长度方向）嵌入墙内，如图4–7（a）所示。当排板后的剩余宽度小于120 mm，可采用挑砖办法处理，如图4–7（b）所示；如剩余宽度较大，可处理成现浇板带，如图4–7（c）所示。

（2）当遇到较大直径竖管穿越楼面时，可局部改用槽形板。

（3）当楼盖水平面内需敷设较粗的动力、照明管道时，可降低楼盖的结构标高。可采用加厚板面混凝土找平以便将管道埋设于找平层中，也可加宽预制板间隔的办法，待管道敷设后再浇灌混凝土，如图4–7（d）所示。

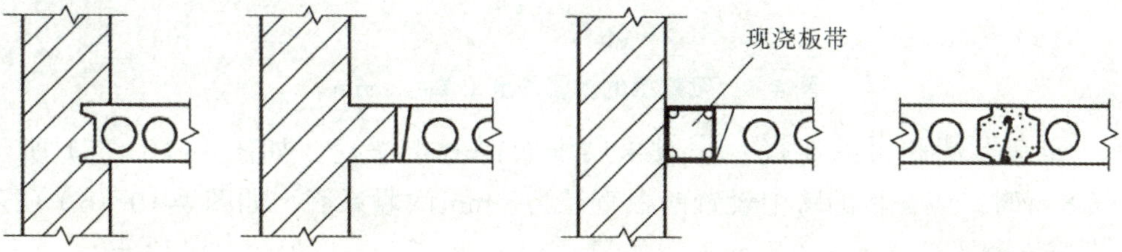

（a）　（b）　（c）　（d）

图 4–7　铺板式楼盖的结构布置

3. 铺板式楼盖的连接构造

对于在抗震设防区的多层砌体房屋，采用装配式楼盖时，在结构布置上尽量采用横墙承重或混合承重方案，使其有合理的刚度和强度分布。装配式楼盖的连接包括板与板、板与墙（梁）之间以及梁与墙的连接，现就非抗震设防区的连接进行简述。

（1）板与板的连接

板与板的连接，板的实际宽度比标志尺寸小10 mm，铺板后板与板之间下部留有10 ~ 20 mm的空隙，上部板缝稍大，不宜小于30 mm。板缝应采用强度不低于预制板混凝土强度且不低于C20的细石混凝土，如图4–8（a）和图4–8（b）所示。当板缝大于40 mm时，应在缝内按计算配置贯穿整个结构单元的钢筋，板缝顶面的钢筋搭接部位应设在跨中，其搭接长度为$1.2l_a$。如图4–8（c）所示。

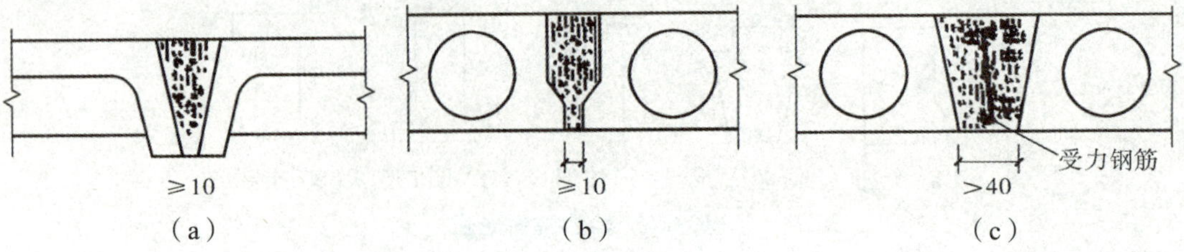

图 4–8　板与板的连接（单位：mm）

（2）板与墙和板与梁的连接

板与墙和梁的连接，分支承与非支承两种情况。板与其支承墙和梁的连接，一般采用在支座上坐浆（厚度为10 ~ 20 mm）。板在砖墙上的支撑长度在外墙上应≥120 mm；在内墙上应≥100 mm；在钢筋混凝土梁上支撑长度应≥80 mm，方能保证可靠的连接，如图4–9所示。

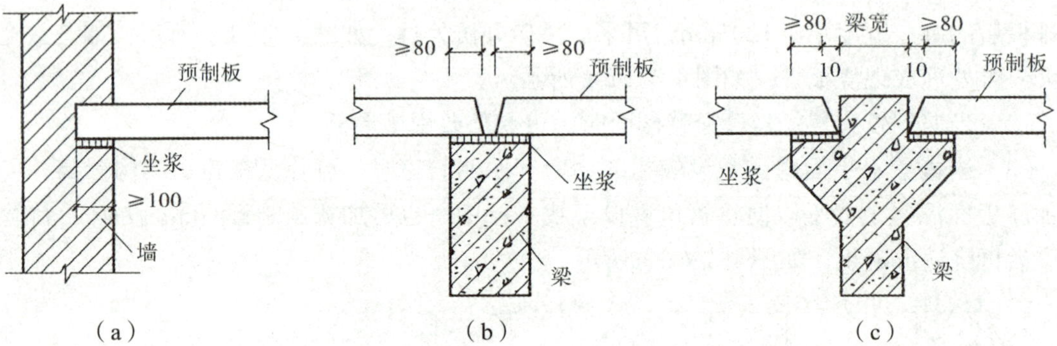

图 4–9　预制板的搁置长度（单位：mm）

板与非支撑墙和梁的连接，一般采用细石混凝土灌缝，如图4–10（a）所示。当板长≥4.8 m时，应在板的跨中设置两根直径为8 mm的联系筋，如图4–10（b）所示，或将钢筋混凝土圈梁设置于楼盖平面处，如图4–10（c）所示，以增强其整体性。

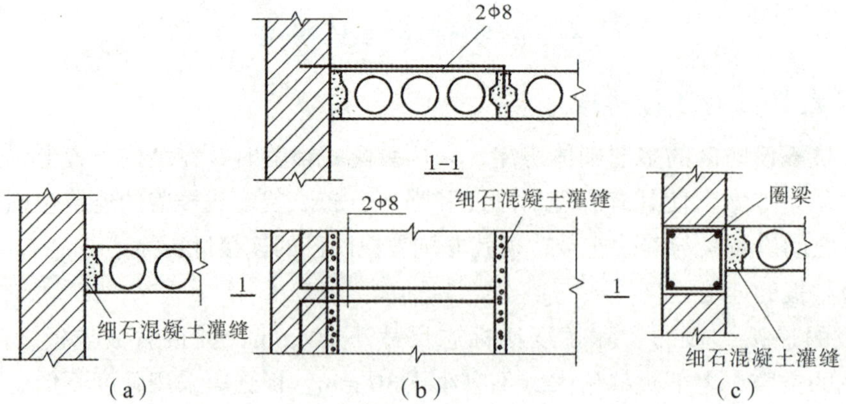

图 4–10　板与非支撑墙的连接

对于平屋顶、地下室等，预制板在支座上部应设锚固钢筋与墙或梁连接，如图4–11所示。

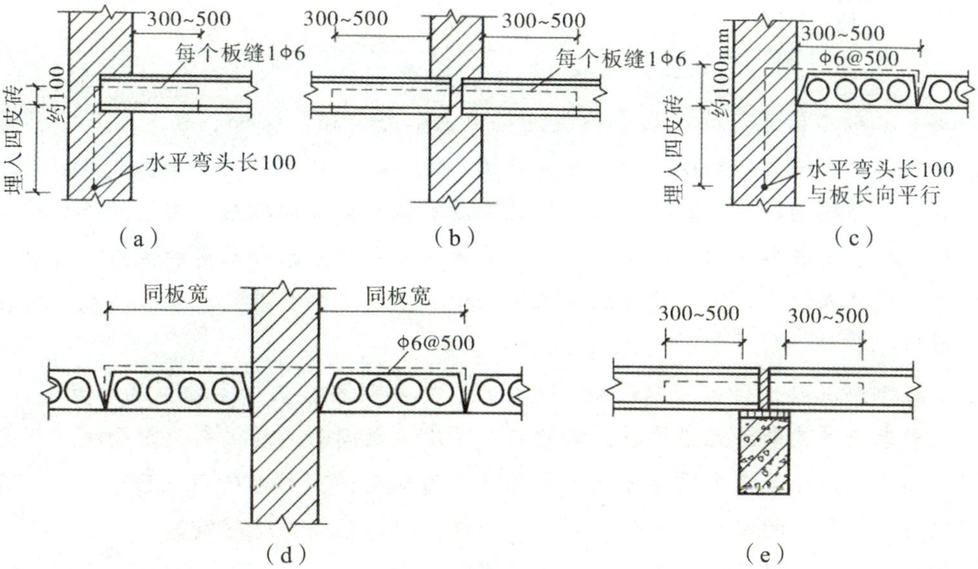

图 4-11　板与墙或梁的连接（单位：mm）

（3）梁与墙的连接

梁在砖墙上的支撑长度，应满足梁内受力钢筋在支座处的锚固要求和支座处砌体局部抗压承载力的要求。当砌体局部抗压承载力不足时，应按砌体结构设计规范设置梁下垫块。

通常，预制梁在墙上的支撑长度应≥ 180 mm，且应在支撑处坐浆 10 ~ 20 mm；必要时（如有抗震要求时）在梁端设置拉结钢筋。

三、装配整体式楼盖

装配整体式楼盖是将各预制梁或板（包括叠合梁、叠合板中的预制部分），在现场吊装就位后，通过整结措施和现浇混凝土构成整体，即在预制板或预制梁间现浇一叠合层而成为一个整体，如图 4-12 所示。这种楼盖兼有现浇式和装配式的特点，其不足之处是需要进行混凝土二次浇灌，有时还需要增加焊接工作量。

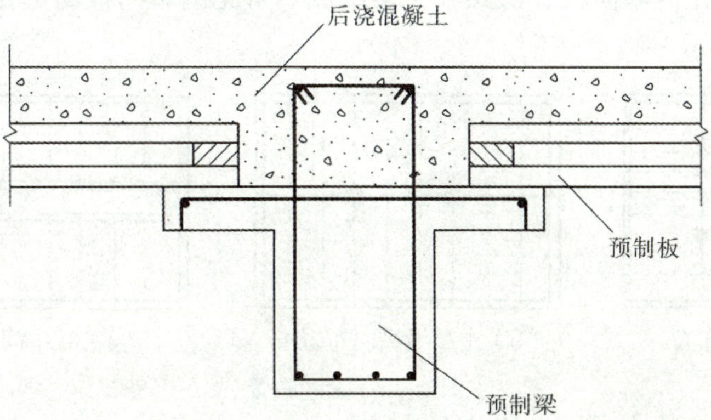

图 4-12　装配整体式楼盖

知识链接

钢筋混凝土楼盖的判断与初步选型

钢筋混凝土楼盖广泛应用于各类建筑中，如办公楼、宿舍、住宅、厂房、写字楼等。现浇混凝土楼盖的整体性好、布置灵活，但施工周期长且需要模板，可应用于所有钢筋混凝土结构的建筑，装配式楼盖的施工成本低、施工周期短，但抗震性和整体性较差，可应用于受成本限制的小型建筑，而装配整体式楼盖结合两者的优点，目前在结构设计中应用越来越广泛。在建筑的施工过程中，主要根据楼盖的施工方法来判断各种楼盖的类型。

现浇钢筋混凝土楼盖可以在施工完成后，根据观察楼盖中主次梁的布置进行判断，若楼盖中未布置梁则为无梁楼盖，若楼盖中主次梁之间形成的板全为单向板，则为单向板肋形楼盖，若楼盖中主次梁之间形成的板全为双向板，则为双向板肋形楼盖，若楼盖中主次梁之间形成的板既有单向板又有双向板，则为混合式肋形楼盖。

规范对于肋形楼盖单向板与双向板的规定如下。

（1）两对边支撑的板应按单向板计算。

（2）四边支撑的板应按下列规定计算。

① 当长边与短边长度之比不大于2.0时，应按双向板计算。

② 当长边与短边长度之比大于2.0，但小于3.0时，宜按双向板计算。

③ 当长边与短边长度之比不小于3.0时，宜按沿短边方向受力的单向板计算，并应沿长边方向布置构造钢筋。

任务二 现浇单向板肋形楼盖

一、楼盖结构布置

单向板肋形楼盖由单向板、次梁和主梁组成。常见的单向板肋形楼盖结构布置方案有三种，如图4–13所示。

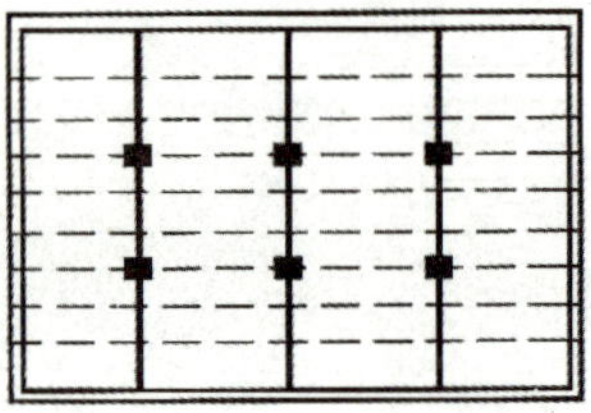

（a）主梁沿横向布置

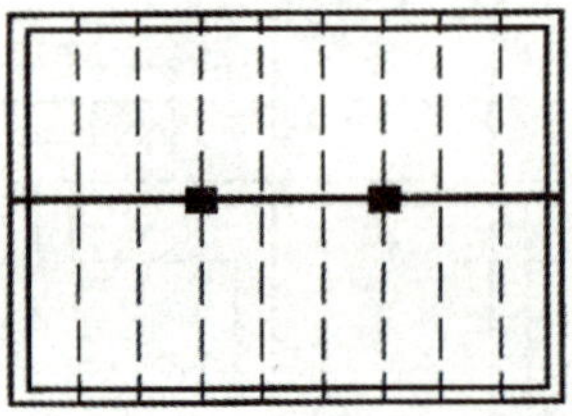

（b）主梁沿纵向布置

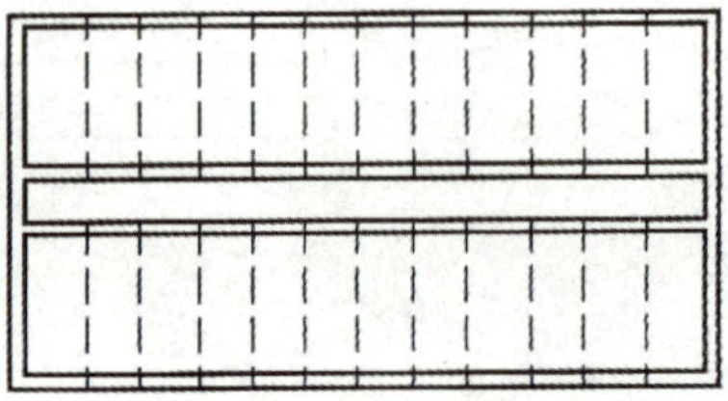

（c）有中间走廊的梁布置

图4–13 梁的布置

1. 主梁横向布置，次梁纵向布置

主梁横向布置，次梁纵向布置的优点是横向刚度较大，各榀横向框架由纵向次梁相连，房屋整体性较好，同时可以开设较大的窗洞口，对室内采光有利。

2. 主梁纵向布置，次梁横向布置

主梁纵向布置，次梁横向布置适用于横向柱距比纵向柱距大得较多的情况，因主梁纵向布置，可以减小主梁的截面高度，增大室内净高，但房屋的横向刚度较差。

3. 只布置次梁，不布置主梁

只布置次梁，不布置主梁仅适用于有中间走廊的砖混房屋。

进行楼盖的结构平面布置时，要综合考虑建筑效果、其他专业工种的要求。主梁跨内最好不要只放置一根次梁，以减小主梁跨内弯矩；不封闭的阳台、厨房和卫生间的板面标高宜低于相邻板面 30 ~ 50 mm；楼板上开有较大尺寸的洞口时，应在洞边设置小梁；合理地选择构件的跨度，通常单向板、次梁和主梁的经济跨度为：单向板：1.8 ~ 2.7 m；次梁：4 ~ 6 m；主梁：5 ~ 8 m。

知识链接

单向板楼盖的设计步骤

在单向板肋形楼盖中荷载的传力途径如下。

荷载 $\xrightarrow{\text{均布荷载}}$ 板 $\xrightarrow{\text{均布荷载}}$ 次梁 $\xrightarrow{\text{集中荷载}}$ 主梁 $\longrightarrow$ 柱（或墙）

也就是说，板的支座为次梁，次梁的支座为主梁，主梁的支座为柱或墙。在实际工程中，由于楼盖整体现浇，因此楼盖中的板、梁往往形成多跨连续结构，与单跨简支板和梁有较大区别。

单向板肋形楼盖的设计步骤分为以下几步。

（1）选择结构平面布置方案。

（2）确定结构计算简图并进行荷载计算。

（3）对板、次梁、主梁分别进行内力计算。

（4）对板、次梁、主梁分别进行截面配筋计算。

（5）根据计算和构造要求，绘制楼盖结构施工图。

二、单向板楼盖的计算简图

楼盖结构布置完成后，就可确定结构的计算简图，以便对板、次梁、主梁分别进行内力计算。

1. 板的计算简图

板支撑在次梁或砖墙上，一般可将次梁或砖墙作为板的不动铰支座。

2. 梁的计算简图

次梁支撑在主梁（柱）或砖墙上，将主梁（柱）或砖墙上作为次梁的不动铰支座；对于主梁，如支撑在砖墙、砖柱上时，将砖墙、砖柱作为主梁的不动铰支座，如与钢筋混凝土柱整浇，其支撑条件应根据梁柱抗弯刚度之比而定。分析表明，主梁与柱的线刚度比大于3时，将主梁视为铰支在柱上的连续梁计算，否则应按框架进行内力分析。

对于单跨及多跨连续梁、板在不同支撑下的计算跨度，按表4–1取用。对于各跨荷载相近，且跨数超过五跨的等跨等截面连续梁（板），为简化计算，所有中间跨均以第三跨来代表。当实际跨数少于五跨时，按实际跨数计算。

表4–1　连续梁、板的计算跨度

支撑情况	弹性理论计算		塑性理论计算	
	梁	板	梁	板
两端与梁（柱）整体连接	l_c	l_c	l_n	l_n
两端搁置在墙上	$1.05l_n \leqslant l_c$	$l_n+t \leqslant l_c$	$1.05l_n \leqslant l_c$	$l_n+t \leqslant l_c$
一端与墙整体连接，一端搁置在墙上	$1.025l_n+b/2 \leqslant l_c$	$l_n+b/2+t/2 \leqslant lc$	$1.025l_n \leqslant l_c+a/2$	$l_n+t/2 \leqslant l_c+a/2$

注：l_c为支座中心线间的距离，l_n为净跨，t为板的厚度，a为板、梁在墙上的支撑长度，b为板、梁在梁或柱上的支撑长度。

结构内力分析时，为减少计算工作量，一般不是对整个结构进行分析，而是从实际结构中选取有代表性的一部分作为计算的对象，称为计算单元。对于单向板，可取1 m宽度的板带作为其计算单元，在此范围内，如图4–14（a）所示中用阴影线表示的楼面均布荷载便是该板带承受的荷载，这一负荷范围称为从属面积，即计算构件负荷的楼面面积。

楼盖中部主、次梁截面形状都是两侧带翼缘（板）的T形截面，楼盖周边处的主、次梁则是一侧带翼缘的。每侧翼缘板的计算宽度取与相邻梁中心距的一半。次梁承受板传来的均布线荷载，主梁承受次梁传来的集中荷载，一根次梁的负荷范围以及次梁传给主梁的集中荷载范围如图4–14（a）所示。

由于主梁的自重所占比例不大，为了计算方便，可将其换算成集中荷载加到次梁传来的集中荷载内。所以从承受荷载的角度看，板和次梁主要承受均布线荷载，主梁主要承受集中荷载。板、次梁、主梁的计算简图分别如图4–14（b）、图4–14（c）和图4–14（d）所示。

三、单向楼盖的构造要求

1. 板的构造要求

（1）支撑长度

边跨板伸入墙内的支撑长度不应小于板厚，同时不得小于120 mm。

（2）受力钢筋

① 受力钢筋的直径通常采用8 mm、10 mm或12 mm。为了便于施工架立，支座承受负

弯矩的上部钢筋直径不宜小于8 mm。同时在整个板内，选用不同直径的钢筋，不宜超过两种，且级差不小于2 mm，以便于识别。

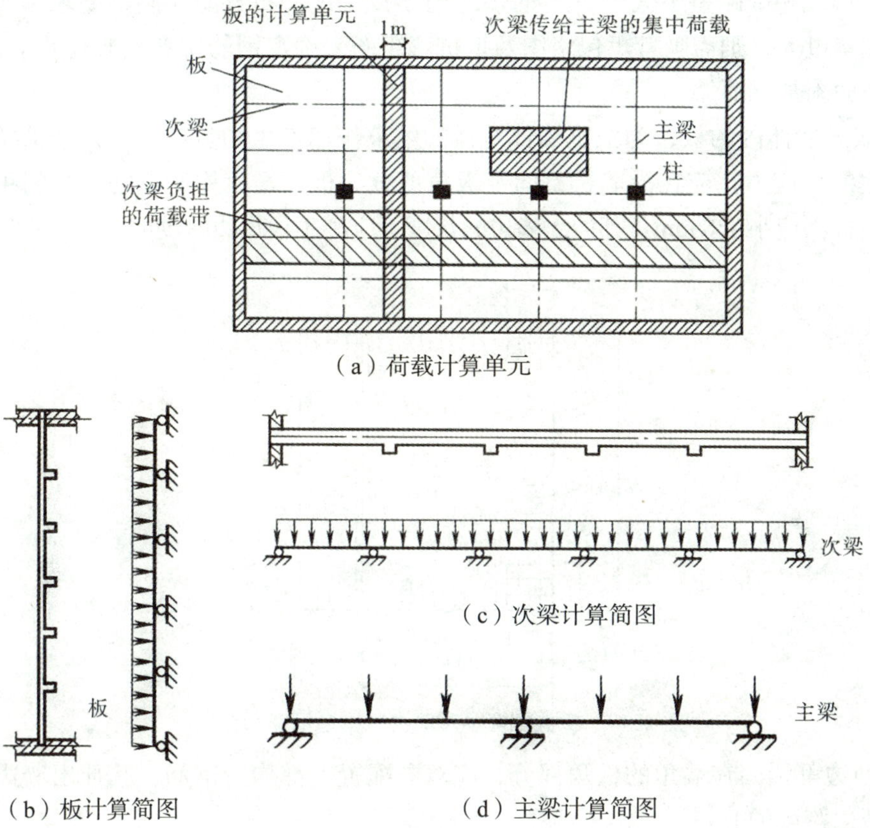

图 4-14　单向板楼盖计算简图

② 受力钢筋的间距不应小于70 mm；当板厚$h \leqslant 150$ mm时，不应大于200 mm；当板厚$h>150$ mm时，不应大于$1.5h$，且不应大于250 mm。钢筋锚固长度不应小于$5d$，钢筋末端应作弯钩。

③ 当采用分离式配筋时，跨中正弯矩钢筋通常全部伸入支座，如图4-15所示。

④ 支座附近承受负弯矩的钢筋，可在距支座边不小于a的距离处切断，如图4-15所示。a的取值如下。

当$q/g \leqslant 3$时，$a=l_0/4$；当$q/g>3$时，$a=l_0/3$；其中g、q为板上作用的恒载及活载的设计值；l_0为板的计算跨度。

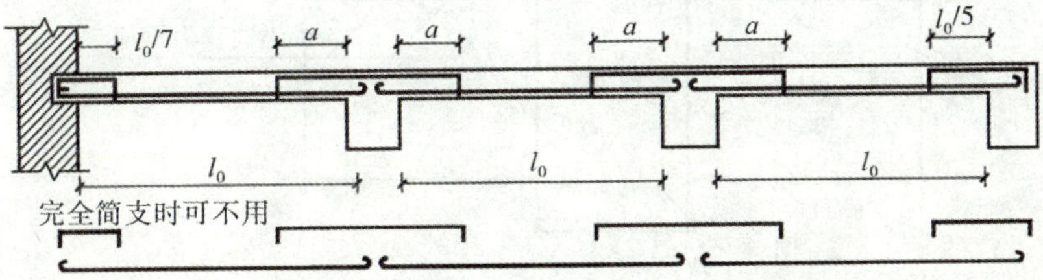

图 4-15　连续板分离式钢筋布置图

板的支座处承受负弯矩的上部钢筋，为了保证施工时不至于改变其有效高度，多做成直钩以便撑在模板上。

对于等跨或相邻跨差不大于20%的多跨连续板，这种布置能够满足要求。如果相邻跨度或载荷相差过大，则需画弯矩包络图及抵抗弯矩图来确定钢筋切断或弯起的位置。

（3）板面附加钢筋

① 对嵌入墙体内的板，为抵抗墙体对板的约束作用产生的负弯矩，以及抵抗温度收缩在板角产生的拉应力，应在沿墙长方向及板角部分的板面增设构造钢筋，其间距不应大于200 mm，直径不应小于8 mm，其伸出墙边的长度不应小于板短边跨度的1/7，如图4–16所示。

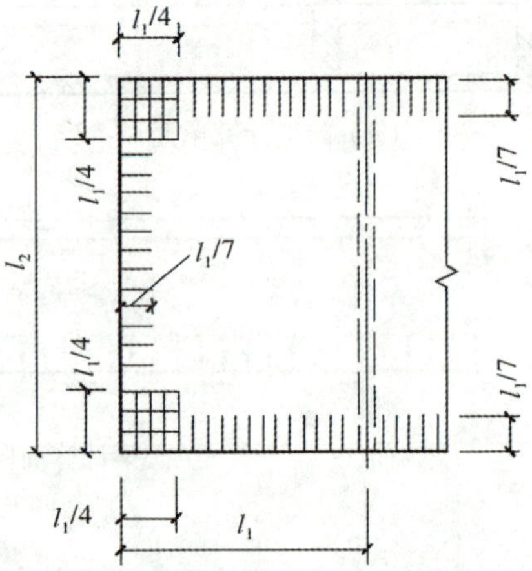

图 4–16　板嵌固在承重墙内时构造钢筋配筋图

② 对两边都锚固在墙角的板角部分，应双向配置上部构造钢筋，其伸出墙边的长度不应小于板短边跨度的1/4。

③ 沿板的受力方向配置的上部构造钢筋，其截面面积不宜小于该方向跨中受力钢筋截面面积的1/3。

④ 现浇板的受力钢筋与主梁肋部平行时，应沿梁肋方向配置间距不大于200 mm，直径不小于8 mm的与梁肋垂直的构造钢筋，且单位长度的总截面面积不应小于板中单位长度内受力钢筋截面面积的1/3，伸入板中的长度从肋边算起不应小于板计算跨度的1/4，如图4–17所示。

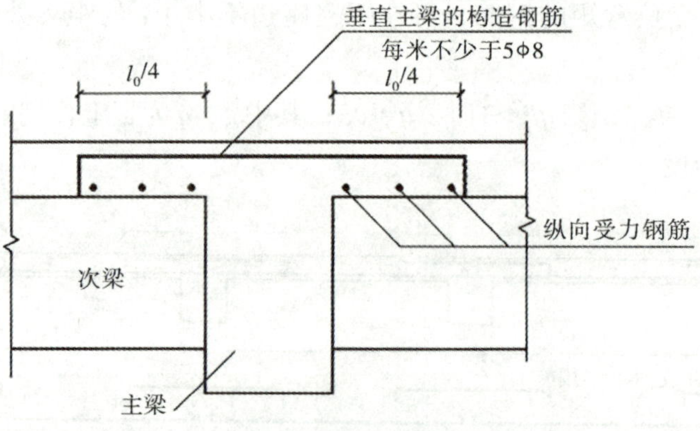

图 4–17　板中与梁肋垂直的构造钢筋

⑤ 在温度、收缩应力较大的现浇板区域内，钢筋间距宜取150～200 mm，并应在板的未配筋表面布置温度收缩钢筋。板的上、下表面沿纵横两个方向的配筋率均不宜小于0.1%。温度收缩钢筋可利用原有钢筋贯通布置，也可另行设置钢筋网并与原有钢筋按受拉钢筋的要求搭接或在周边构件中锚固。

（4）分布钢筋

单向板除在受力方向布置受力筋以外，还要在垂直于受力筋方向布置分布筋。分布筋的作用是：承担由于温度变化或收缩引起的内力；对四边支撑的单向板，可以承担长边方向实际存在的一些弯矩；有助于将板上作用的集中荷载分散在较大的面积上，以使更多的受力筋参与工作；与受力筋组成钢筋网，便于在施工中固定受力筋的位置。

分布筋应放在受力筋的内侧，并与受力钢筋互相绑扎（或焊接）。单位长度上的分布筋，其截面面积不应小于单位长度上受力钢筋截面面积的15%，且不宜小于板截面面积的0.15%；其间距不应大于250 mm，直径不宜小于6 mm；当集中荷载较大时，分布钢筋间距不应大于200 mm。分布筋末端可不设弯钩。

2. 主梁的构造要求

主梁纵向受力筋的弯起和截断，原则上应通过在弯矩包络图作抵抗弯矩图确定，并应满足有关的构造要求。

由于支座处板、次梁、主梁中的上部钢筋相互交叉重叠，主梁的纵筋必须位于次梁、板的纵筋下面，如图4–18所示。故截面有效高度在支座处有所减小。此时主梁截面的有效高度应取：当主梁受力筋为一排时$h_0=h-$（50～60）mm；当主梁受力筋为两排时$h_0=h-$（80～90）mm。

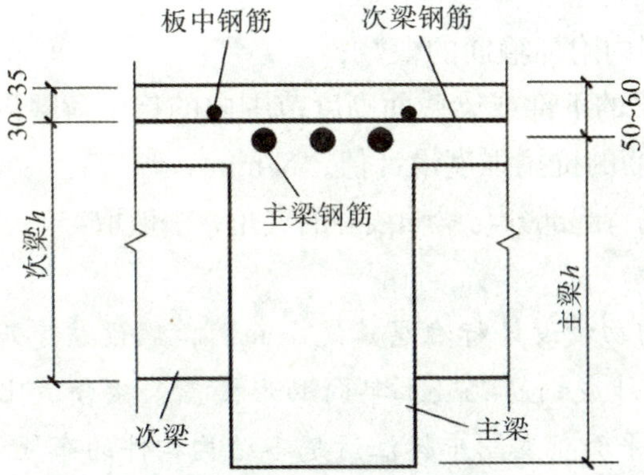

图4–18 主梁支座处受力钢筋布置图（单位：mm）

在主梁、次梁相交处，由于主梁承受由次梁传来的集中荷载，其腹部可能出现斜裂缝，并引起局部破坏。因此，应在集中荷载F附近，长度为$s=3b+2h_1$的范围内设置附加的箍筋或吊筋，以便将全部集中荷载传至梁的上部。当按构造要求配置附加箍筋时，次梁每侧不得少于2A6；如设附加吊筋，不得少于2A12，如图4–19所示。

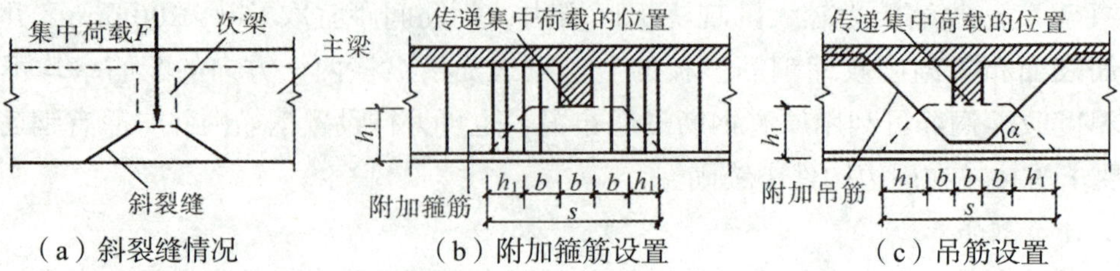

图 4–19　集中荷载作用下主梁、次梁相交处局部破坏情况

第一道附加箍筋距离次梁边 50 mm。如集中力全部由附加箍筋承受，则所需的附加箍筋截面的总面积为

$$A_{sv}=\frac{F}{f_{yv}}$$

当选定附加箍筋的直径和根数后，由上式 A_{sv} 即可求出 s 范围内附加箍筋的根数。

当集中力 F 全部由吊筋承受，其总截面面积

$$A_{sb}\geqslant\frac{F}{2f_y\sin\alpha}$$

当吊筋的直径选定后，即可求得吊筋的根数。

如集中力同时由附近箍筋和吊筋承受时，应满足下列条件。

$$F\leqslant 2f_{yv}A_{sb}\sin\alpha+mnA_{sv1}f_{yv}$$

式中　A_{sb}——承受集中荷载所需的附加吊筋的总截面面积，mm^2；

A_{sv1}——附加箍筋单肢的截面面积，mm^2；

n——同一截面内附加箍筋的肢数；

m——在 s 范围内附加箍筋的根数；

F——作用在梁的下部或梁截面高度范围内的集中荷载设计值，N；

f_{yv}——附加箍筋的抗拉强度设计值，N/mm^2；

α——附加吊筋弯起部分与梁轴线间的夹角，一般取45°，如梁高 h>800 mm，取60°。

【例】

图 4–20 为某厂房的初步设计标准层建筑平面图，假设该建筑的荷载条件按普通建筑考虑即可，试将该厂房设计成钢筋混凝土单向肋形楼盖，按合适比例绘制标准层初步设计结构平面布置图，在结构平面布置图中标注清楚各结构构件的布置位置和截面尺寸。

【解】

（1）定主梁

该厂房建筑中柱的位置已经明确，直接在柱与柱之间按纵横两个方向设置主梁，主梁的跨度为 6.6 m，然后根据主梁跨度的 1/12～1/8 初步设计主梁的截面高度，再根据主梁高度的 1/3～1/2 确定梁的宽度，同时梁截面尺寸初步选定需满足建筑模数要求和最小截面尺寸要求，这样即完成了主梁的初步设计，可取主梁尺寸为 250 mm × 600 mm。

（2）定次梁

次梁设计是钢筋混凝土肋形楼盖结构初步设计的难点，次梁的初步设计包括两个方面：确定次梁的位置和确定次梁的截面尺寸。次梁的布置可采用纵向布置或横向布置，次梁位置可根据楼板的经济跨度2～3 m确定，即将次梁布置后该单向板的跨度尽量控制在1.8～2.7 m的范围，可在横向布置次梁，将6 600 mm分成三跨；次梁高度根据跨度的1/18～1/15初步选定，次梁宽度为高度的1/3～1/2，故次梁尺寸可定为200 mm×400 mm。

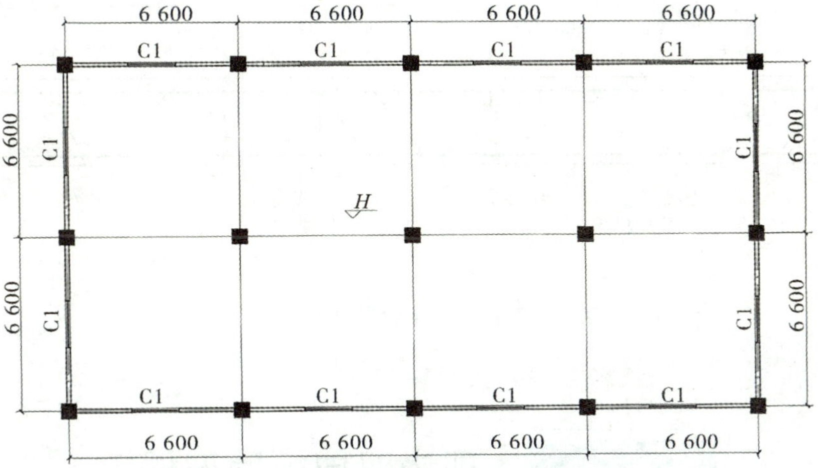

图 4–20　厂房的初步设计标准层建筑平面图（单位：mm）

（3）定楼板

当设计完次梁时该楼盖中楼板的位置已经自然确定，楼板的初步设计只需要选定楼板厚度，楼板的厚度必须满足结构基本构造要求，可初步定板厚为100 mm。

（4）作楼盖初步结构设计平面图

如图4–21所示，结构设计后续步骤如荷载计算、配筋计算等可不必掌握，也可利用软件进行计算，在此不再赘述。

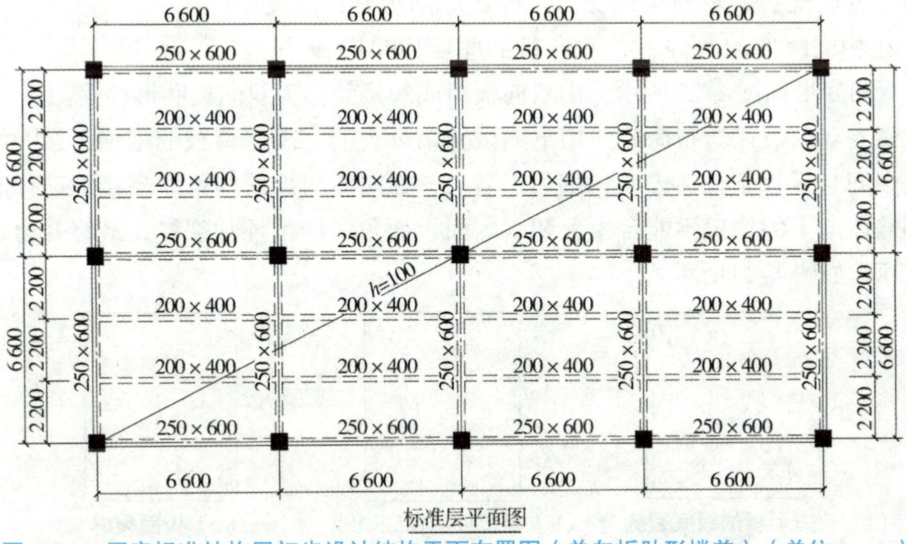

图 4–21　厂房标准结构层初步设计结构平面布置图（单向板肋形楼盖）（单位：mm）

3. 次梁的构造要求

次梁伸入墙内的支撑长度一般不应小于240 mm。沿梁长的钢筋布置，应按弯矩及剪力包络图确定。但对于相邻跨跨度相差不大于20%、均布活载和均布恒载之比$q/g \leqslant 3$的次梁，可按如图4–22所示布置配筋。

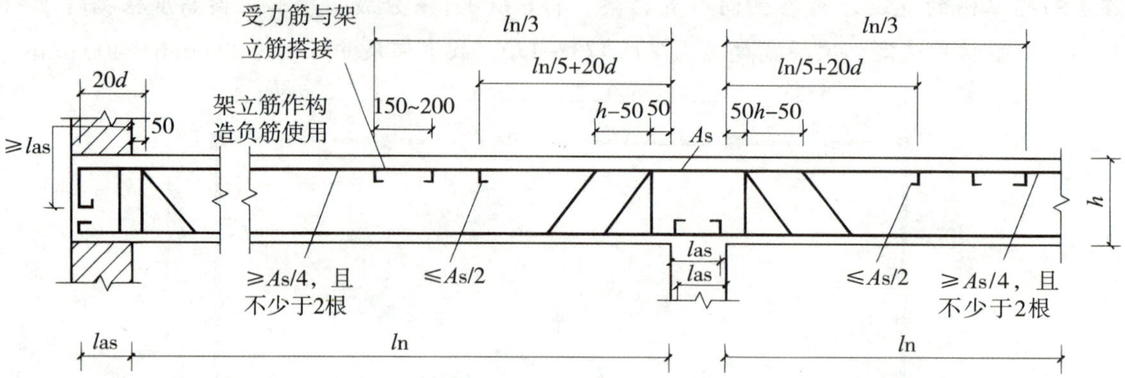

图 4–22　次梁的配筋构造要求（单位：mm）

任务三　现浇双向板肋形楼盖

根据实践经验，当楼面荷载较大，建筑平面接近正方形（跨度小于5 m）时，一般双向板楼盖比单向板肋梁楼盖经济。双向板与四边简支单向板的主要区别是双向板上的荷载沿两个方向传递，除了传给次梁，还有一部分直接传给主梁，板在两个方向产生弯曲和内力，板角上翘，故双向板的受力钢筋应沿两个方向配置，双向板的受力性能比单向板好，刚度也较大，在相同跨度的条件下，双向板的厚度比单向板小。双向板的弯曲变形如图4–23所示。由双向板组成的楼盖称为双向板肋形楼盖。

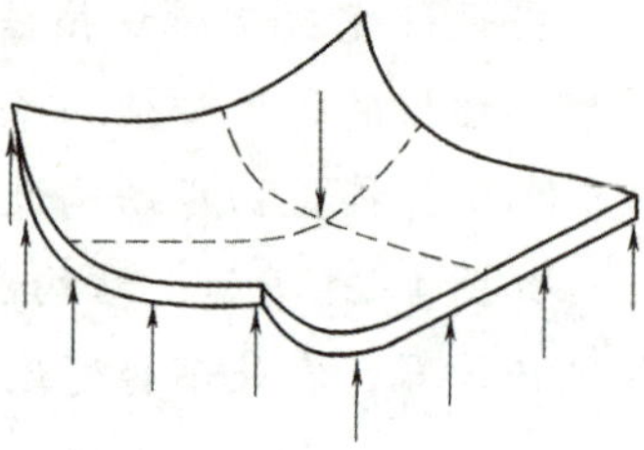

图 4–23　双向板的弯曲变形

四边简支双向板在均布荷载作用下的试验结果表明，随着荷载的增加，第一批裂缝出现在板底中间且平行于长边方向，随后沿着45° 方向伸向板的四角。当接近破坏时，板的四角受到墙体向下的约束不能自由上翘，因而板面角区产生环状裂缝，最终受力钢筋屈服而达到破坏，如图4–24所示。

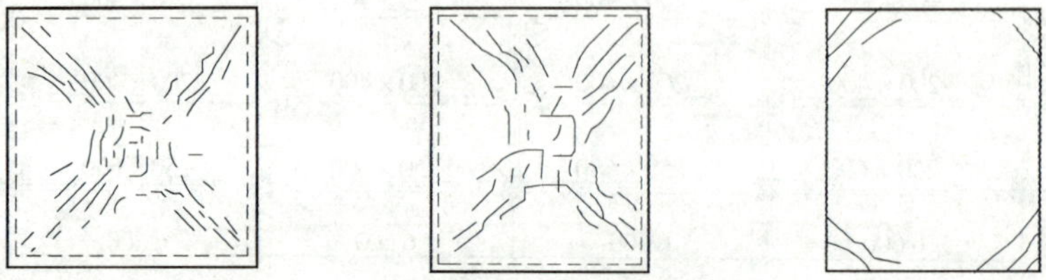

（a）正方形板的板底裂缝　（b）矩形板的板底裂缝　（c）板面裂缝

图 4–24　均布荷载作用下四边简支双向板的破坏形态

一、双向板的支撑梁设计要点

双向板的荷载沿四周向最近的支座传递，精确计算双向板传递给支承梁的荷载比较困难，在设计时采用近似方法进行分配。从每一区格板的四角分别作45°线与平行于长边的中线相交，每一区格被分成四块，每一块面积上的荷载只传递给邻近支承梁。因此传递给短边方向上的支承梁的荷载形式是三角形，而传递给长边方向的支承梁的荷载形式是梯形，如图4-25所示。支承梁除承受板传来的荷载外，还应考虑梁的自重，支撑梁的配筋构造与单向板肋形楼盖中对梁的要求相同。

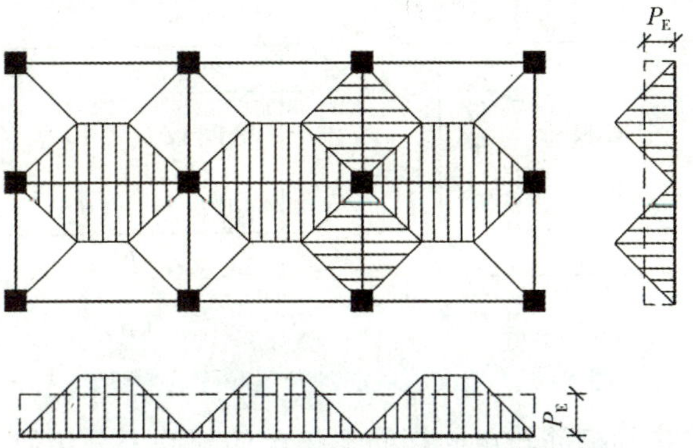

图4-25　双向板传给支承梁的荷载示意图

对于支承梁的内力计算，可按单向板次梁的计算方法进行计算，但双向板传递给支承梁的荷载并不是均布的，因此要加以简化。当支承梁是连续的，且跨度相差不超过10%时，可将支承梁上的荷载等效成均布荷载p_E，如图4-26所示。

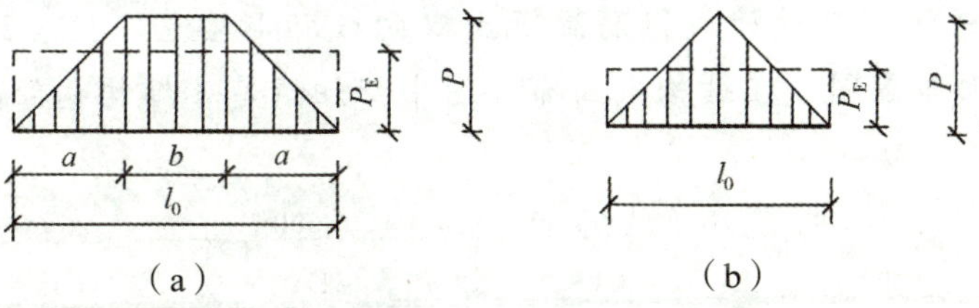

图4-26　双向板支承梁的等效荷载

二、双向板的构造要求

1. 双向板的厚度

一般不宜小于80 mm，也不宜大于160 mm。为了保证板的刚度，板的厚度h还应符合：简支板$h \geq l_x/45$；连续板$h \geq l_x/50$，其中l_x是板的较小跨度。

2. 钢筋的配置

受力钢筋沿纵横两个方向均匀设置，应将弯矩较大方向的钢筋（沿短向的受力钢筋）设置在外层，另一方向的钢筋设置在内层。板的配筋形式类似于单向板，有弯起式与分离式两种。为简化施工，目前在工程中多采用分离式配筋。沿墙边及墙角的板内构造钢筋与单向板楼盖相同。

当内力按弹性理论计算时，其跨中弯矩不仅沿板长变化，而且沿板宽向两边逐渐减小，而板底钢筋是按跨中最大弯矩求得的，故配筋应在两边予以减少。因此通常将每个区格按纵横两个方向划分为两个宽均为$l_x/4$（l_x为短跨计算跨度）的边缘板带和一个中间板带，如图4–27所示。边缘板带单位宽度上的配筋量为中间板带单位宽度上配筋量的50%。连续支座上的钢筋，应沿全支座均匀布置。受力钢筋的直径、间距、弯起点及截断点的位置等均可参照板配筋的有关规定。

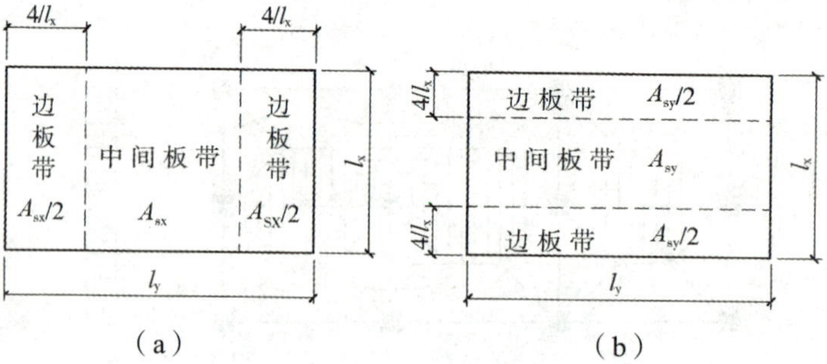

图4–27　双向板配筋的分区和配筋量规定

现浇双向板肋形楼盖的配筋与单向板肋形楼盖的配筋十分相似，双向板肋形楼盖板底部设置双向受力筋，板上部设置双向支座负筋。双向板肋形楼盖板短向为荷载主要传递方向，在施工时板短向底筋放在下侧，板长向底筋放在上侧。

【例】

图4–28为某厂房的初步设计标准层建筑平面图，假设该建筑的荷载条件按普通建筑考虑即可，试将该厂房设计成钢筋混凝土双向板肋形楼盖，按合适比例绘制标准层初步设计结构平面布置图，在结构平面布置图中标注清楚各结构构件的布置位置和截面尺寸。

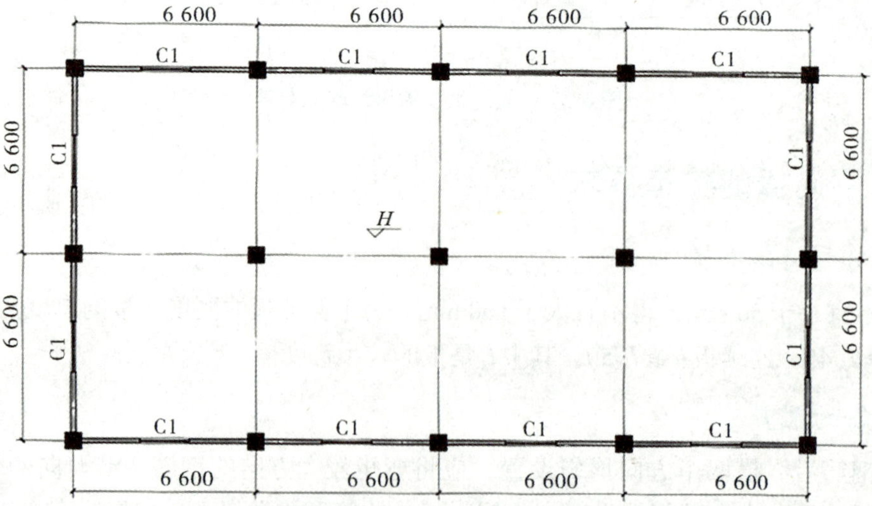

图4–28　某厂房的初步设计标准层建筑平面图（单位：mm）

【解】

（1）定主梁。可取主梁尺寸为250 mm×600 mm。

（2）定次梁。根据题意必须将楼盖中的楼板设计成双向板，次梁位置可根据楼板的经济跨度2～3 m确定，即将次梁布置后该肋形楼板的跨度尽量控制在2～3 m的范围，所以在纵横两个方向将6 600 mm跨度的大板分成三个小板；次梁高度根据跨度的1/18～1/15初步选定，次梁宽度为高度的1/3～1/2，故次梁尺寸可定为200 mm×400 mm。

（3）定楼板。当设计完次梁该楼盖中楼板的位置已经自然确定，楼板的初步设计只需要选定楼板厚度，楼板的厚度必须满足结构基本构造要求，可初步定板厚为100 mm。

（4）作楼盖初步结构设计平面图。如图4–29所示，结构设计后续步骤如荷载计算、配筋计算等可不必掌握，也可利用软件进行计算，在此不再赘述。

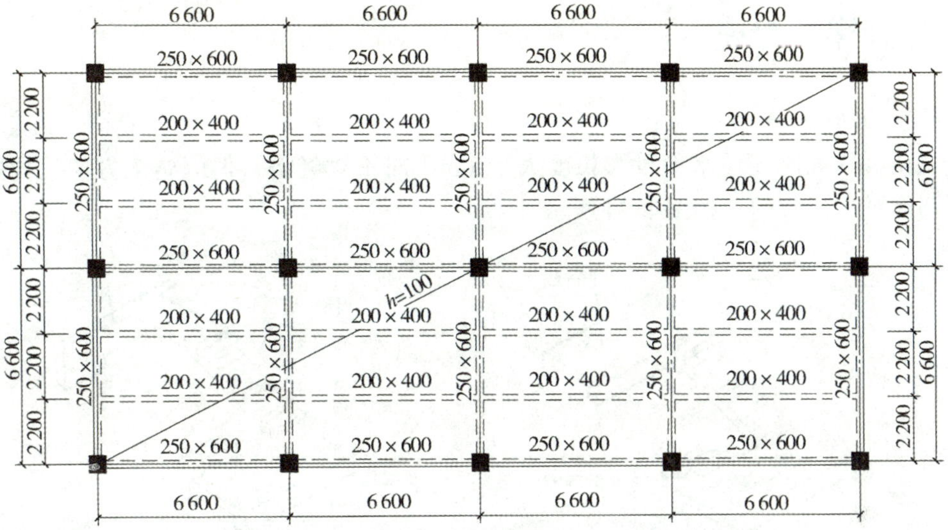

图4–29　某厂房标准结构层初步设计结构平面布置图（双向板肋形楼盖）（单位：mm）

任务四　钢筋混凝土楼梯

楼梯是多层与高层房屋的竖向通道，是房屋的重要组成部分。为了满足承重和防火要求，钢筋混凝土楼梯被广泛应用于房屋建筑中。

目前，楼梯种类繁多。从建筑的形式上分有单跑楼梯、双跑楼梯、螺旋式楼梯、鱼骨式楼梯，如图4–30所示；从使用功能上分有防火楼梯、爬梯等；按施工方法分有现浇楼梯、装配式楼梯；按结构形式及受力特点，梯段中有无斜梁将楼梯分有板式楼梯和梁式楼梯。以下主要介绍板式楼梯、梁式楼梯。

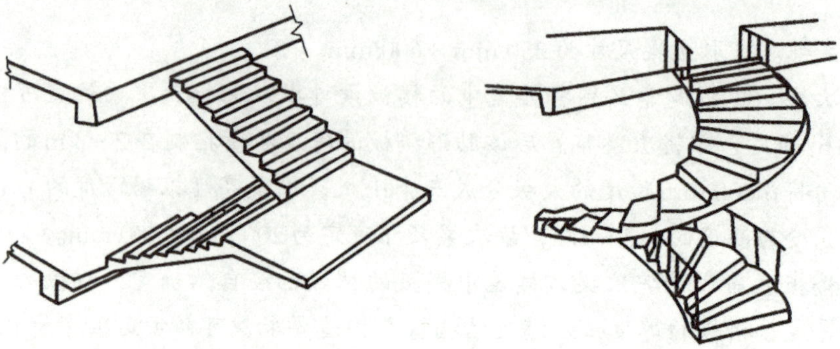

（a）双跑楼梯　　（b）螺旋式楼梯

图 4–30　楼梯示意图

一、楼梯的组成

1. 板式楼梯的组成

板式楼梯在大跨度（水平投影长度大于3 m）时不太经济，但因施工方便、构造简单、外观轻巧而被广泛应用，如图4–31所示。

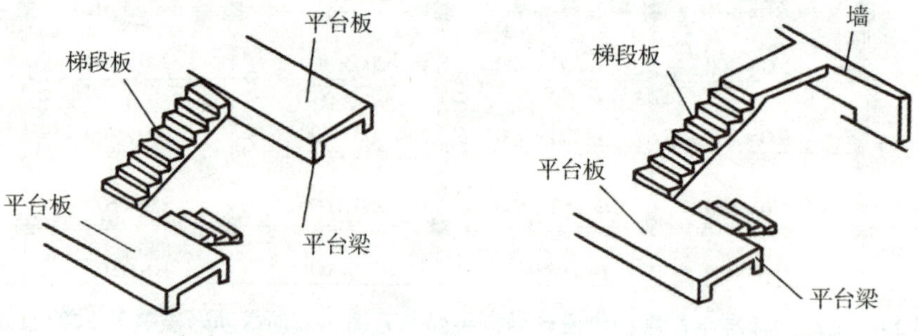

图 4–31　板式楼梯

板式楼梯由梯段、斜板、平台板和平台梁组成。梯段板自带三角形踏步，两端分别支承在上、下平台梁上，平台板两端分别支承在平台梁或楼层梁上，而平台梁两端支承在楼梯间侧墙或柱上。

2. 梁式楼梯的组成

梁式楼梯在大跨度（水平投影长度大于3 m）时较经济，但构造复杂，且外观笨重。梁式楼梯由踏步板、斜梁、平台板和平台梁组成，如图4–32所示。踏步板两端支承在斜梁上，斜梁两端分别支承在上、下平台梁（有时一端支承在层间楼面梁）上，平台板支承在平台梁或楼层梁上，而平台梁则支承在楼梯间两侧的墙或柱上。每个梯段通常设置两根斜梁，但梯段较窄或有特殊要求时，可在中间设一根梁，称为单梁式楼梯（如鱼骨式楼梯）。

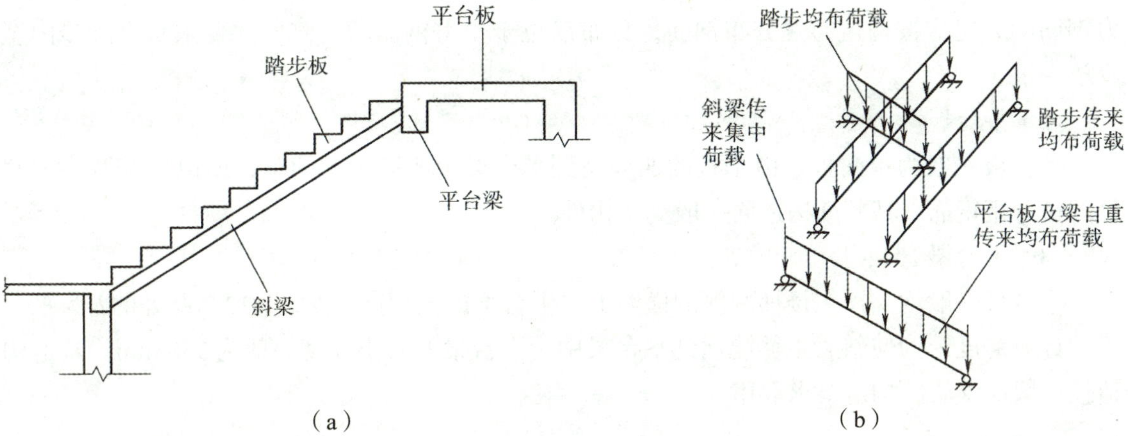

图 4–32　梁式楼梯构造及计算简图

二、楼梯的构造要求

1. 板式楼梯的构造

板式楼梯梯板根据构造不同，分为A、B、C、D、E、F、G、H等类型，图4–33为A型板式楼梯斜板配筋图。

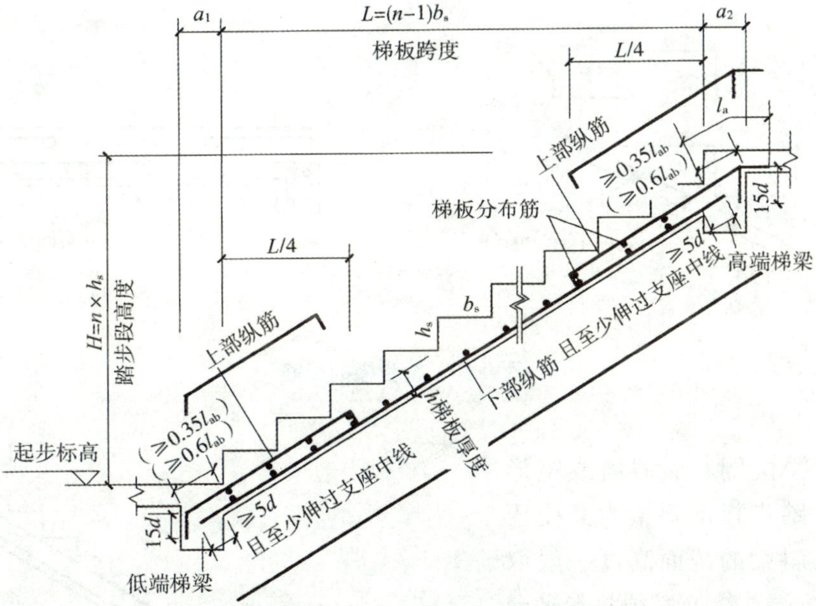

图 4–33　A 型板式楼梯斜板配筋图

（1）梯段斜板

斜板的厚度一般$h=$（1/25 ~ 1/30）l_0，其中l_0为梯段板的计算跨度。斜板的受力钢筋沿斜向布置，支座附近板的上部应设置负钢筋，斜板的配筋方式可采用弯起式或分离式两种。为施工方便，工程中多用分离式配筋。采用弯起式时，跨中钢筋应在距离支座边缘$l_0/6$处弯起，自平台伸入的上部直钢筋均应伸至距离支座边缘$l_0/4$处，如图4-33所示。在垂直于受力钢筋的方向应按构造布置分布钢筋，分布筋位于受力钢筋的内侧，并要求每个踏步内至少放一根。

（2）平台板

平台板一般为单向板。由于板的四周受到平台梁（或墙）的约束，所以应配置一定数量的负弯矩钢筋。其配筋构造同一般受弯构件。

（3）平台梁

平台梁一般均支撑在楼梯两侧的横墙上，平台梁的截面高度$h \geq l_0/12$，此处的l_0为平台梁的计算跨度，为使斜梁主筋能插到平台梁中，平台梁的最小高度一般为350 mm。其他构造按一般简支梁的构造要求取用。

2. 梁式楼梯的构造

（1）踏步板

踏步板的截面大多为梯形（由三角形踏步和其下的斜板组成），现浇踏步板的斜板厚度一般取30～40 mm，配筋按计算确定。每一级踏步下应配置不少于2Φ8的受力钢筋，布置在踏步下面的斜板中，并将每两根中的一根伸入支座后弯起作支座负钢筋。此外，沿整个梯段斜向布置间距不大于250 mm的分布钢筋，位于受力钢筋的内侧，如图4-34所示。

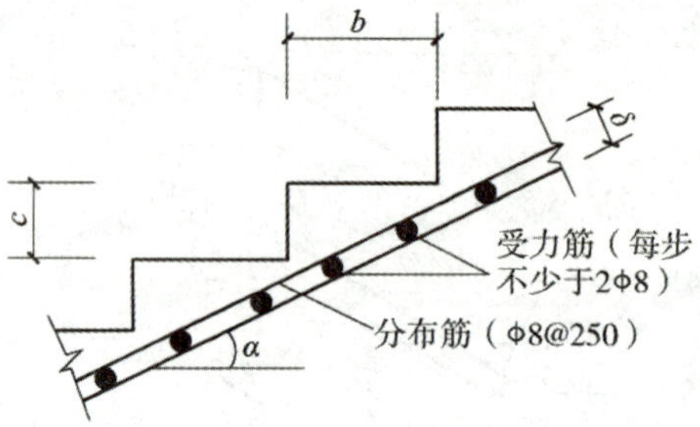

（a）

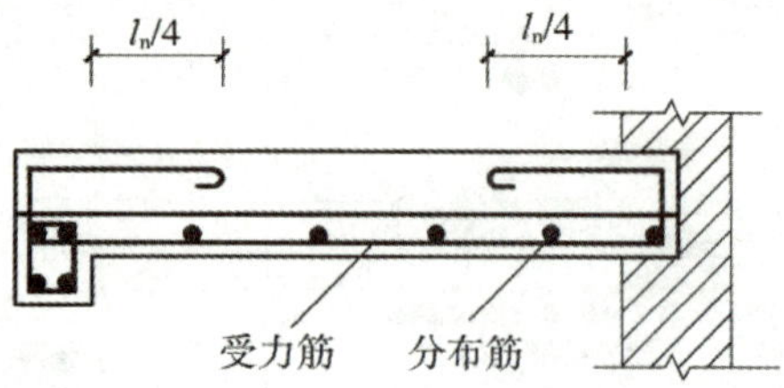

（b）

图4-34　踏步板的配筋

（2）斜梁

梯段斜梁按倒L形截面或矩形截面计算，踏步板下斜梁为其受压翼缘，梯段斜梁的截面高度一般取$h \geq l_0/20$，梁端部纵筋必须放在平台梁纵筋上面，梁端上部应设置负弯矩钢筋，斜梁纵筋在平台梁中的锚固长度应满足受拉钢筋锚固长度的要求，其他构造与一般梁相同。梯段斜梁配筋示意图如图4-35所示。

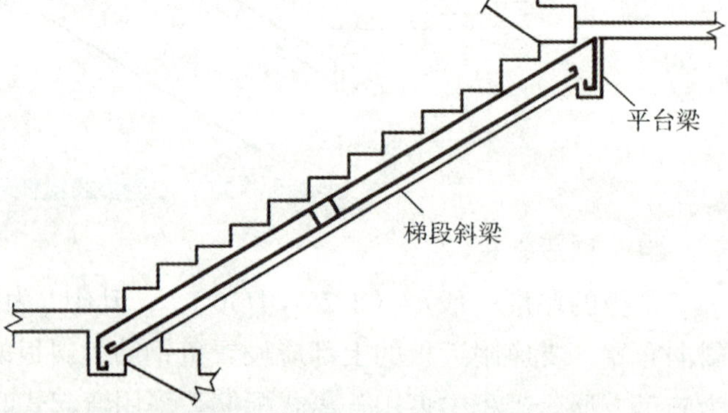

图4-35　梯段斜梁配筋示意图

（3）平台板和平台梁

平台板的配筋构造同板式楼梯。平台梁由于要承受斜梁传来的集中荷载，因此在平台梁与斜梁相交处，应在平台中斜梁两侧设置附加箍筋或吊筋，其要求与钢筋混凝土主梁内附加钢筋的要求相同。

3. 折线形楼梯的构造

为满足建筑的使用要求，在房屋中有时采用折线形楼梯，如图4-36（a）所示。由于折线形楼梯在梁（板）曲折处形成内折角，如钢筋沿内折角连续设置，则此处受拉钢筋将形成较大的向外的合力，可能使该处混凝土保护层剥落，钢筋被拉出而失效，如图4-36（b）所示。因此，在内折角处，配筋应采取将钢筋断开并分别予以锚固的措施，如图4-36（c）所示，同时在梁的内折角处，箍筋应加密。

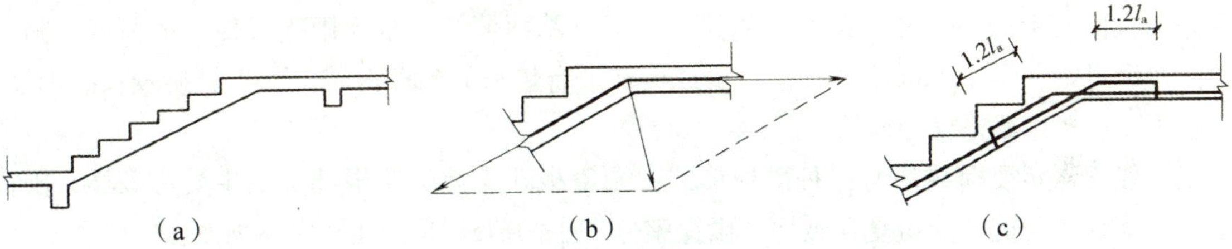

图 4-36　折线形楼梯内折角配筋图

知识链接

折线形楼梯

有时为了满足建筑功能的要求，有些房屋的楼梯可能做成折线形。折线形梁（或板）的计算与普通斜梁（板）的计算相同。

对于折线形的梁式（或板式）楼梯，在梁（板）内折角处的下部受力钢筋不允许沿板底弯折，以免形成向外的合力将该处的混凝土崩开，如图4-37（a）所示，应将内折角处的受拉钢筋断开，各自延伸至受压区分别加以锚固，如图4-37（b）所示。当该钢筋同时兼作支座的负钢筋时，可按图4-37（c）所示配筋。在折线形斜梁中，同时还应在该处增设箍筋（箍筋数量应由计算确定）。

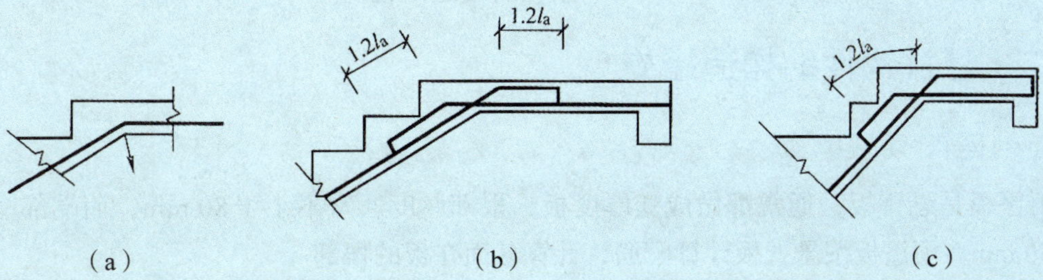

图 4-37　折线形楼梯折角内边的配筋图

任务五 悬挑构件

钢筋混凝土悬挑构件包括悬挑梁和悬挑板，悬挑梁分为纯悬挑梁和梁延伸出悬挑梁，悬挑板分为纯悬挑板和楼板延伸出悬挑板，悬挑构件的受力筋设置在构件的上部，根据需要在下部设置构造钢筋。

建筑工程中，常见的钢筋混凝土雨篷、阳台、挑檐、挑廊等均为具有代表性的悬挑构件。现以悬臂板式钢筋混凝土雨篷、挑檐为例进行简要介绍。

一、雨篷的受力特点

雨篷是房屋结构中常见的悬挑构件，一般雨篷由雨篷板和雨篷梁组成，雨篷板直接承受作用在雨篷上的恒载和活载，雨篷梁一方面支承雨篷板，承受雨篷板传来的荷载，另一方面兼做过梁，承受上部墙体、楼面梁或楼梯平台传来的各种荷载。对于悬挑较长的雨篷，一般还要设置边梁来支撑雨篷。

一般雨篷承受荷载后有三种破坏形式：雨篷板在支承端（根部）发生受弯破坏；雨篷梁发生受弯、受剪、受扭复合破坏；雨篷整体发生倾覆破坏，如图4-38所示。

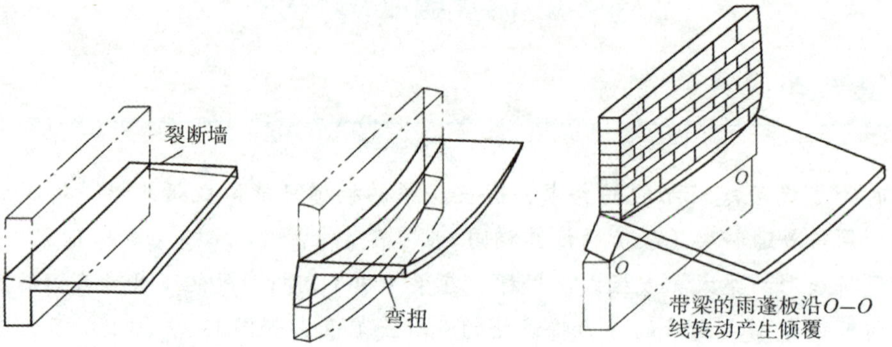

（a）雨篷板断裂 （b）雨篷板弯扭 （c）雨篷板倾覆

图4-38 雨篷的破坏形式

为防止雨篷可能发生的破坏，雨篷应进行雨篷板的受弯承载力计算、雨篷梁的弯剪扭计算、雨篷整体的抗倾覆验算，以及采取相应的构造措施。

二、悬挑构件的构造措施

1. 雨莲板

雨篷板是悬臂板，通常都做成变厚度板，根部厚度通常不小于80 mm，而端部厚度不小于50 mm。雨篷板按悬臂板计算配筋，计算截面在板的根部。

雨篷板的受力钢筋应布置在板的上部，一般不少于A8@200，伸入雨篷梁的长度应满足受拉钢筋锚固长度l_a的要求。分布钢筋应布置在受力钢筋的内侧，一般不少于A8@250，配筋构造如图4-39所示。

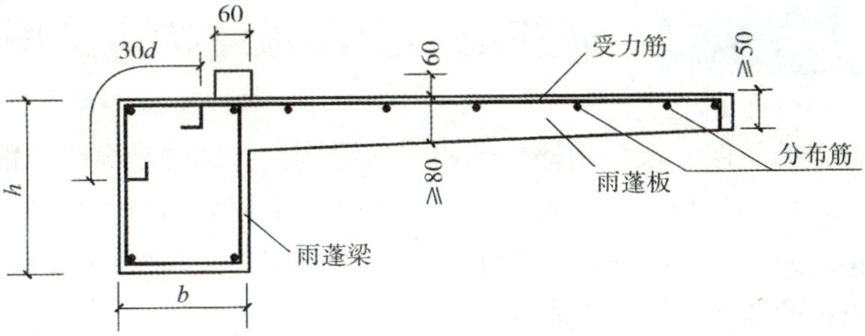

图 4–39　雨篷截面及配筋图（单位：mm）

2. 雨篷梁

雨篷梁的宽度一般与墙厚相同，梁高应符合砖的模数。为防止雨水沿墙缝渗入墙内，通常在梁顶设置高过板顶60 mm的凸块。雨篷梁嵌入墙内的支撑长度不应小于370 mm。

雨篷梁的配筋按弯、剪、扭构件计算配置纵筋和箍筋，纵筋间距不应大于200 mm及梁截面的短边尺寸，伸入支座内的锚固长度为l_a。雨篷梁的箍筋必须满足抗扭箍筋的要求，末端应做成135° 弯钩，弯钩平直段长度不应小于10d。

为满足雨篷的抗倾覆要求，通常采用加大雨篷梁嵌入墙内的支撑长度或使雨篷梁与周围结构拉结等处理办法。

3. 挑梁

挑梁设计除应符合梁的一般构造要求外，尚应满足下列要求。

（1）纵向受力钢筋至少应有1/2的钢筋面积伸入梁尾端。其余钢筋伸入支座的长度不应小于$2l_1/3$。

（2）挑梁埋入砌体长度l_1与挑出长度l之比宜大于1.2；当挑梁上无砌体时，l_1与l之比宜大于2。

4. 钢筋混凝土现浇挑檐

钢筋混凝土现浇挑檐通常将挑檐板和圈梁整浇在一起，挑檐板的受力与现浇雨篷板相似。圈梁内的配筋，除按构造要求设置外，尚应满足抗扭钢筋的构造要求。此外，在挑檐板挑出部分转角处，须配置上下层加固钢筋或设置放射状附加构造负筋。

放射状构造负筋的直径与挑檐板钢筋直径相同，间距（按$l/2$处计算）不大于200 mm，锚固长度$l_a \geq l$（l为挑檐板挑出长度）。配筋根数为：当$l \leq 300$ mm时，配置5根；当300 mm$<l \leq 500$ mm时，配置7根；当500 mm$<l \leq 800$ mm时，配置9根。

悬臂雨篷（或挑檐）板有时带构造翻边，注意不能误认为是边梁，这时应考虑积水荷载对翻边的作用。当为竖直翻边时，积水将对其产生向外的推力，翻边的钢筋应置于靠近积水的内侧，应在内折角处钢筋有良好的锚固；当为斜翻边时，由于斜翻边自身重量产生的力矩使其有向内倾倒的趋势，故翻边钢筋应置于外侧，且应弯入平板一定的长度。

任务六 钢筋混凝土梁板结构施工图

钢筋混凝土楼盖施工图一般包括楼层结构平面图、屋盖结构平面图和钢筋混凝土构件详图。楼层结构平面图是假想用一个紧贴楼面的水平面剖切后的水平投影图，主要用于表示每层楼面中的梁、板、柱、墙等承重构件的平面布置情况，现浇板应反映板的配筋情况，预制板则应反映出板的类型、排列、数量等。

一、钢筋混凝土楼盖结构施工图

识读钢筋混凝土楼（屋）盖施工图时，先看结构平面布置图，再看构件详图；先看轴线网和轴线尺寸，再看各构件墙、梁、柱等与轴线的关系；先看构件截面形式、尺寸和标高，再看楼（屋）面板的布置和配筋。

1. 单向板肋形楼盖

图4-40为某现浇钢筋混凝土单向板肋梁楼盖结构平面图，包括板、次梁、主梁的配筋图。

图4-40（a）为单向板肋梁楼盖结构平面布置图，可以看出，主梁有三跨且沿横向布置，跨度5.7 m，次梁有五跨且沿纵向布置，跨度5.7 m。墙厚370 mm，主梁尺寸250 mm × 550 mm，次梁尺寸150 mm × 400 mm，柱尺寸400 mm × 400 mm。主梁的中间支座为柱，边支座为砌体墙，次梁的中间支座为主梁，边支座为砌体墙。整个楼盖为两个方向均对称的结构平面，共有B1 ~ B6六种板型。

图4-40（b）为单向板的配筋图，由于结构对称，只取1/4进行配筋即可，板内的钢筋均为HPB300钢筋。板底的受力钢筋有①号、②号、③号、④号四种规格，均为A8的钢筋，只是在不同板中间距不同，B1中间距为150 mm，B2、B3中间距为170 mm，B4中间距为180 mm，B5、B6中间距为200 mm。

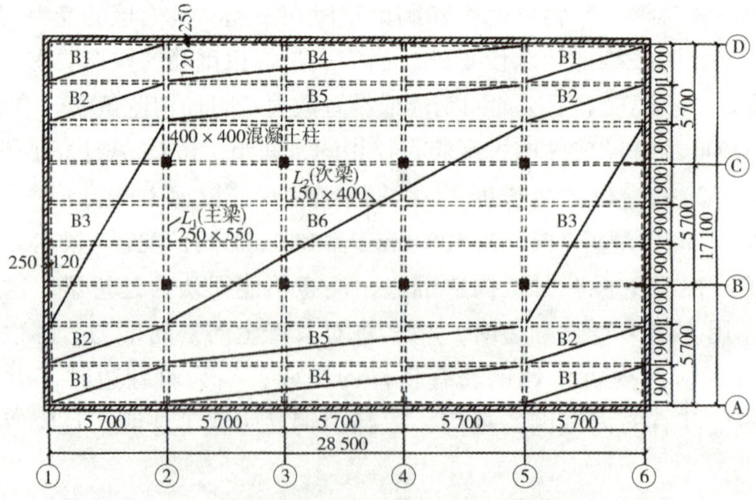

（a）单向板肋梁楼盖结构平面布置图

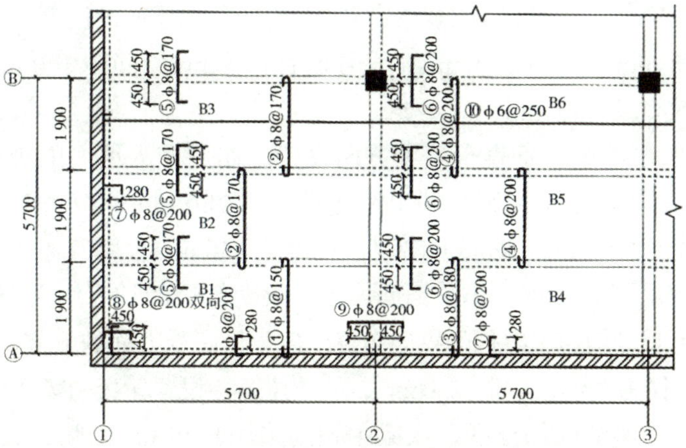

（b）单向板的配筋图

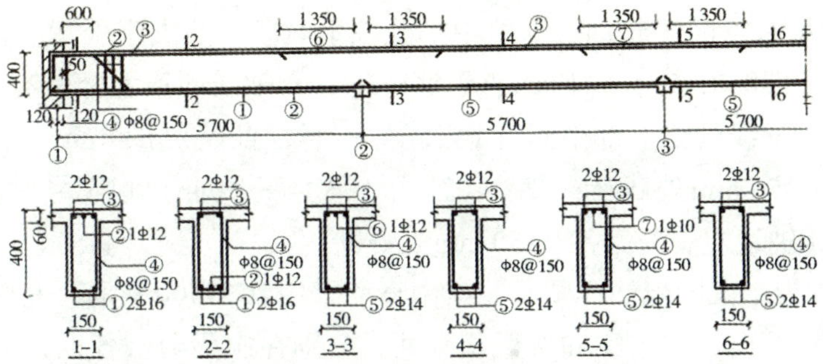

（c）次梁配筋详图

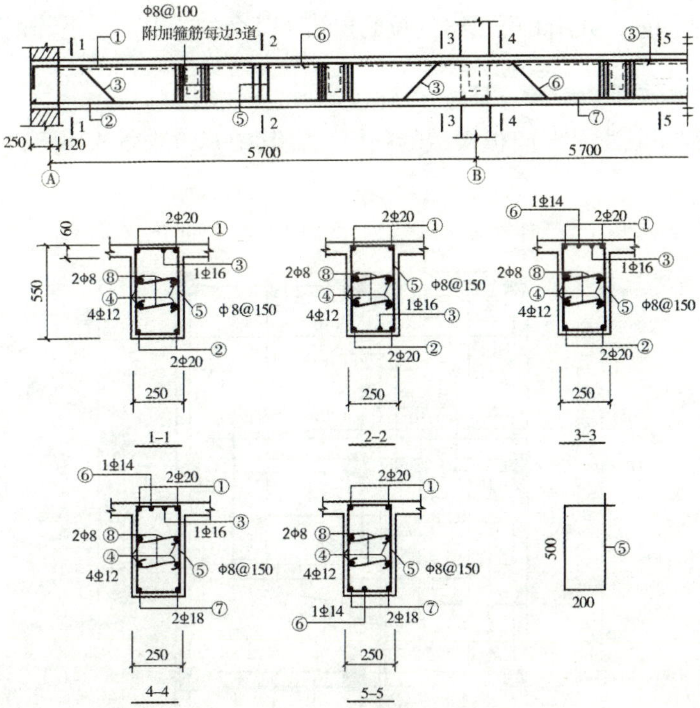

（d）主梁配筋详图

图 4–40　某现浇钢筋混凝土单向板肋梁楼盖结构平面图（单位：mm）

板面受力钢筋有⑤号、⑥号两种规格，是支座负筋，沿次梁长度方向设置，均为扣筋形式。⑤号筋直径8 mm，间距170 mm；⑥号筋直径8 mm，间距200 mm。两种钢筋从次梁边伸入板内的长度均为450 mm，满足要求。

板面构造筋沿四周墙边、垂直于主梁方向设置。四周嵌入墙内的板面构造筋为⑦号扣筋，直径8 mm，间距200 mm，钢筋伸出墙边长度为280 mm；板角部分双向设置⑧号扣筋，直径8 mm，间距200 mm，钢筋伸出墙边长度为450 mm；垂直于主梁的板面构造筋为⑨号扣筋，直径8 mm，间距200 mm，钢筋伸出主梁两侧边的长度均为450 mm。

板中分布钢筋为⑩号钢筋，沿板的纵向布置，位于板底受力筋的上方，和板底受力筋绑扎成钢筋网片。钢筋直径为8 mm，间距250 mm，从墙边开始设置，板中梁宽范围内不设分布筋。

图4–40（c）为次梁的配筋详图。次梁中箍筋采用HPB300钢筋，其余均采用HRB335钢筋。①~②，⑤~⑥轴线间梁下部配有①号、②号两种规格的钢筋，①号筋是2B16的直钢筋，②号筋为1B12的弯起钢筋，跨中部分位于梁底，墙支座处弯上作支座负筋使用；②~⑤轴线间梁下部配有⑤号2B14的直钢筋；①~⑥轴线间梁上部配有通长的③号2B12的直钢筋；②、⑤轴线处梁上部中间有1根⑥号钢筋，直径为12 mm，分别在距离②、⑤轴线左右两侧各1 350 mm处截断；③、④轴线处梁上部中间有1根⑦号钢筋，直径10 mm，分别在距离③、④轴线左右两侧各1 350 mm处截断。

图4–40（d）为主梁的配筋详图。主梁中箍筋采用HPB300钢筋，其余均采用HRB335钢筋。从图中可以看出，在主梁和次梁相交处，分别在次梁两侧各设置3道附加箍筋，直径8 mm，间距100 mm，第一道附加箍筋距次梁边50 mm。在主梁截面侧边中部设置了4根1B2 mm的④号构造钢筋，并用⑧号2A8的拉筋拉结。其余的梁上部、下部钢筋配置叙述从略。

2. 双向板肋形楼盖

图4–41为某钢筋混凝土双向板楼盖的配筋图，其中K10表示A10@200，叙述从略。

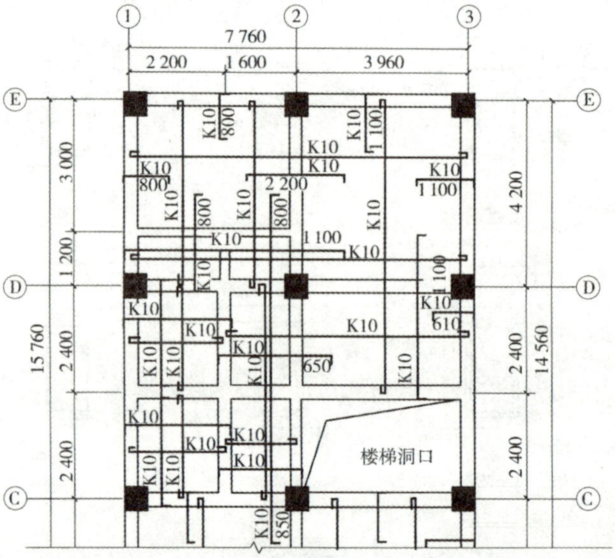

图4–41　某钢筋混凝土双向板楼盖的配筋图（单位：mm）

上述内容钢筋混凝土楼（屋）盖结构施工图为楼（屋）盖配筋传统表达形式，目前我国楼（屋）盖结构施工图大量采用平面整体表示法，但掌握楼（屋）盖配筋传统施工图是学习平面整体表示法的基础。

知识链接

楼层结构平面图的特点

楼层结构平面图的特点如下。

（1）轴线网及轴线间距尺寸与建筑平面图相一致。

（2）标注墙、柱、梁的轮廓线和编号、定位尺寸等。可见的墙体轮廓线用中实线，楼板下面不可见的墙体轮廓线用中虚线，剖切到的钢筋混凝土柱涂黑表示，并标注代号Z1、Z2等。由于钢筋混凝土梁位于板下方，一般用中虚线表示其轮廓，也可在其中心位置用一道粗实线表示，并标注梁的构件代号。

（3）钢筋混凝土楼板的轮廓线用细实线表示，板内钢筋用粗实线表示。

（4）楼层的标高为结构标高，其加上构件装饰面层后即为建筑标高。

（5）门窗过梁可用虚线表示其轮廓线或用粗点画线表示其中心位置，同时在旁侧标注其代号。圈梁可在楼层结构平面图中相应位置涂黑或单独绘制小比例单线平面示意图，其断面形状、大小和配筋可通过断面图表示。

（6）楼层结构平面图的常用比例为1∶100、1∶200或1∶50。

（7）当各层楼面结构布置情况相同时，只需用一个楼层结构平面图表示，但应注明合用各层的层数。

（8）预制楼板中，预制板的数量、代号和编号，板的铺设方向，板缝的调整和钢筋配置情况等均通过结构平面图反映。

二、钢筋混凝土楼梯结构施工图

双跑平行楼梯是指从下一层的楼地面到上一层的楼地面需要经过两个梯段，梁梯段间设一楼梯平台。如前所述，板式楼梯的每一梯段是一块梯段板（梯段板中不设斜梁），梯段板直接支撑在基础或楼梯梁上。楼梯结构施工图包括楼梯结构平面图和楼梯结构剖面图。

图4–42（a）为某钢筋混凝土板式楼梯的结构布置图，图4–42（b）为该楼梯的梯板配筋图，图4–42（c）和图4–42（d）分别为该楼梯的梯柱、梯梁配筋图。

1. 楼梯结构平面图识读

在楼层（首层）的结构平面图中，虽然楼梯间的平面位置已被纳入其中，但由于采用了较小的比例尺（1∶100），难以详尽展示楼梯构件的平面布局及其精确尺寸。因此，为更清晰地展示楼梯间的结构细节，通常需要采用更大的比例尺（如1∶50、1∶30等）进行专门的绘制。楼梯结构平面图与楼层结构平面图在图示要求上大体一致，同样采用水平剖面的表达方式。

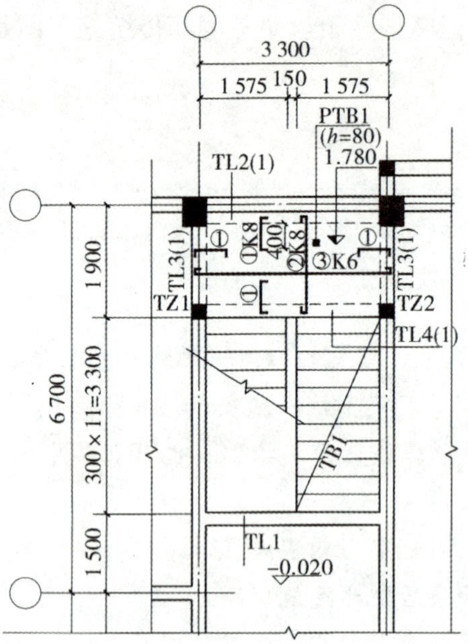

（a）结构布置

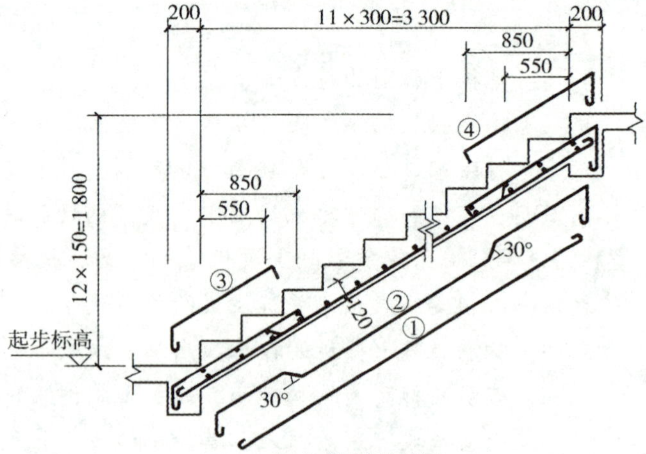

（b）梯板配筋图

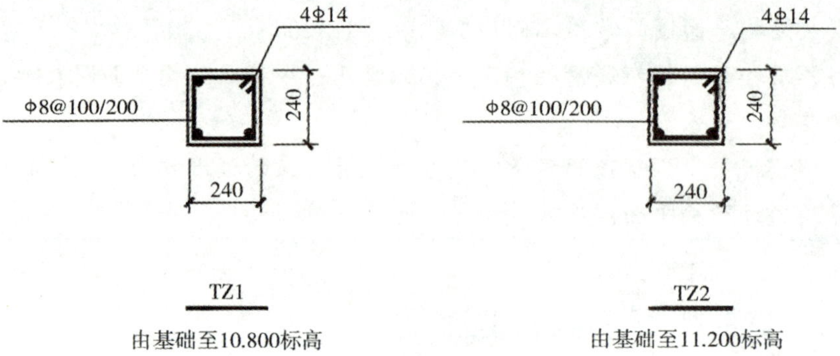

（c）梯柱配筋图

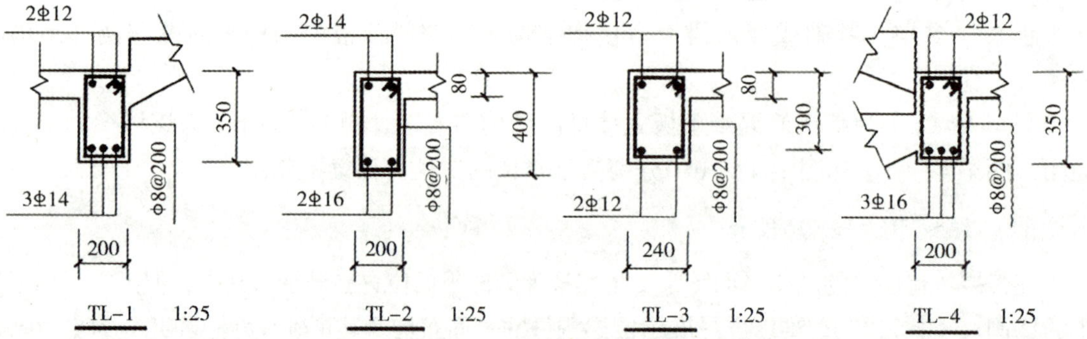

（d）梯梁配筋图

图 4-42 钢筋混凝土板式楼梯配筋图

在楼梯梁、梯段板和平台板的平面布局展示上，通常选择将剖切位置设定在中间平台的上方。具体到底层楼梯结构平面图，其剖切位置位于一、二层之间的中间平台上方，而其他楼层的楼梯平面图则以此类推。值得注意的是，这与建筑图中楼梯间详图的剖切位置存在显著差异，需在使用时予以明确区分。

楼梯结构平面图应分层表示，包括底层楼梯结构平面图、中间层楼梯结构平面图（如中间几层的结构布置和构件类型完全相同时，可只用一标准层楼梯结构平面图表示）、顶层楼梯结构平面图。在各楼梯结构平面图中主要反映楼梯梁、板的平面布置，轴线位置和尺寸，构件代号及编号，结构标高和细部尺寸等。如楼梯结构平面图比例较大时，还可以直接绘出平台板的配筋情况。

楼梯结构平面图中的轴号应与建筑施工图中保持一致，可见的轮廓线用细实线表示，不可见的轮廓线用细虚线表示，剖切到的钢筋混凝土柱涂黑表示，剖切到的砖墙轮廓用中实线表示，钢筋用粗实线表示。梯段板的折断线理应与踏步线方向一致，为避免混淆，按制图标准表示成倾斜方向。

2. 楼梯结构剖面图识读

楼梯结构剖面图主要反映楼梯间的承重构件，如板、梁、柱的竖向布置、连接和构造等；中间休息平台、楼层休息平台的标高及构件的细部尺寸，如楼梯结构剖面图的比例较大时，还可直接绘出梯板的配筋。楼梯剖面图的常用比例为1∶50，也可采用1∶30、1∶25、1∶20等比例。

3. 钢筋混凝土梁式楼梯配筋实例

下面的楼梯结构施工图采用的是传统表达形式，现浇混凝土板式楼梯结构施工图也可采用平面整体表示法。

图4-43（a）为某钢筋混凝土梁式楼梯的结构布置图，图4-43（b）为该楼梯的A-A剖面图，图4-43（c）和图4-43（d）分别为该楼梯的折梁、梯柱、梯梁配筋图。

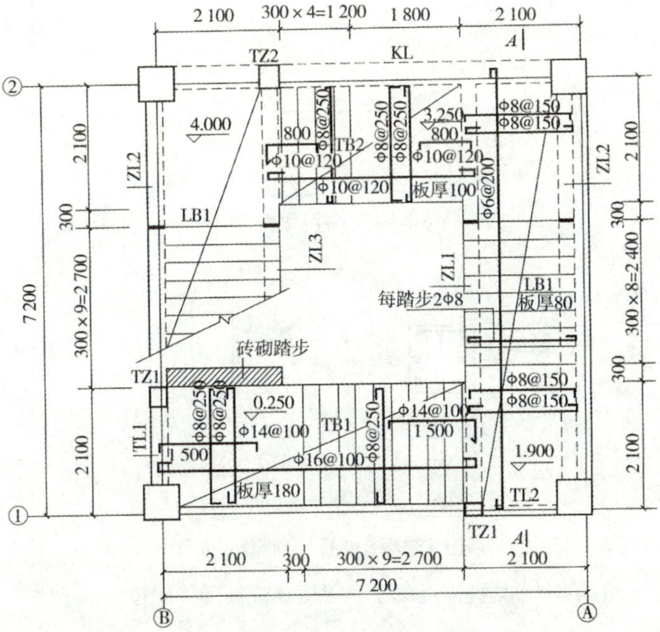

（a）某钢筋混凝土梁式楼梯的结构布置图

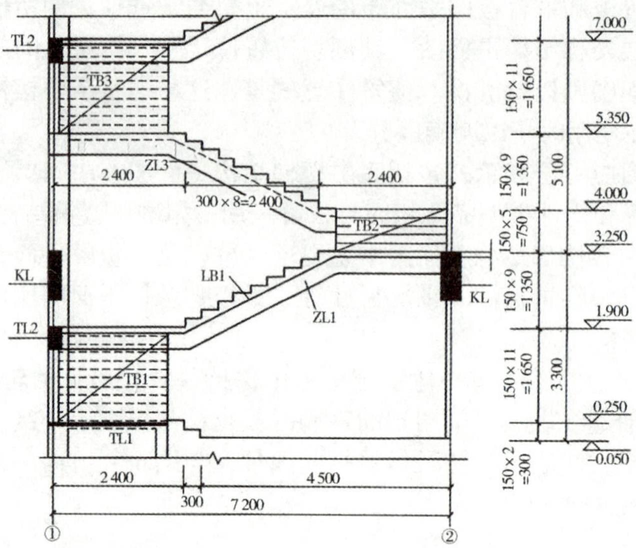

（b）该楼梯A–A剖面图

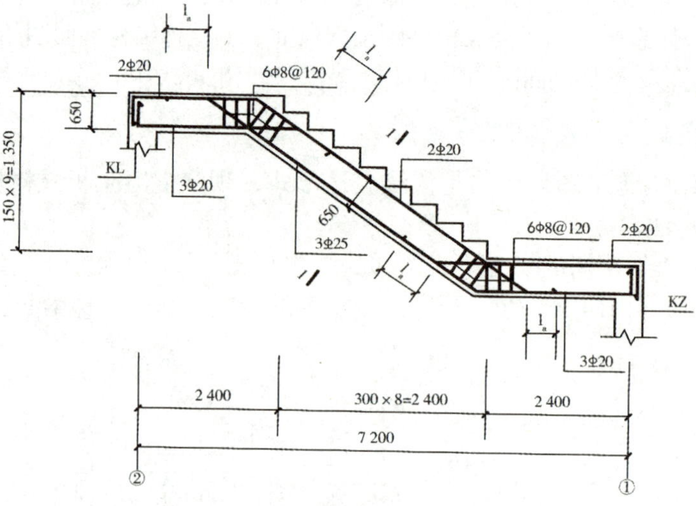

ZL1

（c）该楼梯折梁配筋图

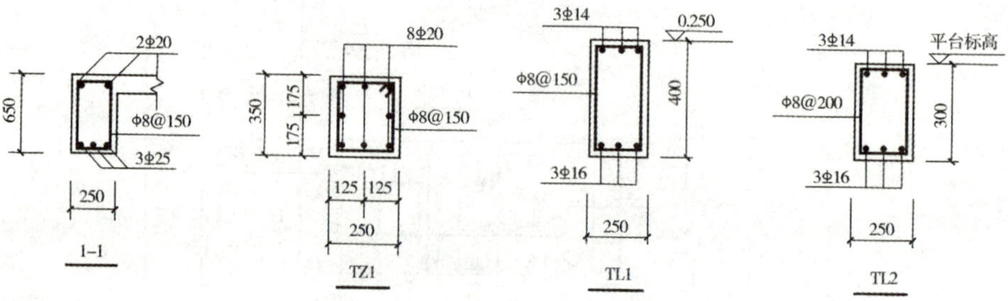

（d）该楼梯梯柱、梯梁配筋图

图 4–43　某钢筋混凝土梁式楼梯配筋图（单位：mm）

项目小结

在钢筋混凝土楼盖中，常见的类型包括现浇单向板肋形楼盖和现浇双向板肋形楼盖。而钢筋混凝土楼梯则是连接各个楼层的重要通道，其设计需考虑结构稳定性、美观性和使用舒适度。此外，悬挑构件在建筑中也起着重要作用，既能提供支撑，又能增加空间美感，但其施工需要更高的技术水平和精准的工艺操作。

通过本项目的学习，读者能够深入了解钢筋混凝土楼盖的应用场景，提高建筑结构的整体性能和施工效率。

课后习题

一、填空题

1. 按照结构的受力形式，楼盖可分为单向板肋梁楼盖、________、井式楼盖、密肋楼盖和无梁楼盖等。

2. 现浇整体式楼盖主要有________、井字楼盖和无梁楼盖三种。

3. 常见的单向板肋形楼盖结构布置方案有三种，如________；主梁纵向布置，次梁横向布置；只布置次梁，不布置主梁。

4. 根据实践经验，当楼面荷载较大，建筑平面接近正方形（跨度小于 5 m）时，一般________比单向板肋梁楼盖经济。

二、简答题

1. 现浇整体式楼盖的分类有哪些?

2. 装配式楼盖的优点和弊端有哪些?

3. 常见的单向板肋形楼盖结构布置方案有哪几种?

项目五

钢筋混凝土多层与高层结构

项目导读

钢筋混凝土多层与高层结构是指由钢筋混凝土材料制成的多层和高层建筑结构体系。这类结构通常由梁、板、柱、墙等基本构件组成，通过钢筋和混凝土的共同工作，承受荷载并传递到基础中。

钢筋混凝土多层与高层结构具有较高的承载力和稳定性，能够适应不同层数和高度的情况。在多层结构中，通常采用钢筋混凝土梁板结构体系，通过楼盖和屋顶等构件共同工作，承受竖向和水平荷载。在高层结构中，需要更加注重结构的整体性和稳定性，通常采用框架、剪力墙、筒体等结构形式，通过合理的布置和设计，确保结构的稳定性和安全性。

钢筋混凝土多层与高层结构的设计和施工需要遵循一定的规范和标准，需要考虑结构形式、材料性能、环境条件、使用功能等因素，进行合理的结构设计。同时，需要综合考虑施工方法、材料选择、质量控制等因素，确保结构的施工质量。钢筋混凝土多层与高层结构在建筑工程中具有广泛的应用，能够满足不同建筑类型和功能的需求，为人们提供安全、舒适、实用的居住和工作空间。

学习目标

知识目标

◆了解多层与高层结构的体系构成、各种结构类型及其特点。

◆掌握钢筋混凝土材料的力学性能，包括钢筋和混凝土的抗压、抗拉、抗剪等性能。

◆了解结构设计的基本原理，如荷载的计算、结构的计算模型、计算简图的确定、荷载效应的计算、结构的极限状态和设计原则等。

技能目标

◆熟练根据工程实际情况进行结构设计，包括计算简图的确定、荷载的计算、结构的计算模型等。

◆掌握钢筋混凝土的施工技能，能够按照设计图纸进行施工图的绘制和实施。

◆具备团队协作和问题解决的能力，能够与团队成员协作完成高层建筑施工图的设计和施工。

素质目标

◆培养学生严谨的工作态度，注重细节，确保结构设计的安全性。

◆培养学生的创新意识和创新能力，能够根据实际情况对结构设计进行调整和优化。

◆培养学生的环保意识和可持续发展观念，注重施工过程中的环保和可持续发展。

思政目标

◆培养学生树立爱国主义思想，增强民族自信心和社会责任感，立志为祖国建设贡献力量。

◆培养学生良好的职业道德和敬业精神，确保工程的安全性和耐久性。

◆培养学生团结合作、勇于创新的精神，为祖国的现代化建设培养高素质的技术人才。

任务工单

一、任务名称

钢筋混凝土多层与高层结构框架结构设计。

二、任务目的

通过实际操作，使学生掌握框架结构的设计和施工图绘制技能，提高团队协作和问题解决能力。

三、任务内容

（1）设计一个钢筋混凝土多层与高层结构的框架结构，包括梁、柱、板等构件。

（2）根据设计要求，绘制施工图纸，包括结构布置图、配筋图等。

四、实施过程

（1）确定结构设计方案，选择合适的框架结构类型和材料。

（2）进行荷载计算和结构计算，确定梁、柱、板的尺寸和配筋。

（3）根据计算结果，绘制结构布置图和配筋图，确保图纸清晰、准确。

（4）实施施工图绘制，根据图纸进行钢筋混凝土的施工准备。

五、实施要求

（1）加强团队协作，共同解决问题。

（2）严格按照设计图纸进行施工图的绘制和实施。

（3）确保施工质量，符合设计要求。

六、任务评价

围绕以下几个方面内容，为本次任务的完成情况写一段简单的评价总结。

（1）结构设计能力，包括荷载计算、结构计算、配筋设计等。

（2）施工图绘制技能，包括图纸的清晰度、准确性等。

（3）团队协作和问题解决能力，包括沟通、协作、解决问题的能力等。

____

____

____

任务一　多层与高层结构体系

钢筋混凝土多层与高层结构是建筑学的一个重要领域，该领域的主要任务是设计、建造和运营钢筋混凝土多层与高层建筑，以满足人们对于建筑安全、功能和美观的需求。

《高层建筑混凝土结构技术规程》（JGJ 3—2010）把10层及10层以上或房屋高度大于28 m的住宅建筑和房屋高度大于24 m的其他高层民用建筑定义为高层建筑；3～9层的民用建筑称为多层房屋。

《民用建筑设计统一标准》（GB 50352—2019）和《建筑设计防火规范（2018年版）》（GB 50016—2014）均以10层及10层以上或高度大于24 m的房屋为高层建筑。

通常，多层房屋常采用混合结构、钢筋混凝土结构；高层房屋常采用钢筋混凝土结构、钢结构、钢—混凝土混合结构。

一、混合结构体系

混合结构体系是多层民用房屋中最常用的一种结构形式，其墙体、基础等竖向结构构件采用砌体结构，而楼盖、屋盖等水平构件则采用钢筋混凝土梁板结构，如图5-1所示。有抗震设计要求时，在进行混合结构房屋设计和选型时，应注意房屋的总高度、层数、横墙间距、局部尺寸限值等问题。

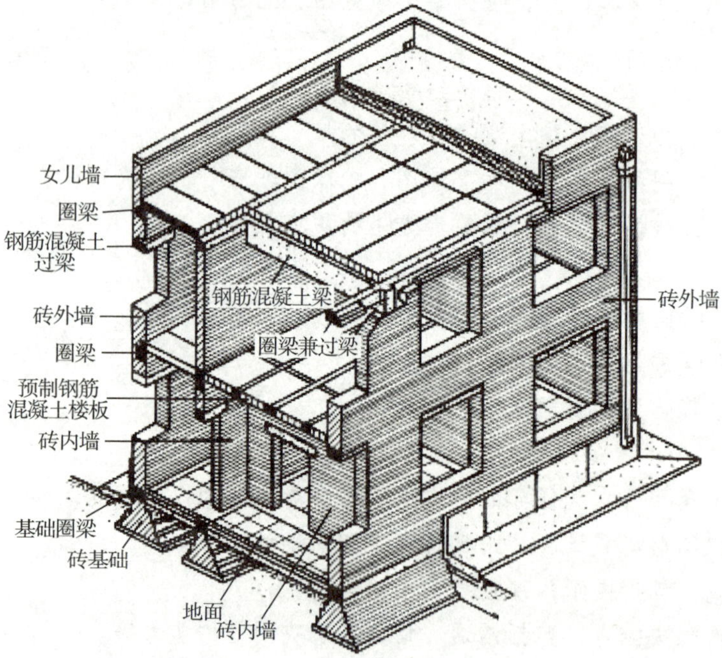

图5-1　混合结构体系

二、框架结构体系

框架体系主要由楼板、梁、柱及基础等承重构件组成。一般由框架梁、

扫一扫
框架结构体系

柱与基础形成多个平面框架，作为主要的承重结构，各平面框架再由连系梁联系起来，形成一个空间结构体系，如图5–2所示。

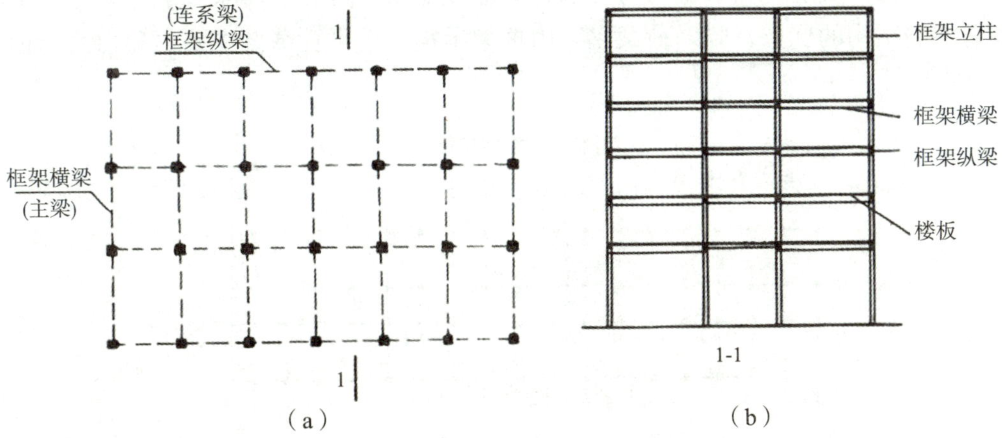

图 5–2　框架体系

框架体系具有建筑平面布置灵活，能获得较大空间，承受竖向荷载作用合理、结构自重较轻的特点。但由于框架在水平荷载作用下其侧向刚度小、水平位移较大，因此使用高度受到限制。在高度不大的多高层建筑中，框架结构是一种较好的结构体系。

框架体系常用于高度不超过45 m（8度区）的房屋建筑中，广泛应用于办公、住宅、商店、医院、旅馆、学校及多层工业厂房中。

三、剪力墙结构体系

剪力墙结构体系是由纵向和横向钢筋混凝土墙体互相连接构成的承重结构体系。一般情况下，剪力墙结构楼盖内不设梁，采用现浇楼板直接支撑在钢筋混凝土墙上，墙体承受全部的竖向和水平荷载，同时兼起围护、分隔作用，如图5–3所示。

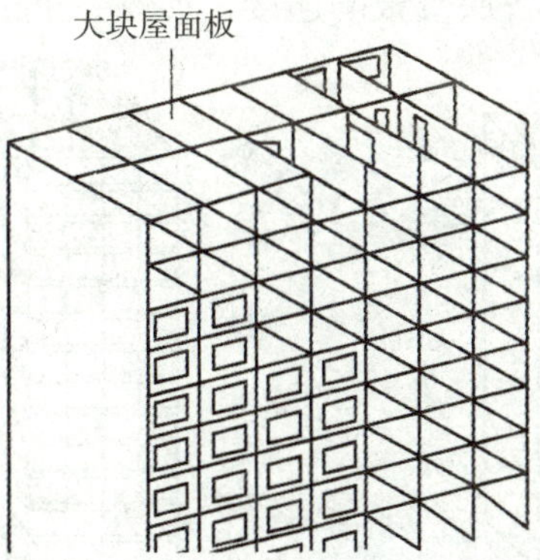

图 5–3　剪力墙结构

剪力墙结构体系具有抗侧刚度大，整体性好，整齐美观，抗震性能好，利于承受水平荷载，并可使用滑模、大模板等先进施工方法施工等众多优点，但由于横墙较多、间距较密，使得建筑平面的空间较小。剪力墙结构体系的适用高度为15 ~ 50层，常用于住宅、旅馆等开间较小的高层建筑。

四、框架—剪力墙结构体系

在框架体系中设置适当数量的剪力墙，即形成框架—剪力墙体系。该体系综合了框架结构和剪力墙结构的优点，竖向荷载主要由框架承担，水平荷载则主要由剪力墙承担，如图5-4所示。

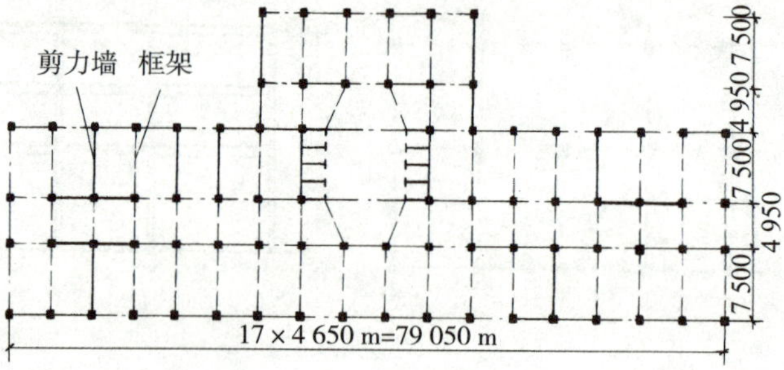

图 5-4　框架—剪力墙体系

框架—剪力墙结构的侧向刚度较大，抗震性较好，具有平面布置灵活、使用方便的特点，因而广泛应用于办公楼和宾馆等公用建筑中，一般以建筑层数小于25层为宜。

五、筒体结构体系

筒体体系由剪力墙体系和框架—剪力墙体系演变发展而成，是将剪力墙或密柱框架围合而成一个或多个封闭的筒体（或框筒），以筒体承受房屋的大部分或全部竖向荷载和水平荷载的结构体系。

就筒体而言，根据开孔的多少，筒体有空腹筒和实腹筒之分，如图5-5所示。实腹筒一般由电梯井、楼梯间、设备管道井的钢筋混凝土墙体形成，开孔少，常位于房屋中部，故又称核心筒。空腹筒由布置在房屋四周的密排立柱和高跨比很大的横梁（又称窗裙梁）组成，也称为框筒。通过筒体和各层楼板的连接，形成一个抗侧刚度极大的空间结构。

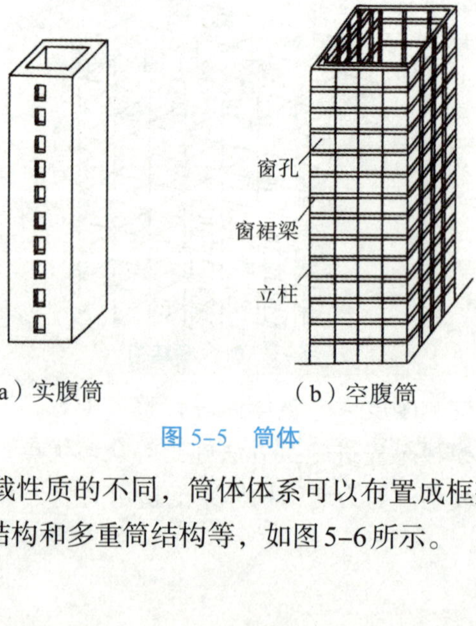

（a）实腹筒　（b）空腹筒

图 5-5　筒体

根据房屋的高度、荷载性质的不同，筒体体系可以布置成框架—筒体结构、筒中筒结构、多筒体结构、成束筒结构和多重筒结构等，如图5-6所示。

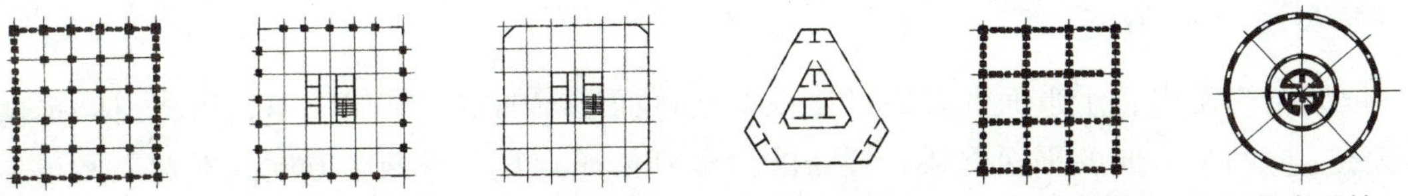

（a）框筒　（b）框架—筒体　（c）筒中筒　（d）多筒体　（e）成束筒　（f）多重筒

图 5-6　筒体体系

筒体体系具有很大的刚度，内部空间较大，平面布置灵活，因而广泛应用于写字楼等超高层公共建筑。

任务二　框架结构

一、框架结构的形式

1. 框架结构类型

框架结构按照施工方法的不同，可分为现浇整体式框架、装配式框架、装配整体式框架和半现浇框架四种。

（1）现浇整体式框架

现浇整体式框架的承重构件梁、板、柱均在现场浇筑而成。其优点是结构整体性好，刚度大，抗震性好，平面布置灵活，构件尺寸不受标准构件的限制，节省钢材等。但需耗用大量模板，现场工程量大，工期长，北方冬季施工要求防冻等。适用于使用要求高，功能复杂，对抗震性能要求较强的多、高层框架。

（2）装配式框架

装配式框架的构件全部为预制，通过在施工现场进行安装就位，对预埋件焊接连接成整体。其优点是节约模板、缩短工期，可以做到构件的标准化和定型化，能加快施工进度和提高工业化程度，还可以大量采用预应力混凝土构件。但预埋件多，总用钢量大，框架整体性较差，不利于抗震，故不宜用于地震区。

（3）装配整体式框架

装配整体式框架的板、梁、柱均为预制，待安装就位后，再在构件连接处局部现浇混凝土，使之形成整体。其优点是节约模板和缩短工期，节省了预埋件，减少了用钢量，保证了节点的刚度，结构整体性较好，兼有现浇整体式与装配式框架的一些优点。缺点是增加了现场混凝土的二次浇筑工作量，且施工较为复杂。

（4）半现浇框架

半现浇框架是指梁、柱现浇，楼板预制或现浇柱，预制梁、板。其特点是梁、柱整体性好，抗震性较好，楼板预制可节约模板约20%。

2. 框架结构布置

框架结构是由若干平面框架通过连系梁连接而形成的空间结构体系，可将空间框架分解成纵、横两个方向的平面框架，楼盖的荷载可传递到纵、横两个方向的框架上。根据框架楼板布置方案和荷载传递线路的不同，框架的布置方案可分为以下三种。

（1）横向框架承重方案

横向框架承重方案主要承重框架由横向主梁与柱构成，楼板沿纵向布置，支撑在主梁上，纵向连系梁将横向框架连成一空间结构体系，如图5-7（a）所示。

横向框架具有较大的横向刚度，有利于抵抗横向水平荷载。而纵向连系梁截面较小，有利于房屋室内的采光和通风。

（2）纵向框架承重方案

纵向框架承重方案主要承重框架由纵向主梁与柱构成，楼板沿横向布置，支撑在纵向主梁上，横向连系梁将纵向框架连成一空间结构体系，如图5-7（b）所示。

纵向框架承重方案，由于横向连系梁的高度较小，有利于设备管线地穿行，可获得较高的室内净空，且开间布置较灵活，室内空间可以有效地利用。但横向刚度较差，故只适用于层数较少的房屋。

（3）纵横向框架混合承重方案

纵横向框架混合承重方案是沿房屋纵、横两个方向布置的梁均要承担楼面荷载，如图5-7（c）和图5-7（d）所示。当采用现浇双向板或井字梁楼盖时，常采用这种方案。由于纵横向的梁均承担荷载，梁截面均较大，故房屋的双向刚度均较大，具有较好的整体工作性能，目前采用的较多。

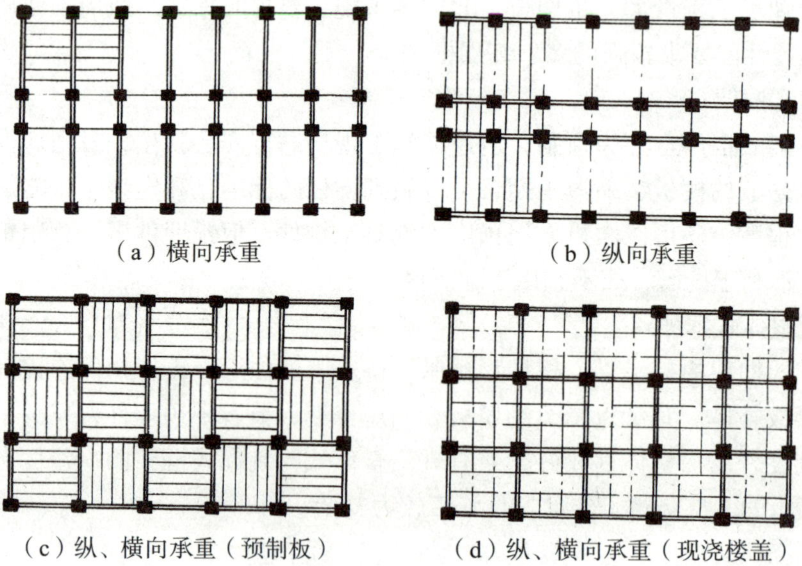

（a）横向承重　　（b）纵向承重

（c）纵、横向承重（预制板）　　（d）纵、横向承重（现浇楼盖）

图5-7　承重框架的布置方案

二、框架结构的受力特点

1. 框架结构的荷载

框架结构一般受到竖向荷载和水平荷载作用，水平荷载主要包括风荷载和水平地震作用。

（1）竖向荷载

竖向荷载主要是结构自重（恒荷载）和楼（屋）面使用活荷载、雪荷载、屋面积灰荷载和施工检修荷载等。这些荷载取值根据现行《建筑结构荷载规范》进行计算。多、高层框架结构通常考虑竖向荷载在结构上主要以均匀分布的形式作用。

（2）风荷载

当风受到建筑物阻挡时，在建筑物表面就会形成压力（或吸力），即风荷载。在迎风面产生风压力，在背风面产生风吸力，风压力与风吸力方向相同，且风压力大于风吸力。风荷载随建筑物高度的增加而增大。

为方便计算，风荷载沿建筑物高度按均匀分布荷载考虑，一般折算成作用于框架节点上的水平集中力，并合并于迎风面一侧。

由于风的方向是任意的，故应考虑左风、右风两种可能。

（3）地震作用

地震作用一般在抗震设防烈度6度以上时需考虑。地震时，地面上原来静止的结构物因地面运动而产生强迫振动，结构振动的惯性力相当于增加在结构上的荷载作用。地震作用有竖向地震作用和水平地震作用。由于引起房屋结构破坏的主要原因是水平地震作用，故一般房屋结构只考虑水平地震作用。只有在8度以上的大跨结构、高耸结构中才考虑竖向地震作用。

由于多、高层建筑结构的楼盖部分是结构的主要质量，而框架柱等是结构的次要质量，因此，可将结构的质量集中到各层楼盖标高处，即一般将地震作用简化为作用在各框架节点上的水平集中力。

2. 框架结构的计算简图

框架结构是由横向框架和纵向框架组成的空间结构体系。在工程设计中为方便起见，常忽略结构的空间联系，将纵向框架和横向框架分别按平面框架进行分析和计算，如图5–8（a）和图5–8（b）所示。取出来的平面框架承受如图5–8（b）阴影范围内的水平荷载，竖向荷载则需按楼盖结构布置方案确定。

框架结构的计算简图是以梁、柱轴线来确定的。框架杆件用轴线表示，杆件之间的连接用节点表示，杆件长度用节点间的距离表示。对于现浇整体式框架，将各节点视为刚接节点，认为框架柱在基础顶面处为固定支座，如图5–8（c）和图5–8（d）所示。

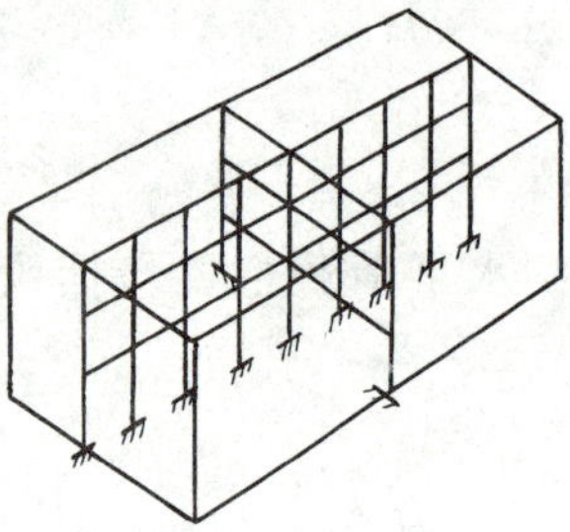

（a）

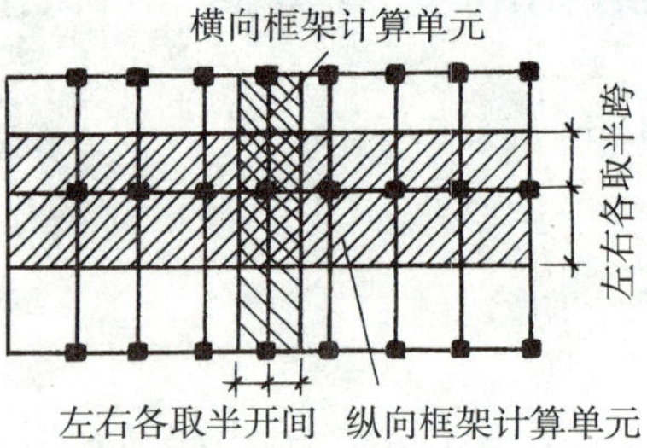

（b）

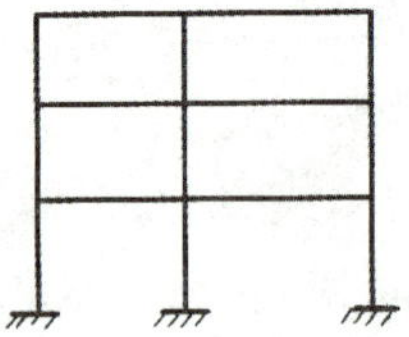

（c）

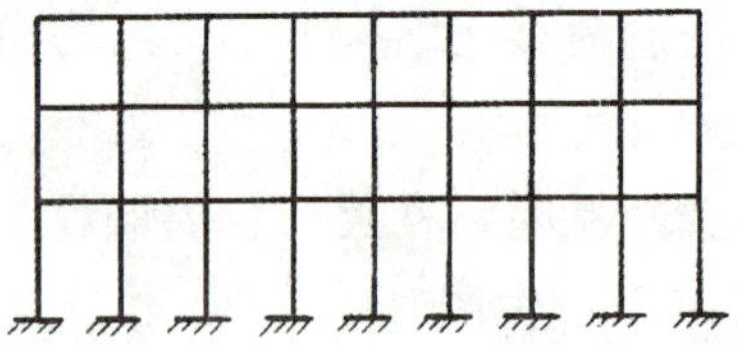

（d）

图 5-8 框架结构计算简图

3. 框架结构在荷载作用下的内力

（1）竖向荷载作用下的内力

图5-9（a）为一多层框架，在竖向均布荷载作用下的计算简图。通过力学计算，得出的框架在竖向荷载作用下的内力图，如图5-9（b）、图5-9（c）和图5-9（d）所示。

图5-9（b）为框架在竖向荷载作用下的弯矩图，从图中看出，在竖向荷载作用下，框架梁、柱截面上均产生弯矩，其中框架梁的弯矩呈抛物线形变化，跨中截面产生的正弯矩最大，框架梁的支座截面产生的负弯矩最大。图5-9（c）为框架梁在竖向荷载作用下的剪力图，剪力沿框架梁长度呈线性变化，最大剪力在梁的端部支座截面上。此外，在竖向荷载作用下框架柱截面上还产生轴力，轴力分布如图5-9（d）所示，其中“–”表示框架柱受压，“+”表示框架柱受拉。

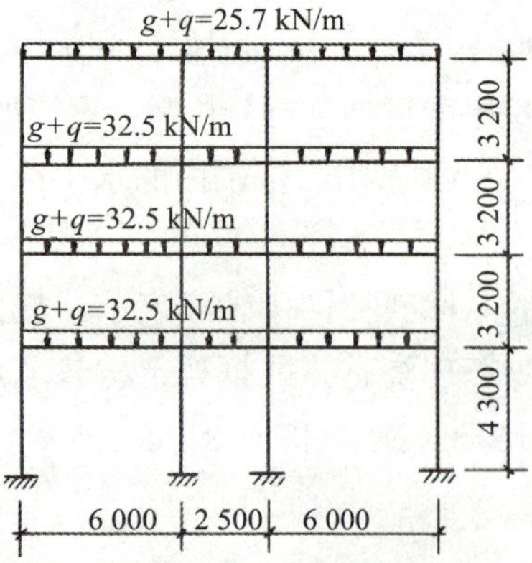

（a）计算简图（单位：mm）

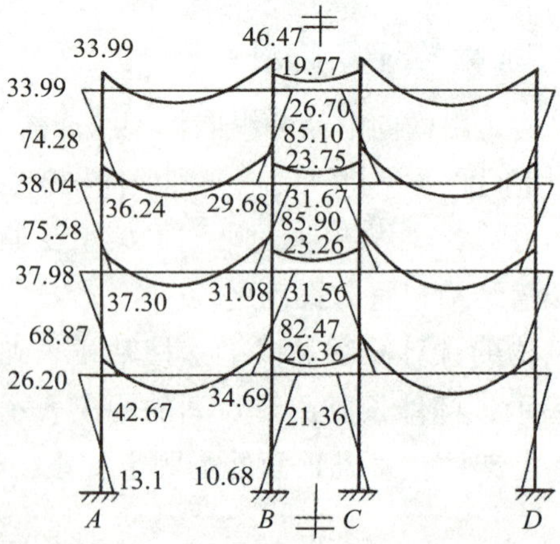

（b）弯矩图（单位：kN/m）

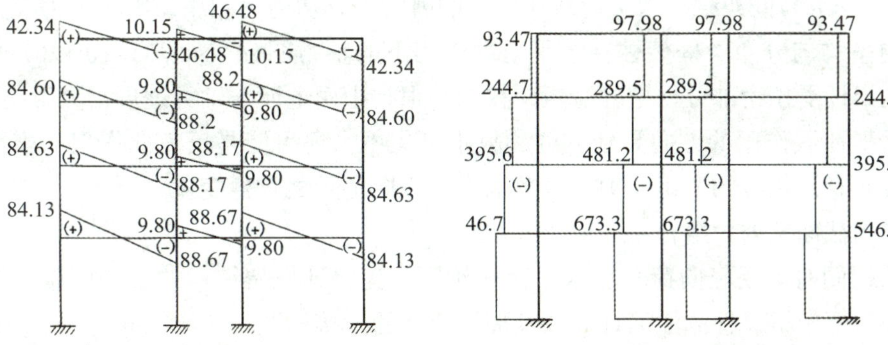

（c）剪力图（单位：kN/m）　　（d）轴力图（单位：kN/m）

图 5-9　竖向荷载作用下的内力图

（2）水平荷载作用下的内力

图5-10（a）为一多层框架在水平集中力作用下的计算简图。通过力学计算，得出框架在水平荷载作用下的内力图，如图5-10（b）、图5-10（c）和图5-10（d）所示。

图5-10（b）为框架在水平荷载作用下的弯矩图，从该图中可看出，水平荷载作用下将在框架梁、柱截面上均产生弯矩，梁、柱弯矩均呈线性变化，在框架梁、柱的支座端部截面将分别产生最大正弯矩和最大负弯矩，且在同一根柱中由上而下逐层增大。

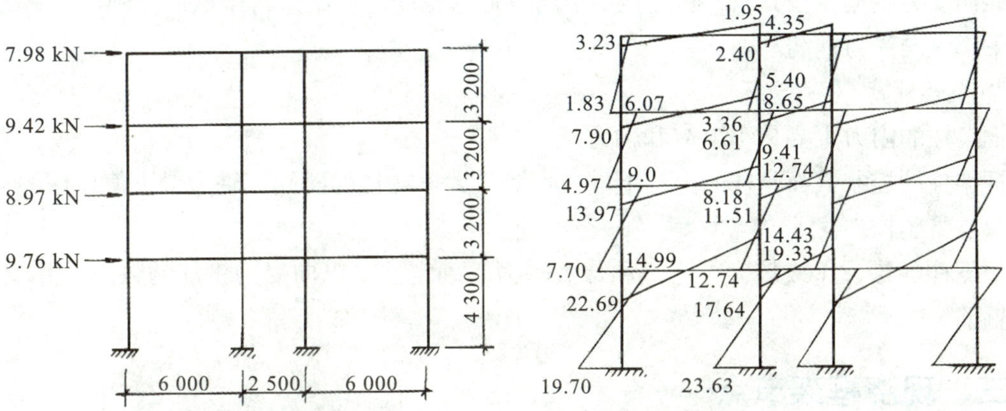

（a）计算简图（单位：mm）　　（b）弯矩图（单位：kN/m）

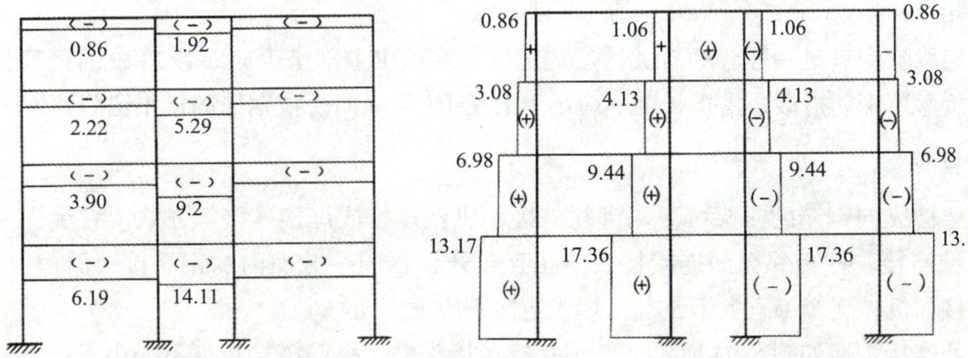

（c）剪力图（单位：kN/m）　　（d）轴力图（单位：kN/m）

图 5-10　水平荷载作用下的内力图

图5–10（c）为框架梁在水平荷载作用下的剪力图，从剪力图中反映出剪力在梁的各跨长度范围内呈均匀分布。框架柱在水平荷载作用下的轴力图分布如图5–10（d）所示，其中，部分框架柱受拉，部分框架柱受压，在同一根柱中由上而下轴力逐层增大。

由于水平荷载作用的方向是任意的，故水平集中力还可能是反方向作用。当水平集中力的方向改变时，相应的弯矩、剪力以及轴力的方向也随之发生变化。

（3）控制截面及内力组合

框架结构同时承受竖向荷载和水平荷载作用。为保证框架结构的安全可靠，需根据框架的内力进行框架梁、柱的配筋计算以及加强节点的连接构造。

控制截面就是杆件中需要按其内力进行计算的截面，内力组合的目的就是为了求出各构件在控制截面处对截面配筋起控制作用的最不利内力，以作为梁、柱配筋的依据。对于某一控制截面，最不利内力组合可能有多种。

① 框架梁

梁的内力主要是弯矩M和剪力V。

框架梁的控制截面是梁端支座截面和跨中截面，支座截面产生最大负弯矩（$-M_{max}$）、最大剪力（V_{max}）和最大正弯矩（$+M_{max}$）；跨中截面产生最大正弯矩，有时也出现负弯矩。

框架梁支座截面，需按其$-M_{max}$确定梁端顶部的纵向受力钢筋，按其$+M_{max}$确定梁端底部的纵向受力钢筋，按其V_{max}确定梁中箍筋及弯起钢筋。框架梁跨中截面，则按其$+M_{max}$确定梁下部纵向受力钢筋。

② 框架柱

框架柱的内力主要是弯矩M和轴力N。

框架柱的控制截面是柱的上、下端，弯矩最大值在柱的两端，轴力最大值在柱的下端。柱是偏心受压构件。

根据柱的最大（或较大）弯矩和最大轴力，确定柱中纵向受力钢筋的数量，并配置相应的箍筋。

三、现浇框架节点

1. 框架梁

框架梁除应满足一般梁的有关构造规定外，在跨中上部至少应配置2+12的钢筋与横梁支座的负弯矩钢筋搭接，搭接长度不应小于$1.2l_a$（l_a为纵向受拉钢筋的最小锚固长度）。

2. 框架柱

框架柱纵向钢筋的接头可采用绑扎搭接、机械连接或焊接连接等方式，宜优先采用焊接或机械连接。柱相邻纵筋连接接头应相互错开，在同一截面内的钢筋接头面积百分率：绑扎搭接和机械连接不宜大于50%；焊接连接不应大于50%。

纵筋连接构造如图5–11所示。在绑扎搭接接头中，纵筋搭接长度不得小于l_l（$l_l=\zeta l_a$，ζ为搭接长度修正系数，与接头面积百分率有关），且不应小于300 mm；相邻接头间距：焊接时不得小于500 mm且不小于35d，机械连接时为35d，搭接时不得小于600 mm。当纵筋直径大于28 mm时不宜采用绑扎搭接接头。

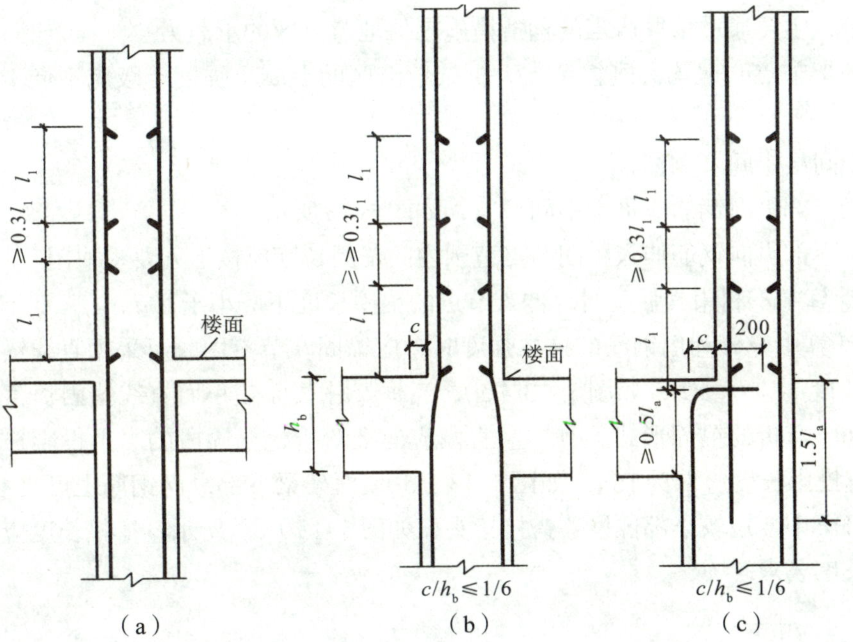

图 5-11　纵筋连接构造

柱纵向钢筋搭接长度范围内，当纵筋受压时，箍筋间距不应大于10d，且不应大于200 mm；当纵筋受拉时，箍筋间距不应大于5d，且不应大于100 mm。箍筋弯钩要适当加长，以绕过搭接的两根纵筋。图5-12为上、下柱纵筋直径或根数不同时纵筋搭接连接。

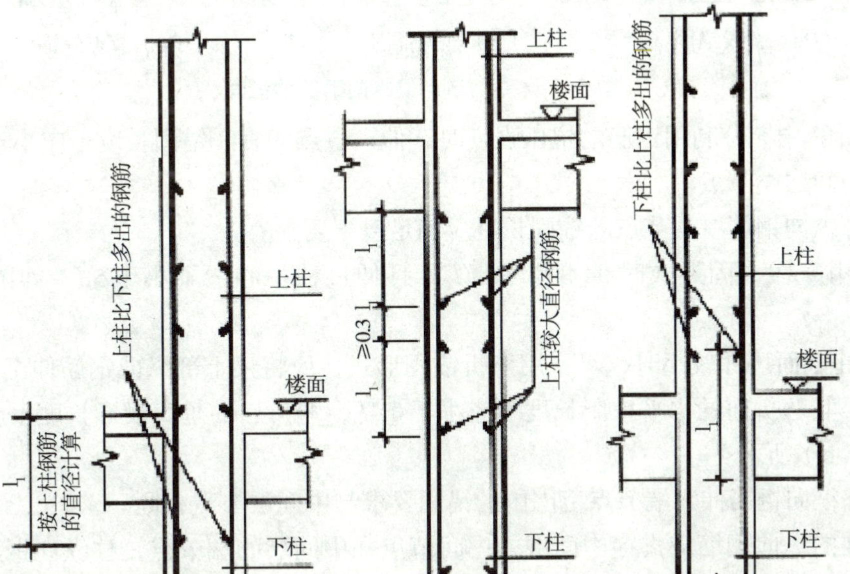

图 5-12　上、下柱纵筋直径或根数不同时纵筋搭接连接

3. 现浇框架节点构造

梁、柱节点是框架结构的重要组成部分，必须保证其连接的可靠性。在无抗震设防要求的条件下，主要通过采取适当的构造措施来保证节点区的承载力。

现浇框架节点一般均为刚接节点，框架节点区的混凝土强度等级应不低于柱的混凝土强度等级。

（1）中间层中间节点

框架梁上部纵向钢筋应贯穿中间节点，如图5–13所示。

框架梁下部纵向钢筋伸入中间节点范围内的锚固长度应按下列要求取用。

① 当计算中不利用其强度时，伸入节点的锚固长度不应小于12d。

② 当计算中充分利用钢筋的抗拉强度时，应锚固在节点内。可采用直线锚固形式，钢筋的锚固长度不应小于l_a，如图5–13（a）；当框架柱截面较小而直线锚固长度不足时，也可采用带90° 弯折的锚固形式，其中竖直段应向上弯折，锚固段的水平投影长度不应小于$0.4l_a$，垂直投影长度应取为15d，如图5–13（b）；框架梁下部纵向钢筋也可贯穿框架节点，在节点以外梁中弯矩较小部位设置搭接接头，如图5–13（c）所示，搭接长度应满足受拉钢筋的搭接长度要求。

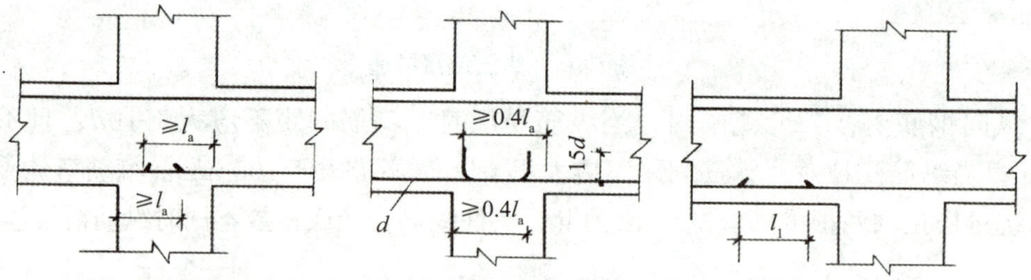

（a）直线锚固　（b）弯折锚固　（c）节点外锚固

图5–13　中间节点梁纵向钢筋的锚固

③ 当计算中充分利用钢筋的抗压强度时，伸入节点的直线锚固长度不应小于$0.7l_a$。

（2）中间层端节点

梁上部纵向钢筋在端节点的锚固长度应满足以下要求。

① 采用直线锚固形式时，不应小于l_a，且伸过柱中心线不小于5d，如图5–14（a）所示。

② 当柱截面尺寸较小时，可采用弯折锚固形式，应将梁上部纵向钢筋伸至节点对边并向下弯折，其弯折前的水平投影长度不应小于$0.4l_a$，弯折后的垂直投影长度不应小于15d，如图5–14（b）所示。

梁下部纵向钢筋伸入端节点范围内的锚固要求与中间层节点相同。

框架柱的纵向钢筋应贯穿中间层的中间节点和中间层的端节点，柱纵向钢筋的接头应在节点区以外、弯矩较小的区域。

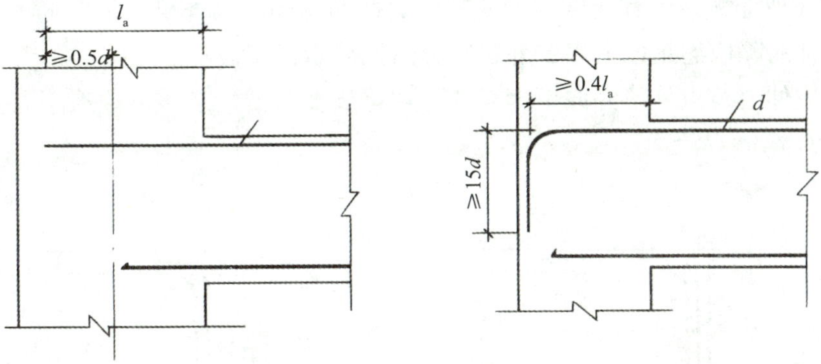

（a）直线锚固　　（b）弯折锚固

图 5–14　中间层端节点梁纵向钢筋的锚固

（3）顶层中间节点

柱内纵向钢筋应伸入顶层中间节点并在梁中锚固。柱纵向钢筋可采用直线方式锚固，其锚固长度不应小于l_a，且必须伸至柱顶，如图5–15（a）所示。当顶层节点处梁截面高度不足时，柱纵向钢筋应伸至柱顶然后向节点内水平弯折，弯折前的垂直投影长度不应小于$0.5l_a$，弯折后的水平投影长度不应小于12d，如图5–15（b）所示；当框架顶层有现浇板且板厚不小于80 mm、混凝土强度等级不低于C20时，柱纵向钢筋也可向外弯入框架梁和现浇板内，弯折后的水平投影长度不宜小于12d，如图5–15（c）所示。

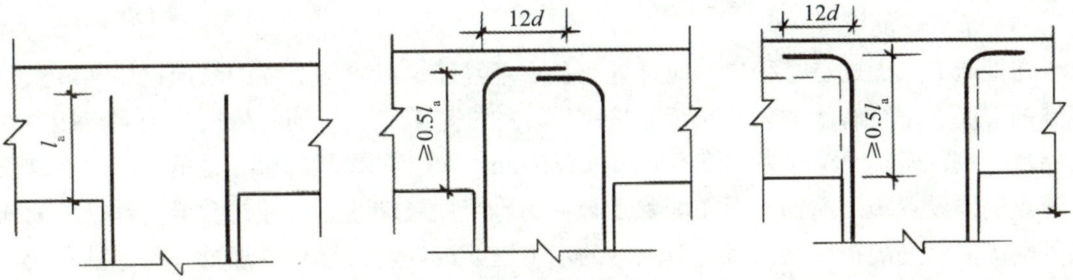

（a）　（b）　（c）

图 5–15　顶层中间节点柱纵向钢筋的锚固

（4）顶层端节点

柱内侧纵向钢筋的锚固要求同顶层中间节点的纵向钢筋。

柱外侧纵向钢筋与梁上部纵向钢筋在节点内为搭接连接。可将柱外侧纵向钢筋的相应部分弯入梁内作梁上部纵向钢筋使用，也可将梁上部纵向钢筋与柱外侧纵向钢筋在顶层端节点及其附近部位搭接，如图5–16所示。

① 搭接接头沿顶层端节点外侧及梁端顶部布置，如图5–16（a）所示。此时，搭接长度不应小于$1.5l_a$，其中伸入梁内的外侧柱筋截面面积不宜小于外侧柱筋全部截面的65%；梁宽范围以外的外侧柱筋宜沿节点顶部伸至柱内边，当柱筋位于柱顶第一层时，至柱内边后宜向下弯折不小于8d后截断；当柱筋位于柱顶第二层时，可不向下弯折。

当有现浇板且板厚不小于80 mm、混凝土强度等级不低于C20时，梁宽范围以外的外侧柱筋可伸入现浇板内，其长度与伸入梁内的柱筋相同。当外侧柱筋配筋率大于1.2%时，伸入梁内的柱筋除应满足以上规定外，宜分两批截断，其截断点之间的距离不宜小于20d。梁上部纵筋应伸至节点外侧并向下弯至梁下边缘高度后截断。该方法适于梁上部和柱外侧钢筋不太多的情况。

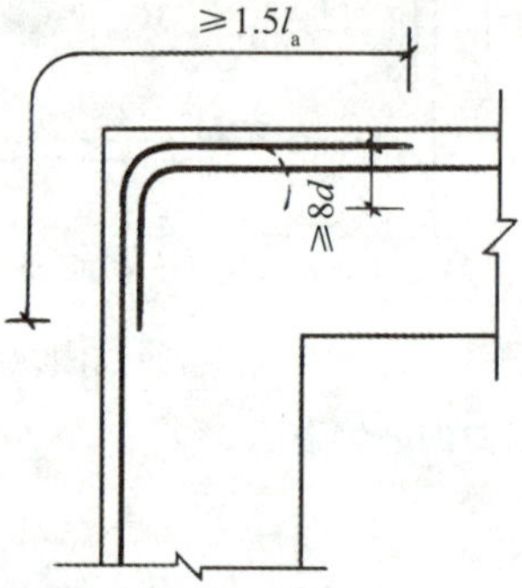

（a）位于节点外侧和梁端顶部的弯折搭接接头

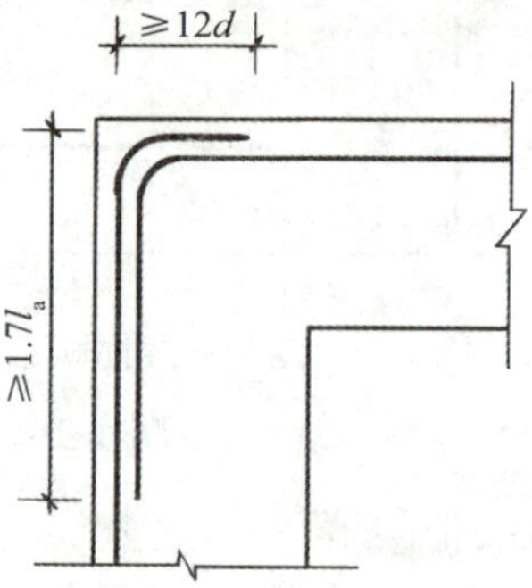

（b）位于柱顶部外侧的直线搭接接头

图 5-16　梁上部纵向钢筋与柱外侧纵向钢筋在顶层端节点的锚固

② 搭接接头沿柱顶外侧布置，如图5-16（b）所示。此时，搭接长度竖直段不应小于1.7l_a。当梁上部纵筋配筋率大于1.2%时，弯入柱外侧的梁上部纵筋除应满足以上规定的搭接长度外，宜分两批截断，其截断点之间的距离不宜小于20d。柱外侧纵筋伸至柱顶后宜向节点内水平弯折，弯折后的水平投影长度不宜小于12d。该方法适于梁上部钢筋较多的情况。

（5）节点箍筋设置

在框架节点的构造过程中，应合理布置水平箍筋，以确保对柱的纵向钢筋和节点核心区域的混凝土进行有效约束。对于非抗震设计的框架节点，箍筋的构造规定需与柱中的箍筋保持一致，但其间距的最大值不应超过250 mm。对于四周均与梁相连的中间节点，仅需在节点周围设置矩形箍筋，无需配置复合箍筋。当顶层端节点内部包含梁上部纵向钢筋与柱外侧纵向钢筋的搭接接头时，节点内的水平箍筋设计需遵循相关规范，确保纵向受力钢筋在搭接长度范围内的箍筋构造满足要求。

4. 填充墙的构造要求

在隔墙位置较为固定的建筑中，常采用砌体填充墙。砌体填充墙必须与框架牢固地连接。砌体填充墙的上部与框架梁底之间必须用块材“塞紧”。砌体填充墙与框架柱连接时，柱与墙之间应紧密接触，在柱与填充墙的交接处，沿高度每隔若干皮砖，用2Φ6钢筋与柱拉结。

四、现浇框架抗震构造要求

经过对震害情况的详尽调查，发现钢筋混凝土框架结构的震害主要集中在梁端、柱端以及梁柱节点这三个部位。通常情况下，柱体受到的震害程度要重于梁体，柱顶受到的震害重于柱底，角柱受到的震害重于内柱，而短柱的震害则重于一般柱体。

框架梁在梁端处所承受的弯矩和剪力均较大，且受到反复作用力的影响，因此破坏常常发生在梁端。梁端破坏的原因可能包括纵筋配筋不足、钢筋端部锚固不良以及箍筋配置不足等因素。

框架柱在柱两端弯矩较大，因此破坏一般发生在柱的两端，尤其是柱顶。柱端破坏的原因可能是由于柱内纵筋不足、箍筋稀少，对混凝土的约束能力较差。

角柱因受到双向受弯、受剪以及扭转等多重作用，其震害程度通常比中柱和边柱更为严重。短柱，即柱高小于4倍柱截面高度的柱体，由于刚度较大、吸收地震力较多，容易发生剪切破坏。

梁柱节点的破坏多是由于节点内未设置或箍筋配置不足，以及核芯区钢筋过密影响混凝土浇筑质量所致。此外，嵌固于框架中的砌体填充墙因受剪承载力较低、与框架连接不牢固，容易产生墙面斜裂缝，并沿柱周边开裂。填充墙的震害呈现“下重上轻”的特点。

当抗震缝的宽度不能满足地震时产生的实际侧移量的要求时，还可能导致相邻结构单元之间发生相互碰撞，进而引发震害。

知识链接

抗震等级

《抗震规范》针对不同烈度、结构类型及房屋高度的钢筋混凝土房屋，制定了差异化的抗震要求。具体而言，根据相关规定，框架结构被细分为四个抗震等级，其中一级抗震要求最为严格，应确保在各种地震烈度下，房屋均能保持稳定的结构性能。

钢筋混凝土框架结构的抗震等级划分见表5-1。

表5-1　钢筋混凝土框架结构的抗震等级划分

烈度	6度		7度		8度		9度
房屋高度(m)	≤30	>30	≤30	>30	≤30	>30	≤25
抗震等级	四	三	三	二	二	一	一

不同抗震等级的房屋结构，应符合相应的计算、构造措施和材料要求。

1. 框架结构抗震一般构造要求

（1）混凝土的强度等级

抗震等级为一级的框架梁、柱和节点核芯区，不应低于C30，其他各类构件不应低于C20；并且在9度时不宜超过C60，8度时不宜超过C70。

（2）钢筋种类

框架梁、柱中的受力钢筋宜选用HRB400级和HRB335级钢筋，箍筋宜选用HRB335、HRB400和HPB235级钢筋。

（3）钢筋锚固

纵向受力钢筋最小抗震锚固长度l_{aE}的取用如下。

① 当一、二级抗震等级时，$l_{aE}=1.15l_a$。

② 当三级抗震等级时，$l_{aE}=1.05l_a$。

③ 当四级抗震等级时，$l_{aE}=1.0l_a$。

其中，l_a为纵向受拉钢筋的最小锚固长度，按规范要求取用。

（4）钢筋的接头

柱纵向受力钢筋的接头宜优先采用焊接或机械连接。钢筋接头不宜设置在梁端和柱端箍筋加密区范围内。当柱每边主筋多于4根时，应在两个或两个以上的水平面上搭接。

（5）箍筋

箍筋须做成封闭式，端部设135°弯钩。弯钩端头平直段长度不应小于10*d*（*d*为箍筋直径）。箍筋应与纵向钢筋紧贴。当设置附加拉结钢筋时，拉结钢筋必须同时钩住箍筋和纵筋，如图5-17所示。

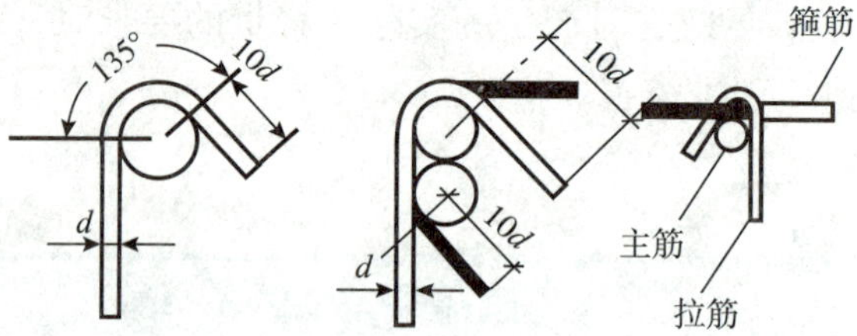

图 5-17　箍筋弯钩要求

2. 框架梁抗震构造要求

（1）梁的截面尺寸

梁的截面宽度不宜小于200 mm，截面高宽比不宜大于4，净跨与截面高度之比不宜小于4。

（2）梁的纵向钢筋

梁的纵向钢筋配置，应符合下列要求。

① 框架梁端截面的底面和顶面配筋量的比值，一级不应小于0.5，二、三级不应小于0.3。

② 梁的顶面和底面至少应配置两根通长的纵向钢筋，一、二级框架不应少于2Φ14，且分别不应少于梁两端顶面和底面纵向配筋中较大截面面积的1/4；三、四级框架不应少于2Φ12。

③ 一、二级框架梁内贯通中柱的每根纵筋直径，不宜大于柱在该方向截面尺寸的1/20。

（3）梁的箍筋

梁端箍筋应加密。箍筋加密区的范围和构造要求见表5-2。当梁端纵筋配筋率大于2%时，表中箍筋的最小直径应增大2 mm。

表 5-2　梁端箍筋加密区的长度、箍筋的最大间距和最小直径

抗震等级	加密区长度（mm）（采用较大者）	箍筋最大间距（mm）（采用最小值）	箍筋最小直径（mm）
一	$2h_b$，500	$h_b/4$，6*d*，100	10
二	$1.5h_b$，500	$h_b/4$，8*d*，100	8
三	$1.5h_b$，500	$h_b/4$，8*d*，150	8
四	$1.5h_b$，500	$h_b/4$，8*d*，150	6

注：*d*为纵向钢筋直径，h_b为梁截面高度。

梁端加密区的箍筋间距，一级不宜大于200 mm和20d（d为箍筋直径较大者），二、三级不宜大于250 mm和20d，四级不宜大于300 mm。

3. 框架柱抗震构造要求

（1）柱截面尺寸

柱的截面宽度和高度均不宜小于300 mm，剪跨比λ宜大于2，截面的长边和短边之比不宜大于3。

其中，柱的剪跨比$\lambda=M/(Vh_0)$，式中M为柱端截面的组合弯矩计算值（取上下端弯矩的较大值），V为柱端截面的组合剪力计算值，h_0为截面有效高度。

（2）柱的纵向钢筋

柱中纵向钢筋配置应符合下列要求。

① 柱中纵向钢筋宜对称配置。

② 当截面尺寸大于400 mm时，纵向钢筋间距不宜大于200 mm。

③ 柱中全部纵向钢筋的最小配筋率应满足表5–3的规定，同时每一侧配筋率不应小于0.2%。

④ 柱总配筋率不应大于5%，一级且剪跨比$\lambda \ngtr 2$的柱，每侧纵向钢筋配筋率不宜大于1.2%。

⑤ 边柱、角柱在地震作用组合产生拉力时，柱内纵筋截面面积应增加25%。

表 5–3　框架柱全部纵向钢筋最小配筋百分率（%）

类别	抗震等级			
	一	二	三	四
中柱、边柱	1.0	0.8	0.7	0.6
角柱、框支柱	1.2	1.0	0.9	0.8

注：采用HRB400级热轧钢筋时允许减少0.1，混凝土强度等级高于C60时应增加0.1。

（3）柱的箍筋

框架柱内箍筋常用形式如图5–18所示。

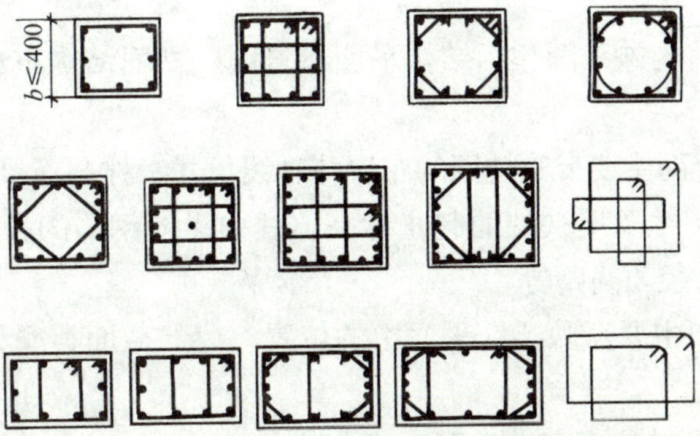

图 5–18　框架柱内箍筋常用形式（单位：mm）

柱的上下端箍筋应加密。柱两端加密区的范围和构造要求见表5–4。一、二级抗震的框架角柱、框支柱和剪跨比不大于2的柱，应沿柱全高加密箍筋。底层柱柱根处不小于1/3柱净高范围内应按加密区的要求配置箍筋。

表 5-4　柱箍筋加密区长度、箍筋最大间距和最小直径

抗震等级	箍筋最大间距（mm）（采用较小值）	箍筋最小直径（mm）	箍筋加密区长度（mm）（采用较大者）
一	$6d$，100	ϕ10	h（D） $H_n/6$（$H_n/3$） 500
二	$8d$，100	ϕ8	
三	$8d$，150（柱根100）	ϕ8	
四	$8d$，150（柱根100）	ϕ6（柱根ϕ8）	

注：d为柱纵筋最小直径，h为矩形截面长边尺寸，D为圆柱直径，H_n为柱净高；柱根指框架底层柱的嵌固部位。

柱箍筋加密区的箍筋肢距，一级不宜大于200 mm，二、三级不宜大于250 mm和$20d$（d为箍筋直径较大者），四级不宜大于300 mm。至少每隔一根纵向钢筋宜在两个方向有箍筋或拉筋约束。采用拉筋复合箍时，拉筋宜紧靠纵筋并钩住封闭箍筋。

柱箍筋非加密区的箍筋间距，一、二级框架柱不应大于10倍纵筋直径，三、四级框架柱不应大于15倍纵筋直径。

4. 框架节点构造

在框架节点的构造中，必须设置箍筋。这些箍筋的最大间距和最小直径应与柱的加密区域保持一致。此外，为了确保结构的整体性和稳定性，柱中的纵向受力钢筋应避免在节点区域进行截断。同时，框架梁上部的纵向钢筋应连续穿过中间节点，以确保力的有效传递和结构的完整性。这些措施共同增强了框架结构的承载能力和抗震性能。框架梁、柱中钢筋在节点的配筋构造参见非抗震设防要求现浇框架，但钢筋的锚固长度应满足相应的纵向受拉钢筋抗震锚固长度l_{aE}。

五、现浇框架结构施工图

钢筋混凝土框架结构施工图包括结构平面布置图、立面结构布置图、框架梁及框架柱的配筋图和模板图等。

（1）结构平面布置图主要反映柱网的布置与轴线尺寸，柱截面尺寸以及与轴线的关系。

（2）框架柱施工图主要反映柱的起止标高，柱内纵向钢筋的种类、数量与布置情况，箍筋的种类、形状、直径与间距等。

（3）框架梁施工图主要反映梁在平面中的位置，梁的截面类型和尺寸以及截面配筋等内容。

图5-19为某框架的结构平面布置图。从此图中可知，柱网为对称三跨跨度组合方式布置，边跨跨度为7.5 m，中间跨度为6 m，柱距均为6 m。

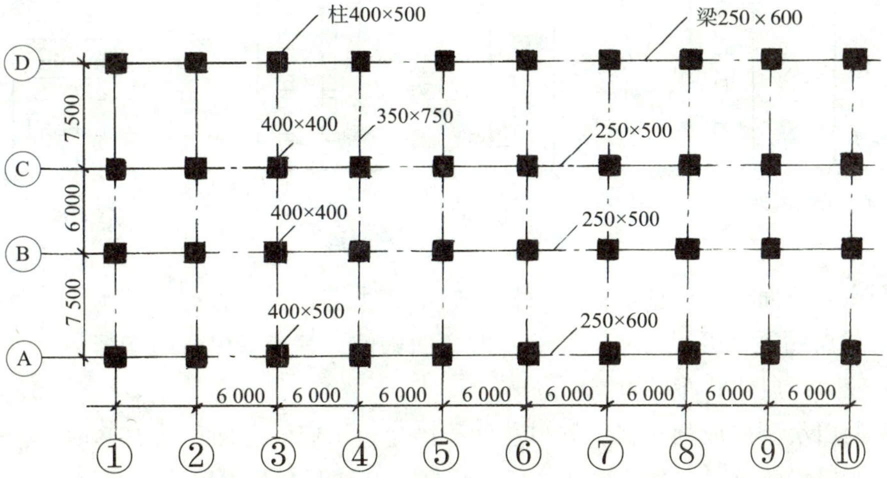

图 5-19　某框架的结构平面布置图（单位：mm）

横向框架梁截面尺寸均为300 mm × 750 mm，位于、轴线上的纵向框架梁截面尺寸为250 mm × 600 mm，位于、轴线上的纵向框架梁截面尺寸为250 mm × 500 mm；位于、轴线上的柱截面尺寸为400 mm × 500 mm，位于、轴线上的柱截面尺寸为400 mm × 400 mm。

任务三　剪力墙结构

剪力墙是一种抵抗竖向荷载引起的轴向作用以及风、地震等水平荷载引起的剪切、弯曲作用的结构单元。剪力墙平面内的刚度很大，而平面外的刚度很小，为了保证剪力墙的侧向稳定，各层楼盖对它的支撑作用很重要。在水平荷载作用下，墙体的工作状态如同一根底部嵌固于基础顶面的直立悬臂深梁，墙体的长度相当于深梁的截面高度，墙体的厚度相当于深梁的截面宽度，墙体属于压、弯、剪复合受力状态。在抗震设防区，水平荷载还包括水平地震作用，因此剪力墙有时也称为抗震墙。

剪力墙宜沿结构的主轴方向布置成双向或者多向，使两个方向的刚度接近。剪力墙的墙肢截面应简单、规则，墙体宜沿建筑物高度方向对齐贯通、上下不错层以避免刚度的突变。较长的剪力墙可用楼板或连梁分成若干独立的墙段，各独立墙段的总高度与长度之比不宜小于2。剪力墙中的洞口宜上下对齐布置，以形成明显的墙肢和连梁，不宜采用错洞墙。墙肢截面长度与厚度之比不宜小于3。

根据墙体的开洞大小和截面应力的分布特点，剪力墙可划分为整截面剪力墙、整体小开口剪力墙、联肢剪力墙和壁式框架四类，如图5-20所示，不同类型的剪力墙具有不同的受力状态和特点。

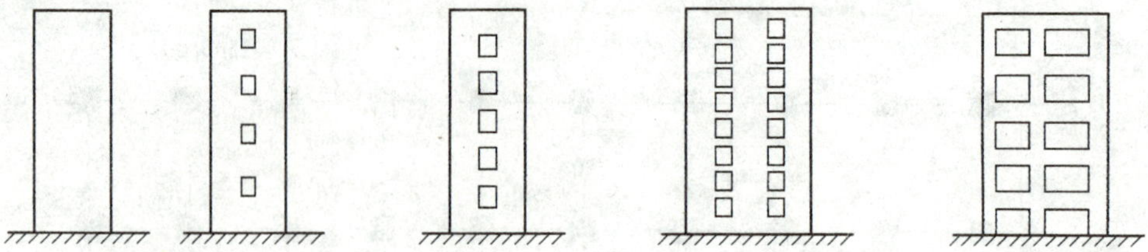

图 5-20　剪力墙的类型

不开洞或洞口面积小于整墙截面面积15%的剪力墙，称为整截面剪力墙。整截面剪力墙在水平荷载作用下，可视为一整体的悬臂弯曲构件，其变形以弯曲变形为主，在结构上部层间侧移较大，愈到底部层间侧移愈小。

若门窗洞口沿竖向成列布置、洞口总面积虽超过了墙体总面积的15%时，但相对而言墙肢较宽、洞口仍较小时，墙的整体性仍然较好，这种开洞剪力墙称为整体小开口剪力墙。若剪力墙上开洞规则且洞口面积较大时，称为联肢墙。其变形仍以弯曲变形为主。

当剪力墙有多列洞口，且洞口尺寸很大时，整个剪力墙的受力接近于框架，故称为壁式框架。整个剪力墙的受力特点与框架相似，在结构上部层间侧移较小，愈到底部层间侧移愈大。

一、剪力墙结构构件的受力特点

1. 墙肢

在整截面剪力墙结构中，墙肢主要承受压力、弯曲和剪切力。同样地，开洞剪力墙的墙肢也主要承受这三种力的作用。在墙肢的受力分析中，其弯矩和剪力在基底部位达到最大值，因此，基底截面是剪力墙设计的关键控制点。

墙肢的配筋计算过程与偏心受力柱相似。然而，由于剪力墙的截面高度较大，除了在墙肢端部的正应力较大区域集中配置竖向钢筋外，还需在剪力墙的腹板中设置分布钢筋。这些竖向钢筋与截面端部的竖向钢筋共同协作，以抵抗墙肢所受的压弯力。同时，水平分布钢筋则负责承担剪力。竖向分布钢筋与水平分布钢筋交织成网状，不仅能够增强墙体的结构稳定性，还能有效应对墙面混凝土的收缩以及温度变化所产生的应力。

2. 连梁

剪力墙结构中的连梁承受弯矩、剪力、轴力的共同作用，属于受弯构件。连梁由正截面承载力计算纵向受力钢筋（上、下配筋），由斜截面承载力计算箍筋用量。由于在剪力墙结构中连梁的跨高比都比较小，因而连梁容易出现斜裂缝，也容易出现剪切破坏。连梁通常采用对称配筋。

二、剪力墙的一般构造要求

1. 材料

混凝土强度等级不宜低于C20。墙中分布钢筋和箍筋采用HPB235级钢筋，其他钢筋可用HRB335级钢筋。

2. 剪力墙的最小厚度

一、二级剪力墙：底部加强部位不应小于200 mm，其他部位不应小于160 mm。无端柱或翼墙的一字形独立剪力墙，底部加强部位不应小于220 mm，其他部位不应小于180 mm。三、四级剪力墙：不应小于160 mm，一字形独立剪力墙的底部加强部位不应小于180 mm。非抗震设计时不应小于160 mm。剪力墙井筒中，分隔电梯井或管道井的墙肢截面厚度可适当减小，但不宜小于160 mm。

3. 墙肢配筋要求

（1）墙肢端部纵向钢筋

在剪力墙的两端及洞口两侧边缘，这些区域承受着较大的应力。为了增强这些区域的性能，采用了竖向钢筋和箍筋组成的边缘构件。这种设计不仅能提升墙肢端部的混凝土极限压应变，还能有效改善剪力墙的延性。边缘构件主要分为约束边缘构件和构造边缘构件两种类型。

当边缘区域的压应力较高时，倾向于选择约束边缘构件，它具有较大的约束范围、丰富的箍筋配置，从而实现对混凝土的更强约束。反之，当压应力较低时，会选择构造边缘构件，其箍筋数量和约束范围相对较小，对混凝土的约束程度相对较低。值得注意的是，边缘构件涵盖了暗柱、端柱和翼墙等部分。在非抗震设计中，必须按规定设置构造边缘构件。

另外，墙肢两端需要集中配置直径较大的竖向受力钢筋。这些钢筋与墙内的竖向分布钢筋共同承担正截面受弯承载力。为了确保结构的稳定性，端部竖筋应被放置在由箍筋或水平分布钢筋和拉筋共同约束的边缘构件（如暗柱）内。

每端的竖向受力钢筋不宜少于4根直径12 mm的钢筋或2根直径为16 mm的钢筋；沿竖向钢筋方向宜配置直径不小于6 mm、间距不大于250 mm的拉筋。纵向钢筋宜采用HRB335或HRB400级钢筋。

暗柱及端柱内纵向钢筋的连接和锚固要求宜与框架柱相同。非抗震设计时，剪力墙纵向钢筋的最小锚固长度应取l_a。

（2）墙身分布钢筋

剪力墙墙身应配置水平方向和竖向分布钢筋，分布钢筋的配筋方式有单排及多排配筋。

① 当剪力墙厚度大于160 mm时，应采用双排分布钢筋网；结构中重要部位的剪力墙，当其厚度不大于160 mm时，也宜配置双排分布钢筋网。

双排分布钢筋网应布置在墙的两侧表面，并采用直径不小于6 mm、间距不大于600 mm的拉筋连系，拉筋应与外皮钢筋钩牢。对重要部位的剪力墙，拉筋数量还应增加。竖向钢筋宜在内侧，水平钢筋宜在外侧，水平与竖向分布钢筋的直径、间距宜相同。

② 水平和竖向分布钢筋的直径不应小于8 mm，间距不应大于300 mm；拉筋直径不应小于6 mm，间距不宜大于600 mm。

③ 无翼墙时，水平分布钢筋应伸至墙端并向内水平弯折10d（d为水平分布钢筋直

径）后截断。当剪力墙端部有翼墙或转角墙时，内墙两侧的水平分布钢筋和外墙内侧的水平分布钢筋应伸至外墙边，并分别向两侧水平弯折15d后截断；在转角墙处，外墙外侧的水平分布钢筋应在墙端外角处弯入翼墙，并与翼墙外侧水平分布钢筋互相搭接，搭接长度$l_a \nless 1.2l_a$；剪力墙水平分布钢筋连接构造如图5-21（a）和图5-21（b）所示。

④ 剪力墙水平分布钢筋的搭接长度$l_l \nless 1.2l_a$。同排水平分布钢筋及上、下相邻水平分布钢筋的搭接区段之间，沿水平方向净间距不宜小于500 mm，如图5-21c所示。

⑤ 竖向分布钢筋可在同一高度上全部搭接，搭接长度$l_l \nless 1.2l_a$，且不应小于300 mm。当分布钢筋直径大于28 mm时，不宜采用搭接接头。

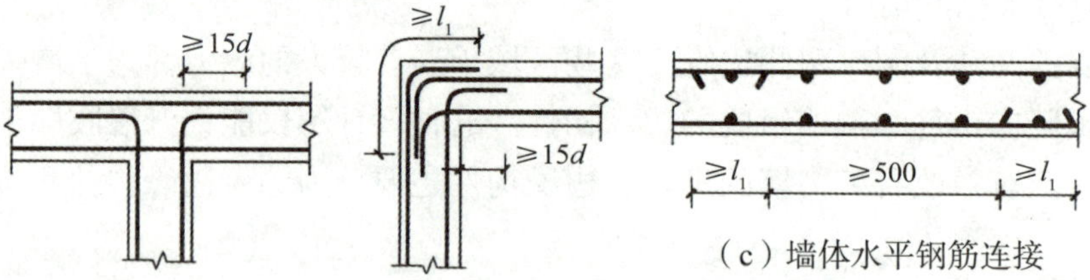

（a）丁字节点　（b）转角节点　（c）墙体水平钢筋连接（沿高度每隔一根错开搭接）

图5-21　剪力墙水平分布钢筋的连接构造

（3）连梁的配筋构造

① 剪力墙连梁顶面、底面纵向受力钢筋两端应伸入墙内，其锚固长度不应小于l_a。

② 连梁应沿全长配置箍筋，箍筋直径不应小于6 mm，箍筋间距不应大于150 mm。

③ 在顶层连梁中，配箍范围应一直延续到洞口以外连梁纵向钢筋的整个锚固长度范围内，箍筋直径、间距应与该连梁跨内箍筋直径、间距相同。

④ 墙体水平分布钢筋应作为连梁的腰筋在连梁范围内拉通连续配置；当连梁截面高度大于700 mm时，其两侧面沿梁高范围设置的纵向构造钢筋（腰筋）的直径不应小于10 mm，间距不应大于200 mm。

四、剪力墙结构的抗震构造措施

剪力墙结构混凝土强度等级不应低于C20；带有筒体和短肢剪力墙的剪力墙结构混凝土强度等级不应低于C25。

1. 剪力墙边缘构件

《建筑抗震设计规范》规定，在抗震剪力墙墙肢两端和洞口两侧应设置边缘构件。

（1）约束边缘构件的设置

① 约束边缘构件的设置部位

一、二级抗震等级的剪力墙底部加强部位及相邻的上一层的墙肢端部应设置约束边缘构件。在部分框支剪力墙结构中，一、二级落地剪力墙底部加强部位及相邻的上一层的墙肢端部应设置符合约束边缘构件要求的翼墙或端柱，洞口两侧应设置约束边缘构件；不落地剪力墙应在底部加强部位及相邻的上一层的墙肢两端应设置约束边缘构件。

② 约束边缘构件的构造

约束边缘构件的形式可以是暗柱（矩形端）、端柱和翼墙，如图5-22所示。

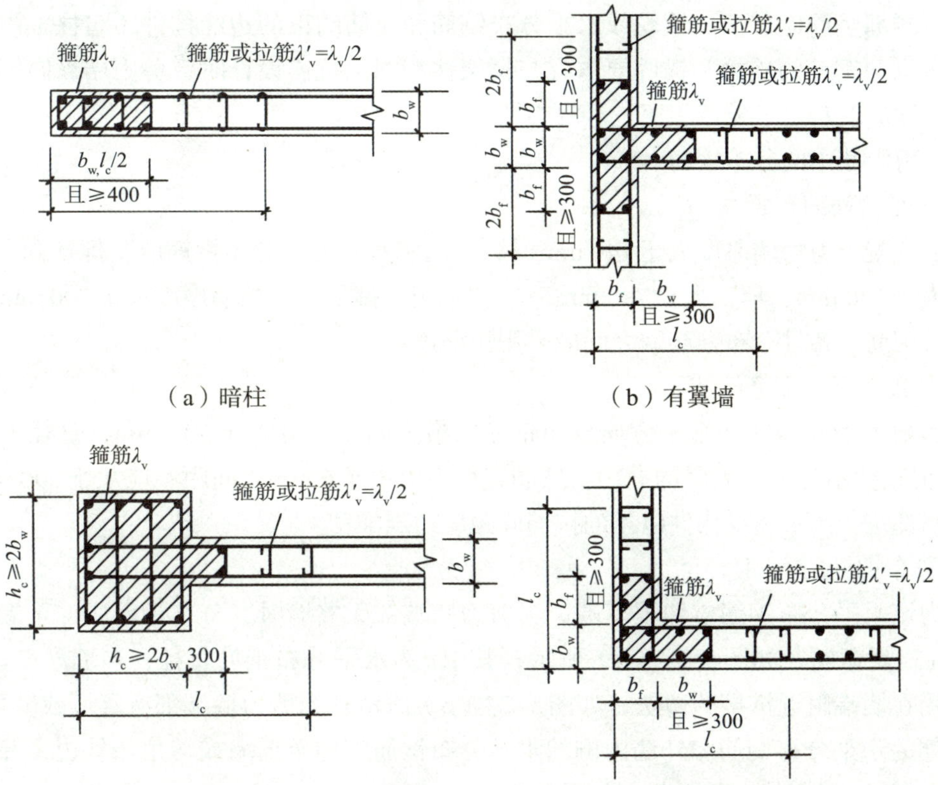

（a）暗柱　（b）有翼墙　（c）有端柱　（d）转角墙

图 5-22　剪力墙的约束边缘构件（单位：mm）

（2）构造边缘构件的设置

① 构造边缘构件的设置部位

一、二级抗震等级剪力墙的其他部位和三、四级抗震等级的剪力墙墙肢端部，均应设置构造边缘构件。

② 构造边缘构件的构造

构造边缘构件的设置范围，如图5-23所示。

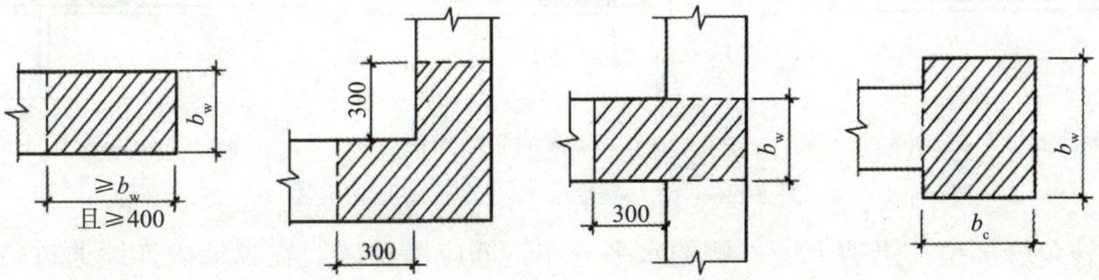

（a）暗柱　（b）　（c）翼柱　（d）端柱

图 5-23　剪力墙的构造边缘构件范围（单位：mm）

2. 剪力墙的配筋构造

（1）墙肢端部纵向钢筋的构造要求

墙肢端部竖筋应位于由箍筋或水平分布钢筋和拉筋约束的边缘构件（暗柱）内。暗柱及端柱内纵向钢筋的连接和锚固要求宜与框架柱相同。抗震设计时，剪力墙纵向钢筋的最小锚固长度应取l_{aE}。

（2）剪力墙中的分布钢筋

① 分布钢筋的布置

钢筋混凝土剪力墙厚度大于140 mm时，竖向和水平方向分布钢筋应双排布置；当剪力墙厚度大于400 mm，但不大于700 mm时，宜采用三排配筋；当墙厚度大于700 mm时，宜采用四排配筋。各排分布钢筋网之间应采用拉筋连系。

② 分布钢筋的配筋构造

抗震剪力墙中竖向和水平方向分布钢筋的最大间距不应大于300 mm，直径不应小于8 mm，但直径不宜大于墙厚的1/10。拉筋直径不应小于6 mm，间距不应大于600 mm；在底部加强部位，约束边缘构件以外的拉筋间距应适当加密。

③ 分布钢筋的锚固

剪力墙水平分布钢筋应伸至墙端。当剪力墙端部无翼墙时，分布钢筋应伸至墙端并向内弯折15d后截断，如图5-24（a）所示，其中d为水平分布钢筋直径；当墙厚度较小时，也可采用在墙端附近搭接的做法，如图5-24（b）所示；当剪力墙端部有翼墙或转角墙时，内墙两侧的水平分布钢筋和外墙内侧的水平分布钢筋应伸至翼墙或转角墙外边，并分别向两侧水平弯折不小于15d后截断，如图5-24（c）所示。

当剪力墙有端柱时，内墙两侧水平分布钢筋和外墙内侧的水平分布钢筋应伸入端柱内进行锚固，其锚固长度不应小于l_{aE}，且必须伸至端柱对边；当伸至端柱对边的长度不满足l_{aE}时，应伸至端柱对边后分别向两侧水平弯折不小于15d，其中弯前长度不应小于$0.4l_{aE}$。

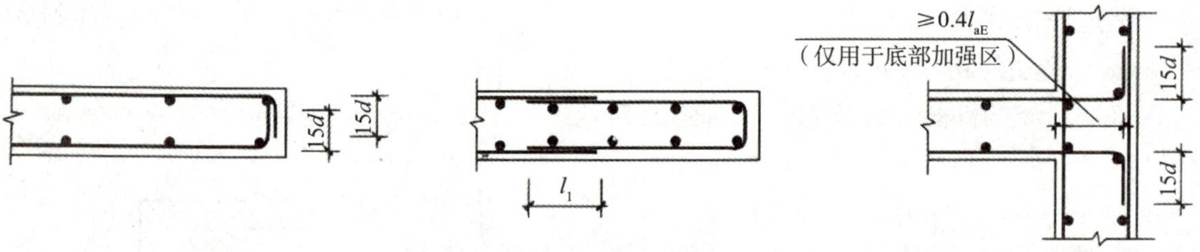

（a）无翼墙时的锚固　（b）无翼墙时的搭接　（c）有翼墙时的锚固

图5-24　剪力墙端部水平分布钢筋的锚固

在转角墙部位，沿剪力墙外侧的水平分布钢筋应沿外墙边在翼墙内连续通过转弯，如图5-25（a）所示。当需要在纵横墙转角处设置搭接接头时，沿外墙的水平分布钢筋应在墙端外角处弯入翼墙，并与翼墙外侧水平分布钢筋搭接，搭接长度应不应小于$1.2l_{aE}$，如图5-25（b）所示。

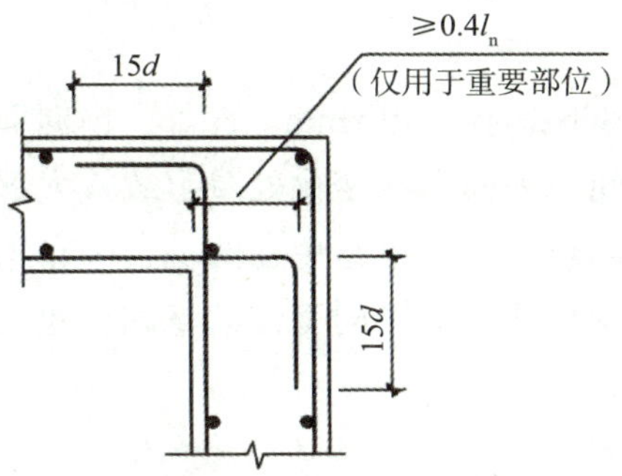

（a）外侧水平分布钢筋连续通过转角

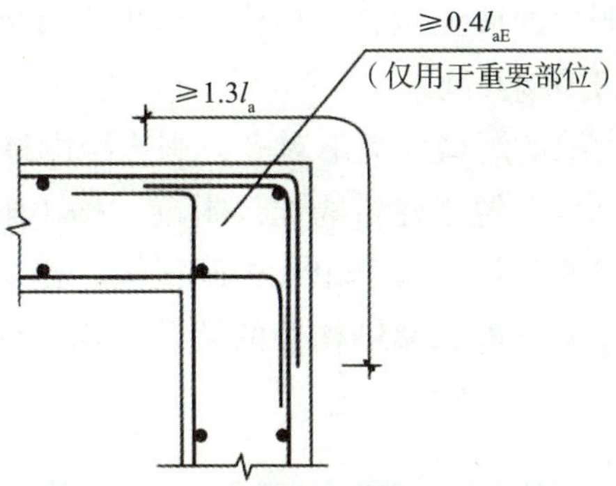

（b）外侧水平分布钢筋设搭接接头

图 5-25　剪力墙转角处外侧水平分布钢筋的配筋构造

④ 分布钢筋的连接构造

剪力墙水平分布钢筋的搭接长度 l_{lE} 不应小于 1.2l_{aE}。同排水平分布钢筋的搭接接头之间以及上、下相邻水平分布钢筋的搭接接头之间沿水平方向的净间距不宜小于 500 mm。

剪力墙内竖向分布钢筋的直径≤28 mm 时，可采用搭接连接，搭接长度 l_{lE} 不应小于 1.2l_{aE}，采用 HPB235 级钢筋时端头加 5d 直钩；一、二级抗震等级剪力墙竖向分布钢筋接头应分两批相互错开搭接，接头间隔距离应≥0.3l_{lE}；三、四级抗震等级剪力墙竖向分布钢筋接头可在同一高度搭接。当剪力墙内竖向分布钢筋直径大于 28 mm 时，应分两批采用机械连接，接头间隔距离应≥35d。

（3）连梁的配筋构造

① 剪力墙连梁顶面、底面纵向受力钢筋两端应伸入墙内，其锚固长度不应小于 l_{aE}，且均不应小于 600 mm。位于墙端部洞口的连梁顶面、底面纵筋伸入墙端部长度不满足 l_{aE} 时，应伸至墙端部后分别向上下弯折 15d，且弯前长度不应小于 0.4l_{aE}。

② 连梁应沿全长配置箍筋，抗震设计时箍筋的构造应按框架梁梁端加密区箍筋的构造采用。

③ 在顶层连梁纵向钢筋伸入墙内的锚固长度范围内，应配置间距不大于 150 mm 的箍筋，箍筋直径应与该连梁跨内的箍筋直径相同。

④ 墙体水平分布钢筋应作为连梁的腰筋在连梁范围内拉通连续配置；当连梁截面高度大于 700 mm 时，其两侧面沿梁高范围设置的纵向构造钢筋（腰筋）的直径不应小于 10 mm，间距不应大于 200 mm。

任务四　框架—剪力墙结构

框架—剪力墙结构是由框架与剪力墙两种结构构件共同构建的受力体系。在构建此体系时，剪力墙应遵循“均匀、对称、分散、周边”的原则，沿平面主轴方向进行布置。为确保抗震性能，剪力墙应贯通建筑物之全高，且横向与纵向的剪力墙应实现连接。在无需开设大洞口的墙面位置，应优先考虑设置剪力墙。对于较长的房屋，刚度较大的剪力墙不宜位于房屋端开间。

剪力墙的洞口应上下对齐，洞边距端柱之距离不得小于300 mm。此外，横向剪力墙宜均匀对称地布置于建筑物端部附近、楼（电）梯间、平面形状变化处及恒载较大部位。纵向剪力墙则建议布置于单元中间区段，当房屋纵向较长时，应避免在两端集中布置纵向剪力墙。框架—剪力墙结构中的楼盖结构，作为框架与剪力墙协同工作的基础，建议采用现浇楼盖。

一、框架—剪力墙结构的受力特点

框架—剪力墙结构是由框架和剪力墙两种不同的抗侧力单元组成的受力体系。其中，剪力墙的变形以弯曲型为主，如图5-26（a）所示；框架的变形以剪切型为主，如图5-26（b）所示。而由楼盖连接起来的框架—剪力墙结构将产生共同的变形，如图5-26（c），其协同变形曲线如图5-26（d）所示。在水平荷载作用下，框架—剪力墙的变形及受力特点如下。

剪力墙的变形特点是其层间相对水平位移越往上越大，如图5-26（a）所示。而框架变形的特点是其层间相对水平位移越往上越小，如图5-26（b）所示。从协同变形曲线可以看出，框架—剪力墙结构的层间变形在下部小于纯框架，在上部小于纯剪力墙，因此各层的层间变形也将趋于均匀化。

框架—剪力墙结构共同工作时，由于剪力墙的刚度比框架大很多，因此剪力墙承担绝大部分水平剪力（占70% ~90%），框架只承担小部分剪力。同时，框架和剪力墙承担水平剪力的比例，也随房屋高度的变化而变化。在房屋上部，剪力墙承担剪力较少，而框架承担剪力较大。而在房屋下部，由于剪力墙变形增大，框架变形减小，使得下部剪力墙承担更多剪力，而框架下部承担的剪力较少。

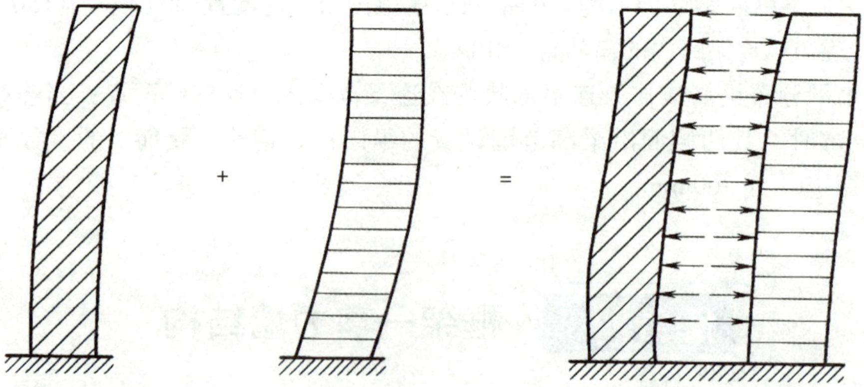

（a）剪力墙的弯曲变形　（b）框架的剪切变形　（c）框架—剪力墙的变形

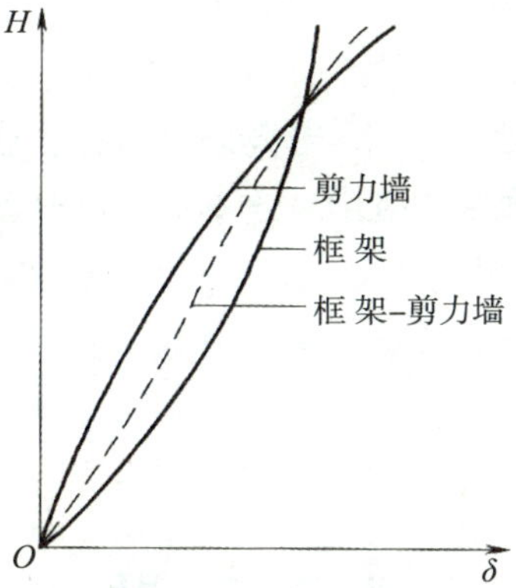

（d）框架—剪力墙的变形曲线

图 5-26　框架—剪力墙结构的变形特点

二、框架—剪力墙结构的构造

在框架—剪力墙结构中，剪力墙作为主要的抗侧力构件，承担了绝大多数的剪力。因此，在构造上需对其进行加强处理。除了满足一般框架和剪力墙的构造要求外，框架—剪力墙结构中的框架、剪力墙以及连梁的设计构造还需遵循以下特定的构造要求。

（1）框架—剪力墙结构中，剪力墙的厚度不应小于160 mm，且不应小于楼层净高的1/20；底部加强部位的剪力墙的厚度不应小于200 mm，且不应小于楼层高度的1/16。

（2）框架—剪力墙结构中，剪力墙竖向和水平方向分布钢筋的配筋率均不应小于0.20%，直径不应小于8 mm，间距不应大于300 mm，并应至少双排布置。各排分布钢筋间应设置拉筋，拉筋直径不小于6 mm，间距不应大于600 mm。

（3）剪力墙周边应设置梁（或暗梁）和端柱围成边框。梁的宽度不宜小于$2b_w$（b_w为剪力墙的宽度），梁的截面高度不宜小于$3b_w$；柱的截面宽度不宜小于$2.5b_w$，柱的截面高度不小于截面宽度。边框梁或暗梁的上、下纵向钢筋配筋率均不应小于0.2%，箍筋不应少于ϕ6@200。

（4）剪力墙的水平分布钢筋应全部锚入边框柱内，锚固长度不应小于l_a（或l_{aE}）。

（5）剪力墙端部的纵向受力钢筋应配置在边框柱截面内。剪力墙底部加强部位边框柱的箍筋宜沿全高加密；当带边框剪力墙上的洞口紧邻边框柱时，边框柱的箍筋宜沿全高加密。

项目小结

钢筋混凝土多层与高层结构涉及结构设计、施工图绘制、施工技能等多个方面。多层与高层结构体系主要分为框架结构、剪力墙结构和框架—剪力墙结构。框架结构是一种常用的结构形式，主要由梁、柱和板组成，具有空间大、灵活性高等特点。剪力墙结构则主要由钢筋混凝土墙体组成，能够有效地抵抗水平荷载，保证结构的稳定性。框架—

剪力墙结构则结合了框架结构和剪力墙结构的优点，既具有空间大、灵活性的特点，又能够有效地抵抗水平荷载。

通过本项目的学习，读者可以深入理解钢筋混凝土多层与高层结构的设计原理、力学特性、施工方法以及在实际工程中的应用。这不仅能提升读者在结构设计方面的专业知识水平，还能增强解决实际工程问题的能力。同时，学习这些结构还能培养读者对结构安全、经济、合理性的综合判断能力，为从事土木工程领域的结构设计、施工、管理等工作打下坚实的基础。

课后习题

一、填空题

1.有抗震设计要求时，在进行混合结构房屋设计和选型时，应注意房屋的总高度、层数、横墙间距、________等问题。

2.框架体系主要由楼板、梁、柱及________等承重构件组成。

3.框架结构按照施工方法的不同，可分为________、装配式、装配整体式框架和半现浇框架四种。

4.剪力墙是一种抵抗________荷载引起的轴向作用以及风、地震等水平荷载引起的剪切、弯曲作用的结构单元。

二、简答题

1.框架体系具有哪些特点？

2.剪力墙结构体系具有哪些特点？

3.剪力墙有哪些分类？

项目六

砌体结构

项目导读

砌体结构是一种以砖、石、砌块等材料为主要砌筑砂浆的墙、柱、拱等结构形式，在我国传统的建筑中广泛应用。砌体结构具有就地取材、成本低廉、施工简单等特点，能够适应不同的建筑需求。

砌体结构的设计和施工需要综合考虑多个因素，包括荷载、结构形式、材料选择、施工工艺等。在设计和施工过程中，需要遵循相关规范和标准，保证结构的稳定性和安全性。同时，还要注重绿色建筑和可持续发展等问题，采用环保材料和节能技术，实现建筑的可持续发展。

学习目标

知识目标

◆了解砌体结构材料的种类和特点，包括砖、石、砌块等。

◆掌握砌体的力学性质，包括抗压、抗拉、抗剪等性能。

◆熟悉砌体结构房屋的结构设计原理，包括承重墙、非承重墙、楼板、屋顶等部分的设计原则。

技能目标

◆培养学生严谨的工作态度，注重细节，确保结构设计的安全性。

◆培养学生良好的沟通能力，能够与团队成员有效沟通，共同解决问题。

素质目标

◆培养学生的观察力和分析能力，能够准确识别和分析结构中的问题和潜在风险，确保结构设计的安全性和可靠性。

◆培养学生的创新意识和创新能力，能够根据实际情况对设计和施工图绘制进行调整和优化，以适应不断变化的市场需求和施工环境。

思政目标

◆使学生树立爱国主义思想，增强民族自信心和社会责任感，立志为祖国建设贡献力量。

◆培养学生良好的职业道德和敬业精神，确保工程的安全性和耐久性。

任务工单

一、任务名称

砌体结构组成材料配制。

二、任务目的

通过实际操作，使学生了解砖、石、砌块等砌体结构材料的种类、特点及性能，掌握材料的选择和配比方法。

三、任务内容

（1）准备不同种类的砖、石、砌块等砌体结构材料，并进行分类整理。

（2）按照要求配制砂浆，并进行砂浆强度检测。

（3）根据设计要求，选择合适的材料和配比方式，制作小型砌体结构试件并进行养护。

四、实施过程

（1）选取合适的砖、石、砌块等材料，并进行分类整理。

（2）按照要求配制砂浆，并进行砂浆强度检测，确保砂浆符合设计要求。

（3）根据设计要求，选择合适的材料和配比方式，制作小型砌体结构试件，并进行编号和标记。

（4）将试件放入养护室进行养护，定期检查试件的状态和强度。

（5）待试件达到设计强度后，进行取样和检测，并记录数据。

五、实施要求

（1）严格按照材料配比和设计要求进行操作，确保材料的准确性和可靠性。

（2）注重安全防护，佩戴防护用品，避免意外伤害的发生。

（3）保持配制环境的整洁和卫生，做好废料的处理工作。

六、任务评价

围绕以下几个方面内容，为本次任务的完成情况写一段简单的评价总结。

（1）材料选择和配比能力，包括材料种类、质量、比例等方面的掌握情况。

（2）砂浆强度检测能力，包括检测方法、结果记录等方面的掌握情况。

（3）砌体结构试件制作和养护能力，包括试件制作方法、养护环境等方面的掌握情况。

____

____

____

____

____

任务一　砌体结构材料

一、砌体的种类

砌体分为无筋砌体和配筋砌体两大类。

1. 无筋砌体

无筋砌体不配置钢筋，仅由块材和砂浆组成，包括砖砌体、砌块砌体和石砌体。无筋砌体抗震性能和抵抗不均匀沉降的能力较差。

（1）砖砌体

由砖和砂浆砌筑而成的砌体称为砖砌体。在房屋建筑中，砖砌体可用作内外墙、柱、基础等承重结构以及围护墙和隔墙等非承重结构。墙体的厚度是根据强度和稳定的要求确定的，对于房屋的外墙，还须考虑保温、隔热的要求。砖砌体包括实心砖砌体和空斗砖砌体。一般采用实心砖砌体，空斗砖砌体由于整体性差而较少采用。

（2）砌块砌体

由砌块和砂浆砌筑而成的砌体称为砌块砌体。我国目前应用较多的主要是混凝土小型空心砌块砌体。用以减轻劳动强度，提高生产率。

（3）石砌体

由天然石材和砂浆或天然石材和混凝土砌筑而成的砌体称为石砌体，分为料石砌体、毛石砌体和毛石混凝土砌体三类。石砌体可用作一般民用建筑的承重墙、柱和基础，还可用作建造挡土墙、石拱桥、石坝和涵洞等构筑物。在石材产地可就地取材，比较经济，应用较广泛。

2. 配筋砌体

配筋砌体是指配置适量钢筋或钢筋混凝土的砌体，它可以提高砌体强度、减少截面尺寸、增加整体性。配筋砌体分为网状配筋砖砌体、组合砖砌体、砖砌体和钢筋混凝土构造柱组合墙及配筋砌块砌体。

（1）网状配筋砖砌体（横向配筋砌体）

网状配筋砖砌体是在砌体的水平灰缝中每隔几皮砖放置一层钢筋网。钢筋网有方格网式和连弯式两种，如图6-1所示。方格网式一般采用直径为3～4 mm的钢筋；连弯式采用直径为5～8 mm的钢筋。

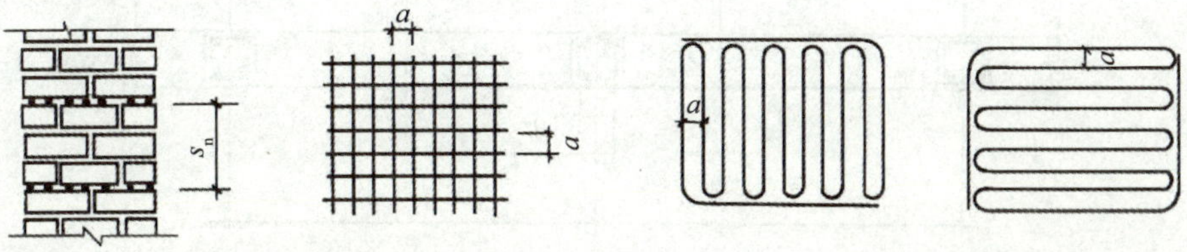

（a）方格网式钢筋网　　　　（b）连弯式钢筋网

图6-1　网状配筋砖砌体

（2）组合砖砌体

组合砖砌体是由砖砌体和钢筋混凝土面层或钢筋砂浆面层组合而成，如图6-2所示。适用于荷载偏心距较大，超过截面核心范围，或进行增层，改造的原有墙、柱。

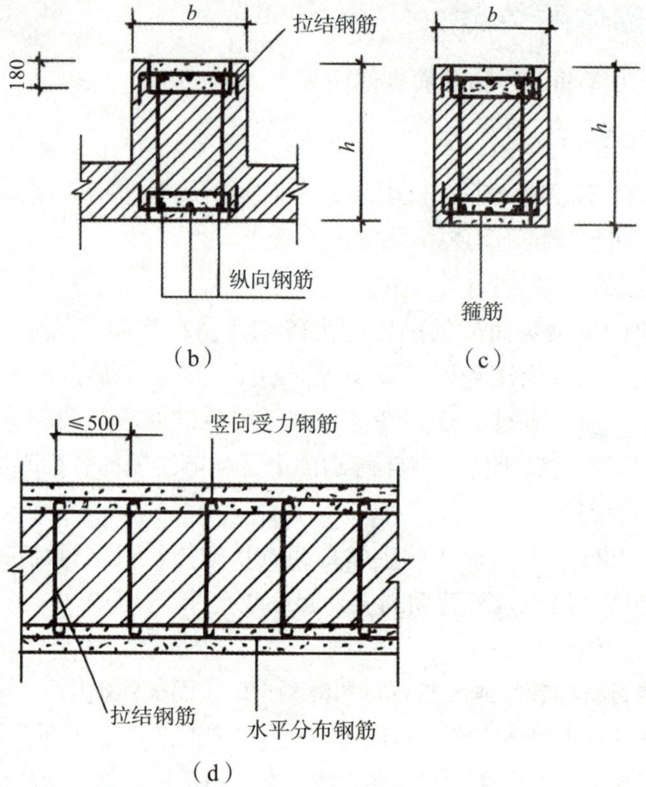

图6-2 组合砖砌体（单位：mm）

（3）砖砌体和钢筋混凝土构造柱组合墙

砖砌体和钢筋混凝土构造柱组合墙是由砖砌体与钢筋混凝土构造柱共同组成，如图6-3所示。工程实践表明，在砌体墙的纵横墙交接处及大洞口边缘，设置钢筋混凝土构造柱与房屋圈梁连接组成钢筋混凝土空间骨架，可以有效提高墙体的承载力，加强整体性。这种墙体施工时必须先砌墙，后浇钢筋混凝土构造柱。

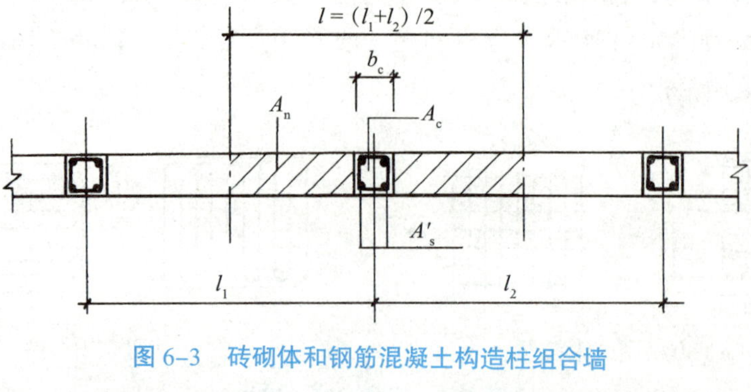

图6-3 砖砌体和钢筋混凝土构造柱组合墙

（4）配筋砌块砌体

配筋砌块砌体是在混凝土小型空心砌块的竖向孔洞中配置钢筋，在砌块横肋凹槽中配置水平筋，然后浇灌混凝土，或在水平灰缝中配置水平钢筋所形成的砌体，如图6-4所示。配筋砌块砌体常用于中高层或高层房屋中起剪力墙作用，所以又称配筋砌块剪力墙结构。这种砌体具有抗震性能好，造价较低，节能的特点。

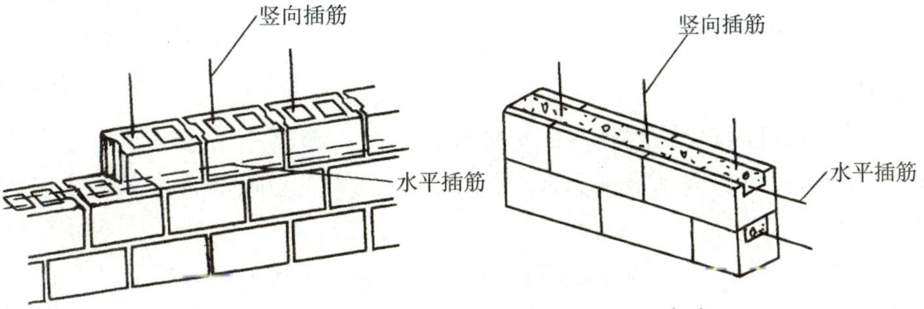

（a）　　　　（b）

图 6-4　配筋砌块砌体

二、砌体的组成材料

砌体是由块体和砂浆砌构筑成的。

1. 块体

目前我国常用的砌体块体有砖、砌块和石材。

（1）砖

砖是以黏土、页岩以及工业废渣为主要原料制成的小型建筑块体，分烧结砖和非烧结砖。

① 烧结砖

烧结砖一般可分为烧结普通砖和烧结多孔砖。烧结普通砖是指以黏土、页岩、煤矸石或粉煤灰为主要原料，经过焙烧而成的实心砖。按照主要原料可分为烧结黏土砖、烧结页岩砖、烧结煤矸石砖、烧结粉煤灰砖等。烧结普通砖的规格尺寸为240 mm × 115 mm × 53 mm，如图6-5（a）所示，适用于房屋上部及地下基础等部位。

烧结多孔砖以黏土、页岩、煤矸石或粉煤灰为主要原料，经焙烧而成，孔洞率不大于35%，孔的尺寸小而数量多，且为竖向孔，主要用于承重部位，简称多孔砖。目前多孔砖分为P型砖和M型砖，P型砖的规格尺寸为240 mm × 115 mm × 90 mm，如图6-5（b）所示，M型砖的规格尺寸为190 mm × 190 mm × 90 mm，如图6-5（c）所示。多孔砖可节约黏土、减少砂浆用量、提高工效、节省墙体造价，可减轻块体自重，增强墙体抗震性能，适用于房屋上部结构，不宜用于冻胀地区地下部位。

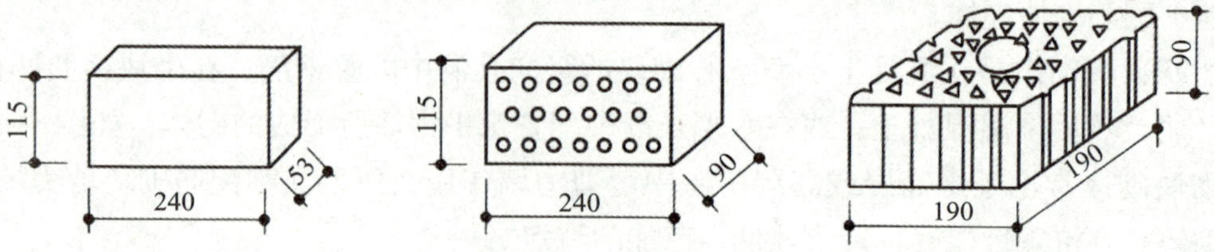

（a）烧结普通砖　　（b）P型多孔砖　　（c）M型多孔砖

图 6–5　烧结砖的分类

② 非烧结砖

非烧结砖作为一种与烧结砖相对的墙体建筑材料，根据不同的材质可分为非烧结硅酸盐砖和混凝土砖两大类。进一步细分，非烧结砖可分为实心砖、通孔多孔砖和盲孔多孔砖三种类型。

在我国实际生产中，常见的非烧结硅酸盐砖主要包括蒸压灰砂普通砖、蒸压粉煤灰普通砖以及混凝土砖。

蒸压灰砂普通砖的主要原料为石灰等钙质材料和砂等硅质材料，经过坯料制备、压制排气成型及高压蒸汽养护等工艺，最终制成实心砖，其规格尺寸与烧结普通砖保持一致，确保了建筑使用的通用性与便捷性。

蒸压粉煤灰普通砖的原料组合包括石灰、消石灰（如电石渣）或水泥等钙质材料，以及粉煤灰等硅质材料和集料（砂等），并适量添加石膏以优化性能。同样经过坯料制备、压制排气成型及高压蒸汽养护等工艺，最终制成实心砖，其规格尺寸亦与烧结普通砖一致，保证了建筑材料的互换性与通用性。

至于混凝土砖，则是以水泥为胶结材料，以砂、石等为主要集料，通过加水搅拌、成型及养护等工艺制成的建筑材料。混凝土砖可制成多孔的半盲孔砖或实心砖，因其优良的物理性能和结构稳定性而广泛应用于建筑领域，受到业界的广泛认可。

非烧结砖耐久性能差，所以蒸压灰砂普通砖、蒸压粉煤灰普通砖不得用于严寒、使用化冰盐的潮湿环境和有化学介质侵蚀的建筑部位。

（2）砌块

砌块是利用混凝土、工业废料（炉渣、粉煤灰等）或地方材料制成的人造块材。砌块按原料可分为普通混凝土砌块、加气混凝土砌块和轻集料混凝土砌块；按内部结构可分为实心砌块和空心砌块；按尺寸大小可分为小型砌块、中型砌块和大型砌块。通常将砌块高度为180 ~ 390 mm的称为小型砌块，高度为390 ~ 900 mm的称为中型砌块，高度大于900 mm的称为大型砌块。

使用最为普遍的是混凝土小型空心砌块，它是由普通混凝土或轻骨料混凝土制成，规格尺寸为390 mm × 190 mm × 190 mm，空心率为25% ~ 50%，简称混凝土砌块或砌块，如图6–6所示。

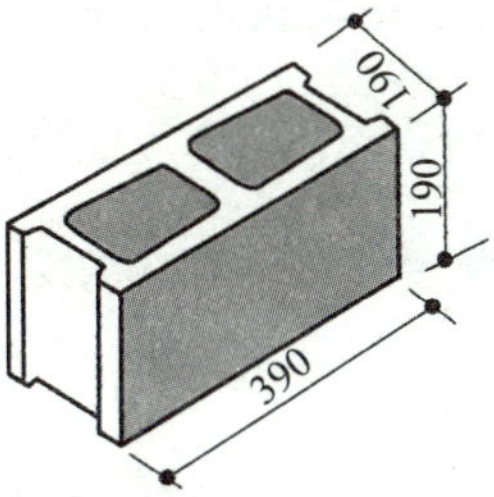

图 6-6　混凝土小型空心砌块（单位：mm）

（3）石材

石材按加工后的外形规则程度分为料石和毛石，料石又细分为细料石、半细料石、粗料石和毛料石。石材的抗压强度高，抗冻性能好，但传热性强，一般适用于基础、勒脚，现在部分石材也用于装饰装修。

2. 砂浆

砂浆是用砂和适量的无机胶凝材料（水泥、石灰、石膏、黏土等）加水搅拌而成的一种黏结材料。其作用是将块材黏结成整体并使砌体受力均匀，同时因砂浆填满块材间的缝隙还能减少砌体的透气性，提高砌体的保温性及抗冻性。按砂浆的组成可分为以下五种。

（1）普通砂浆

普通砂浆用无机胶凝材料与细集料和水按比例拌和而成，也称灰浆。根据组成材料不同，普通砂浆还可分为以下三种，见表6-1。

表 6-1　普通砂浆的分类

分类	含义
水泥砂浆	由水泥、砂和水拌和而成的无塑性掺合料的纯水泥砂浆。这类砂浆强度高、耐久性好和易性和保水性差，一般适用于砌筑潮湿环境或水中的砌体、墙面或地面等
混合砂浆	由水泥、砂、水和一定的塑性掺合料（石灰浆或黏土浆）拌合而成的砂浆。这类砂浆具有一定的强度和耐久性，和易性、保水性好。其适用于一般墙体中，不宜用于潮湿的地方，易风化
石灰砂浆	指拌合料中不含水泥的砂浆，一般由石灰膏、砂和水按一定配比制成。这类砂浆强度低、耐久性差，一般适用于强度要求不高、不受潮湿的砌体和抹灰层

（2）砌块专用砌筑砂浆

砌块专用砌筑砂浆用水泥、砂、水以及根据需要掺入一定比例的掺合料和外加剂等组分，采用机械拌和而成，专门用于砌筑混凝土砌块的砌筑砂浆。

扫一扫

砌筑砂浆

（3）蒸压灰砂普通砖、蒸压粉煤灰普通砖专用砌筑砂浆

用水泥、砂、水以及根据需要掺入一定比例的掺合料和外加剂等组分，采用机械拌和

而成，专门用于砌筑蒸压灰砂砖、蒸压粉煤灰砖砌体，且砌体抗剪强度应不低于烧结普通砖砌体的取值的砂浆。

三、块体和砂浆的强度等级

1. 块体的强度等级

块体的强度等级是根据标准试验方法所得到的极限抗压强度标准值的大小而划分的，是确定砌体在各种受力情况下强度的基础。块体的强度等级用符号“MU”加相应的数字表示，其中“MU”表示砌体中的块体，数字表示块体强度大小，单位为MPa（即N/mm^2）。

（1）承重结构的块体强度等级

承重结构的块体强度等级见表6–2。

表 6–2　承重结构的块体强度等级

承重结构	强度等级
烧结普通砖、烧结多孔砖等	共分五级，依次为MU10、MU15、MU20、MU25、MU30
蒸压灰砂普通砖、蒸压粉煤灰普通砖	共分三级，依次为MU15、MU20、MU25
混凝土普通砖、混凝土多孔砖	共分四级，依次为MU15、MU20、MU25、MU30
砌块	共分五级，依次为MU5、MU7.5、MU10、MU15和MU20
石材	共分七级，依次为MU20、MU30、MU40、MU50、MU60、MU80和MU100

（2）自承重墙的块体强度等级

①空心砖的强度等级共分四级，依次为MU3.5、MU5、MU7.5、MU10。

②轻集料混凝土砌块的强度等级共分四级，依次为MU3.5、MU5、MU7.5、MU10。

2. 砂浆的强度等级

砂浆的强度等级是采用同类块体为砂浆试块底模，按标准方法制作的边长70.7 mm的立方体试块，在温度为15 ~ 25 ℃环境下养护28 d的抗压强度来确定的。砂浆的强度等级用符号“M”“Ms”或“Mb”加相应的数字表示，其中M表示砂浆，数字表示砂浆的强度大小，单位为MPa（即N/mm^2）。

（1）烧结普通砖、烧结多孔砖、蒸压灰砂普通砖、蒸压粉煤灰普通砖砌体采用的普通砂浆强度等级，共分五级，依次为M2.5、M5、M7.5、M10和M15。

（2）蒸压灰砂普通砖、蒸压粉煤灰普通砖砌体采用的专用砌筑砂浆的强度等级共分四级，依次为Ms5、Ms7.5、Ms10和Ms15。

（3）混凝土普通砖、混凝土多孔砖、单排孔混凝土砌块和煤矸石混凝土砌块砌体采用的砂浆的强度等级共分五级，依次为Mb5、Mb7.5、Mb10、Mb15和Mb20。

（4）双排孔或多排孔轻集料混凝土砌块砌体采用的砂浆强度等级共分三级，依次为Mb5、Mb7.5和Mb10。

（5）毛料石、毛石砌体采用的砂浆强度等级共分三级，依次为M2.5、M5和M7.5。

当验算施工阶段砂浆尚未硬化的新砌砌体的强度和稳定性时，可按砂浆强度为零来确定其砌体强度。

知识链接

砌体的选用原则

在进行砌体结构设计时，可按以下几个原则选用。

（1）因地制宜，就地取材。充分利用工业废料，选择经济指标好的砌体种类。

（2）考虑结构的受荷性质与受荷载的大小。对于五层及五层以上房屋的墙，以及受震动或层高大于6 m的墙、柱所用材料的最低强度等级：砖为MU10，砌块为MU7.5，石材为MU30，砂浆为M5。

（3）考虑建筑物的使用要求、使用年限和工作环境。对寒冷地区应满足保温性、抗冻性的要求；对地面以下或防潮层以下的砌体，潮湿的房间的墙，应满足其强度长期不变和其他正常使用的功能，符合表6–3的规定。

表 6–3　地面以下或防潮层以下的砌体、潮湿房间墙体所用材料的最低强度等级

潮湿程度	烧结普通砖	混凝土普通砖、蒸压普通砖	混凝土砌块	石材	水泥砂浆
稍潮湿的	MU15	MU20	MU7.5	MU30	M5
很潮湿的	MU20	MU20	MU10	MU30	M7.5
含水饱和的	MU20	MU25	MU15	MU40	M10

注：（1）在冻胀地区，地面以下或防潮层以下的砌体，不宜采用多孔砖，如采用多孔砖时，其孔洞应用不低于M10的水泥砂浆预先灌实；当采用混凝土空心砌块时，其孔洞应采用强度等级不低于C20的混凝土预先灌实。

（2）对安全等级为一级或设计使用年限大于50年的房屋，表中材料强度等级应至少提高一级。

任务二　砌体的力学性质

一、砌体的受压性质

1. 砌体的受压破坏特征

根据砌体受压试验研究，砌体轴心受压破坏过程大致经历三个阶段（以标准试件240 mm × 370 mm × 720 mm普通黏土砖砌体轴心受压为例）。

（1）第一阶段

从砌体受压开始，当压力增大至50% ~ 70%的破坏荷载时，砌体内某些单块砖在拉、

弯、剪复合作用下出现第一批裂缝。此阶段裂缝细小，未能穿过砂浆层，如果不再增加压力，单块砖内的裂缝也不继续发展，如图6-7（a）所示。

（2）第二阶段

随着荷载的增加，当压力增大至80%～90%的破坏荷载时，单块砖内的裂缝将不断上下开展和延伸，沿着竖向灰缝通过若干皮砖，在砌体内逐渐连接成一段段较连续的裂缝。若此时荷载不再增加，裂缝仍会继续发展，砌体已临近破坏，在工程实践中应视为构件处于危险状态，如图6-7（b）所示。

（3）第三阶段

随着荷载的继续增加，砌体中裂缝迅速延伸、宽度增大，并连成通缝，连续的竖向贯通裂缝把砌体分割成半砖左右的小柱体（个别砖可能被压碎）而失稳破坏，如图6-7（c）所示。以破坏时的压力除以砌体截面面积所得的应力值称为该砌体极限抗压强度。

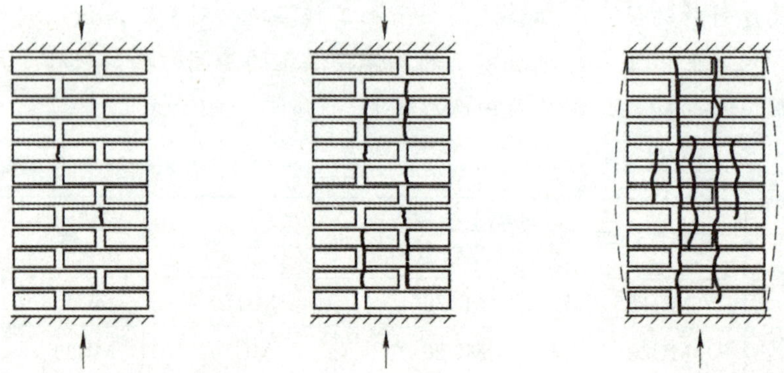

（a）第一阶段　（b）第二阶段　（c）第三阶段

图6-7　轴心受压砌体的破坏形态

砌体轴心受压破坏试验结果表明：砖柱的抗压强度远小于砖的抗压强度，出现这一现象的原因主要有以下四个方面。

① 单砖的压、弯、剪复合受力

由于单块砖本身形状不完全规则平整，而且施工时砂浆铺砌厚度和密实性不均匀，使得单块砖在砌体内并不是均匀受压，而是处于压、弯、剪复合受力状态，如图6-8所示。由于砖的脆性，抵抗弯、剪的能力较差，砌体内第一批裂缝的出现是单砖受弯和受剪引起的。

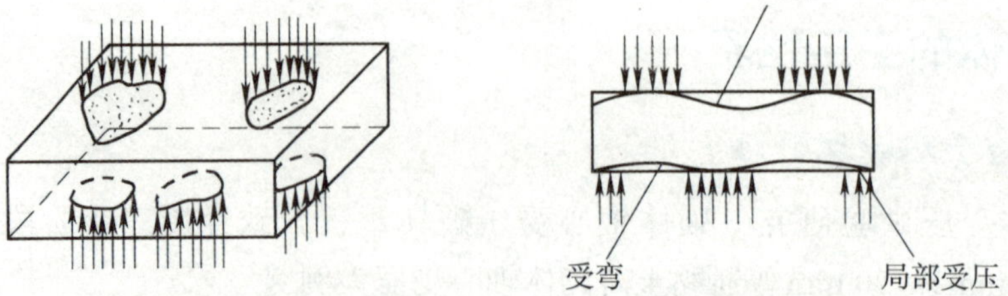

（a）　（b）

图6-8　砌体内单砖受力状态示意图

② 砌体横向变形时与砂浆存在交互作用

在砌体受压状态下，其内部将产生横向变形。砖由于其较高的弹性模量和较小的横向变形系数，其横向变形程度相对较小。相比之下，砂浆由于较低的弹性模量和较大的横向变形系数，其横向变形则更为显著。当两者共同受力时，砂浆对砖产生的拉应力，导致单砖在砌体中承受压力、弯曲、剪切和拉伸的复合应力状态，进而降低其抗压强度。

相反，砖对砂浆产生的压应力则起到阻止其横向变形的作用，使砂浆处于三向受压状态，如图6–9所示。这种状态实际上提高了砂浆的抗压强度。

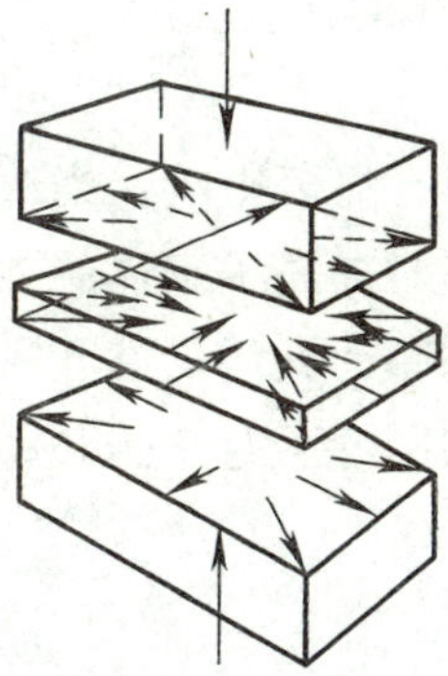

图 6–9　砂浆与砖的交互作用

由于砖与砂浆之间的相互作用，砌体的整体抗压强度通常远低于单块砖的强度。然而，有时使用较低强度等级的砂浆砌筑的砌体，其抗压强度可能高于砂浆本身的强度，甚至新砌筑的砌体（砂浆强度为零）也能承受一定的荷载。此外，这种相互作用在砖内产生的附加拉应力会加速砖内裂缝的形成，因此在采用较低强度等级砂浆的砌体中，砖内裂缝的出现通常较早。

③ 弹性地基梁的作用

单块砖在受到弯曲和剪切力作用时，其应力值的大小不仅受到灰缝厚度及其密实程度的影响，还与砂浆的弹性特性密切相关。每块砖都可以被视为作用在弹性地基上的梁，而砖块下方的砌体则可以被视作“弹性地基”。当地基的弹性模量较小时，砖块的弯曲变形将会增大，从而导致砖内产生的弯曲和剪切应力也会相应增大。因此，砂浆的强度等级越低，砖块的弯曲变形就会越明显。

④ 竖向灰缝处的应力集中

由于竖向灰缝的存在，砌体的连续性受到破坏。块材截面的突变导致应力在此处集中，如果灰缝填充不饱满，砌体的完整性将进一步受损。因此，在竖向灰缝处的砖内会出现拉应力和剪应力的集中现象，这会加速砖的开裂过程，并导致砌体的抗压强度降低。

2. 影响砌体抗压强度的因素

影响砌体抗压强度的因素有很多，主要有以下几个方面。

（1）块材和砂浆强度

砌体抗压强度受块材及砂浆强度之双重影响。一方面高强度等级的块材，其抗弯、抗拉及抗剪方面的强度也相对较高，进而使砌体的抗压强度得以相应提升；另一方面，砂浆强度等级的提高，可减小砂浆的横向变形，从而增强砌体的抗压强度。所以块材与砂浆的强度，是影响砌体抗压强度的核心要素。

（2）砂浆的性能

砂浆的流动性与保水性，对砌体的抗压强度具有显著影响，并直接决定其能否形成均匀且密实的水平灰缝。优秀的流动性和保水性能够使砂浆在铺设过程中更为顺畅，进而减少块体在砌体内的弯剪应力，有效提升砌体的整体强度。以纯水泥砂浆为例，由于其易失水导致流动性降低，从而相应减弱了砌体的强度。

（3）块材的形状、尺寸及灰缝厚度

块材的外观形态对于砌体的强度具有显著影响。当块材外观平整且规则时，其在砌体中所承受的弯剪应力相对较小，从而相对提高了砌体的强度。此外，砌体中灰缝的厚度同样对砌体的抗压强度产生影响。灰缝越厚，其均匀性和密实度越难以保证。因此，在块材表面平整的情况下，应尽量减小灰缝的厚度。对于砖和小型砌块，建议将灰缝厚度控制在8～12 mm的范围内。

（4）砌筑质量

影响砌筑质量的因素是多方面的，如砂浆饱满度、砌筑时块体的含水率，组砌方式、砂浆搅拌方式、工人的技术水平、现场质量管理水平等。因此《砌体结构工程施工质量验收规范》（GB 50203—2011）规定了砌体施工质量控制等级及相关要求。

知识链接

施工质量控制等级

施工质量控制等级对砌体的强度有较大影响，《砌体结构工程施工质量验收规范》（GB 50203—2011）中规定了砌体施工质量控制等级，它根据施工现场的质量保证体系、砂浆和混凝土的强度、砌筑工人的技术等级等方面的综合水平，将施工质量控制等级分为A、B、C三级。施工质量控制等级由设计单位和建设单位商定，并在工程设计图中明确注明（配筋砌体不允许采用C级）。

二、砌体的抗压强度设计值

根据《砌体结构设计规范》（GB 50003—2011）规定，龄期为28 d的以毛截面计算的各类砌体抗压强度设计值，当施工质量控制等级为B级时，应根据块体和砂浆的强度等级分别按表6–4至表6–11规定采用。

表 6-4　烧结普通砖和烧结多孔砖砌体的抗压强度设计值　　单位：MPa

砖强度等级	砂浆强度等级					砂浆强度
	M15	M10	M7.5	M5	M2.5	0
MU30	3.94	3.27	2.93	2.59	2.26	1.15
MU25	3.60	2.98	2.68	2.37	2.06	1.05
MU20	3.22	2.67	2.39	2.12	1.84	0.94
MU15	2.79	2.31	2.07	2.12	1.84	0.82
MU10	—	1.89	1.69	1.50	1.30	0.67

注：当烧结多孔砖的孔洞率大于30%时，表中数值应乘以0.9。

表 6-5　混凝土普通砖和混凝土多孔砖砌体的抗压强度设计值　　单位：MPa

砖强度等级	砂浆强度等级					砂浆强度
	Mb15	Mb10	Mb7.5	Mb5	Mb2.5	0
MU30	4.61	3.94	3.27	2.93	2.59	1.15
MU25	4.21	3.60	2.98	2.68	2.37	1.05
MU20	3.77	3.22	2.67	2.39	2.12	0.94
MU15	—	2.79	2.31	2.07	1.83	0.82

表 6-6　蒸压灰砂普通砖和蒸压粉煤灰普通砖砌体的抗压强度设计值　　单位：MPa

砖强度等级	砂浆强度等级				砂浆强度
	M15	M10	M7.5	M5	0
MU25	3.60	2.98	2.68	2.37	1.05
MU20	3.22	2.67	2.39	2.12	0.94
MU15	2.79	2.31	2.07	1.83	0.82

注：当采用专用砂浆砌筑时，其抗压强度设计值按表中数值采用。

表 6-7　单排孔混凝土砌块和轻集料混凝土砌块对孔砌筑砌体的抗压强度设计值　单位：MPa

砌块强度等级	砂浆强度等级					砂浆强度
	Mb20	Mb15	Mb10	Mb7.5	Mb5	0
MU20	6.30	5.68	4.95	4.44	3.94	2.33
MU15	—	4.61	4.02	3.61	3.20	1.89
MU10	—	—	2.79	2.50	2.22	1.31
MU7.5	—	—	—	1.93	1.71	1.01
MU5	—	—	—	—	1.19	0.70

注：（1）对独立柱或厚度为双排组砌的砌块砌体，应按表中数值乘以0.7。
（2）对T形截面墙体、柱，应按表中数值乘以0.85。

表 6-8　双排孔或多排孔轻集料混凝土砌块砌体的抗压强度设计值

单位：MPa

砌块强度等级	砂浆强度等级			砂浆强度
	Mb10	Mb7.5	Mb5	0
MU10	3.08	2.76	2.45	1.44
MU7.5	—	2.13	1.88	1.12
MU5	—	—	1.31	0.78
MU3.5	—	—	0.95	0.56

注：（1）表中的砌块为火山渣、浮石和陶粒轻集料混凝土砌块。

（2）对厚度方向为双排组砌的轻集料混凝土砌块砌体的抗压强度设计值，应按表中数值乘以0.8。

表 6-9　毛料石砌体的抗压强度设计值

单位：MPa

毛料石强度等级	砂浆强度等级			砂浆强度
	M7.5	M5	M2.5	0
MU100	5.42	4.80	4.18	2.13
MU80	4.85	4.29	3.73	1.91
MU60	4.20	3.71	3.23	1.65
MU50	3.83	3.39	2.95	1.51
MU40	3.43	3.04	2.64	1.35
MU30	2.97	2.63	2.29	1.17

注：对细料石砌体、粗料石砌体和干砌勾缝石砌体，表中数值应分别乘以调整系数1.4、1.2和0.8。

表 6-10　毛石砌体的抗压强度设计值

单位：MPa

毛料石强度等级	砂浆强度等级			砂浆强度
	M7.5	M5	M2.5	0
MU100	1.27	1.12	0.98	0.34
MU80	1.13	1.00	0.87	0.30
MU60	0.98	0.87	0.76	0.26
MU50	0.90	0.80	0.69	0.23
MU40	0.80	0.71	0.62	0.21
MU30	0.69	0.61	0.53	0.18
MU20	0.56	0.51	0.44	0.15

表 6–11　沿砌体灰缝截面破坏时砌体的轴心抗拉强度设计值、弯曲抗拉强度设计值和抗剪强度设计值

单位：MPa

强度类别	破坏特征及砌体种类	砂浆强度			
		≥ M10	M7.5	M5	M2.5
轴心抗拉	烧结普通砖、烧结多孔砖	0.19	0.16	0.13	0.09
	混凝土普通砖、混凝土多孔砖	0.19	0.16	0.13	—
	蒸压灰砂普通砖、蒸压粉煤灰普通砖	0.12	0.10	0.08	—
	混凝土和轻集料混凝土砌块	0.09	0.08	0.07	—
	毛石	—	0.07	0.06	0.04
弯曲抗拉	烧结普通砖、烧结多孔砖混凝土普通砖、混凝土	0.33	0.29	0.23	0.17
	多孔砖	0.33	0.29	0.23	—
	蒸压灰砂普通砖、蒸压粉煤灰普通砖混凝土和轻	0.24	0.20	0.16	—
	集料混凝土砌块	0.11	0.09	0.08	—
	毛石	—	0.11	0.09	0.07
	烧结普通砖、烧结多孔砖	0.17	0.14	0.11	0.08
	混凝土普通砖、混凝土多孔砖	0.17	0.14	0.11	—
	蒸压灰砂普通砖、蒸压粉煤灰普通砖	0.12	0.10	0.08	—
	混凝土和轻集料混凝土砌块	0.08	0.06	0.05	—
抗剪	烧结普通砖、烧结多孔砖	0.17	0.14	0.11	0.08
	混凝土普通砖、混凝土多孔砖	0.17	0.14	0.11	—
	蒸压灰砂普通砖、蒸压粉煤灰普通砖	0.12	0.10	0.08	—
	混凝土和轻集料混凝土砌块	0.09	0.08	0.06	—
	毛石	—	0.19	0.16	0.11

注：（1）对于用形状规则的块体砌筑的砌体，当搭接长度与块体高度的比值小于1时，其轴心抗拉强度设计值f_t和弯曲抗拉强度设计值f_{tm}。应按表中数值乘以搭接长度与块体高度比值后采用。

（2）表中数值是依据普通砂浆砌筑的砌体确定，采用经研究性试验且通过技术鉴定的专用砂浆砌筑的蒸压灰砂普通砖、蒸压粉煤灰普通砖砌体，其抗剪强度设计值按相应普通砂浆强度等级砌筑的烧结普通砖砌体采用。

（3）对混凝土普通砖、混凝土多孔砖、混凝土和轻集料混凝土砌块砌体，表中的砂浆强度等级分别为≥Mb10、Mb7.5和Mb5。

三、砌体的受拉、受弯、受剪性能

砌体结构以承受压力为主要功能，但在实际工程运用中，亦展现出一定的受拉、受弯、受剪承载能力，如圆形水池的池壁结构、带有壁柱的挡土墙体系及门窗过梁等构件。然而，相较于其卓越的抗压能力，砌体的抗拉、抗弯及抗剪强度相对较弱。这些强度特性在很大程度上取决于灰缝与块体之间的黏结强度，即砂浆的强度。实际上，随着砂浆强度的提升，砌体的抗拉、抗弯及抗剪强度亦会得到相应增强。

1. 砌体的轴心受拉性能

常见的砌体轴心受拉构件如圆形池壁，在静水压力作用下承受环向轴心拉力。

砌体在轴心拉力作用下，常见的有两种截面破坏形式：沿通缝截面破坏；沿齿缝截面（Ⅰ－Ⅰ截面）破坏；当块体的强度等级较低，砂浆强度等级又较高时，也可发生沿块体和竖向灰缝截面（Ⅱ－Ⅱ截面）破坏的情况。

2. 砌体的受弯性能

砌体中常见的受弯及大偏心受压构件有带壁柱的挡土墙、地下室墙体等。砌体在受弯作用下，常见的有三种截面破坏形式为：砌体沿齿缝截面破坏；砌体沿通缝截面破坏；当块体的强度等级较低，砂浆强度等级又较高时，也可发生砌体沿块体和竖向灰缝截面破坏，如图6-10所示。

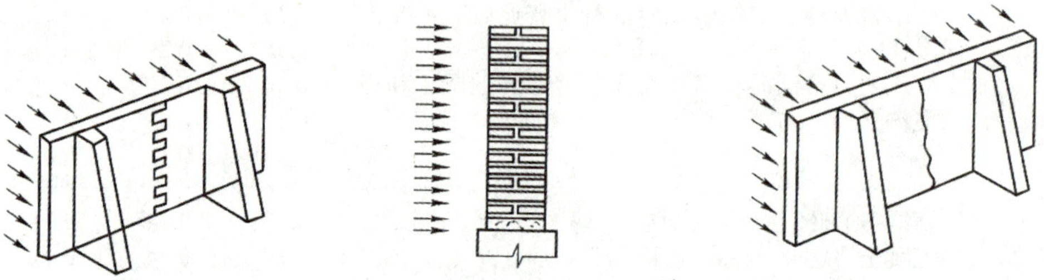

（a）沿齿缝截面破坏　（b）沿通缝截面破坏　（c）沿块体和竖向灰缝截面破坏

图 6-10　砌体受弯破坏形式

3. 砌体的抗剪强度

砌体中常见的受剪构件包括门窗过梁、拱过梁以及墙过梁等。在砌体单纯受剪的情况下，存在三种主要的截面剪切破坏形式。首先是沿通缝截面的破坏，这种破坏形式的抗剪强度主要取决于砖与砂浆之间的切向粘接强度。其次是沿齿缝截面的破坏，这种破坏通常发生在错缝较差的砖砌体以及毛石砌体中。最后是沿阶梯形截面的破坏，这是地震中房屋墙体常遇的震害形式，如图6-11所示。

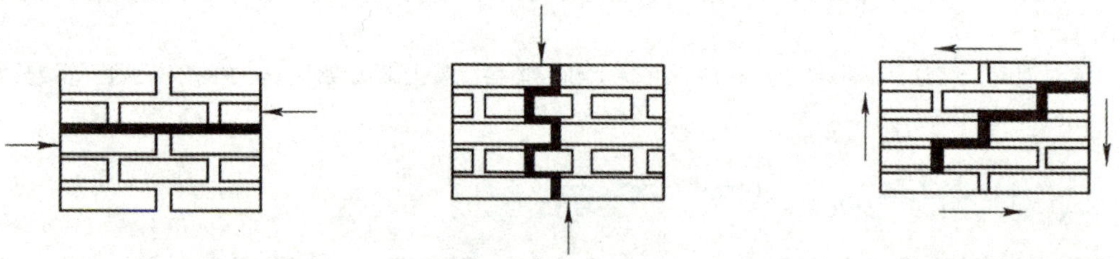

（a）沿通缝截面破坏　（b）沿齿缝截面破坏　（c）沿阶梯形截面破坏

图 6-11　砌体受剪破坏形式

除了砂浆的强度，砌体的灰缝饱满度和砌筑时块体的含水率也是影响砌体抗剪强度的重要因素。当竖向压应力与剪应力之比在一定范围内时，砌体的抗剪强度随着竖向压应力的增加而提高。

任务三 砌体结构房屋的结构设计方案

砌体结构房屋的主要承重构件往往由多样化的材料构成。例如，屋盖、楼盖等负责水平方向承重的构件，一般采用钢筋混凝土、轻钢或其他优质材料建造。而墙、柱、基础等承担竖向承重的构件，则主要采用砌体材料构建。基于这种材料组合的特性，也可被称为混合结构。

在砌体结构房屋中，习惯上将沿房屋长向布置的墙体称作纵墙；而沿房屋短向布置的墙体则被称为横墙。此外，房屋四周与外界环境相隔离的墙体称为外墙，其中，外横墙又被特别称为山墙。对于房屋内部的墙体，称为内墙，其中，仅起隔断作用而不承担楼板荷载的墙体，被称为隔墙，其厚度可以根据实际需要适当减小。这样的命名和分类，有助于更准确地理解和描述砌体结构房屋的结构特点和组成部分。

一、结构布置方案

房屋中的楼盖、屋盖、纵墙、横墙、柱、基础等主要承重构件互相联系共同构成砌体结构房屋的承重体系，根据结构的承重体系及竖向荷载的传递路线不同，房屋的结构布置方案可分为以下几种。

1. 横墙承重体系

将楼（或屋面）板直接搁置在横墙上的结构布置称为横墙承重方案，如图6-12所示。横墙承受楼（屋）盖荷载，纵墙仅承受本身自重，起围护、隔断和联系横墙的作用。

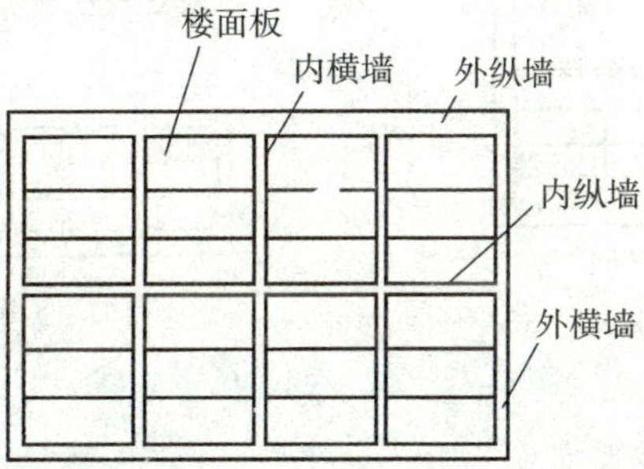

图 6-12 横墙承重方案

横墙承重方案的荷载主要传递路线为

楼（屋）面板→横墙→基础→地基。

横墙承重方案特点为：横向刚度大，抗震性能好，纵墙门窗开洞受限较少；但横墙数量多、间距小，建筑空间布局受限。适用于多层宿舍等居住建筑以及由小开间组成的办公楼。

2. 纵墙承重体系

由纵墙直接承受楼面、屋面荷载的结构布置方案即为纵墙承重方案，通常无内横墙或横墙间距很大，其屋盖为预制屋面大梁或屋架和屋面板，如图6-13所示。

这类房屋的屋面荷载（竖向）传递路线为

板→梁（或屋架）→纵墙→基础→地基。

纵墙承重方案特点为：横墙间距不受限，满足需要有较大空间的房屋，但纵墙门窗开洞受限、横向刚度小，整体性差。适用于单层厂房、仓库、食堂等建筑。

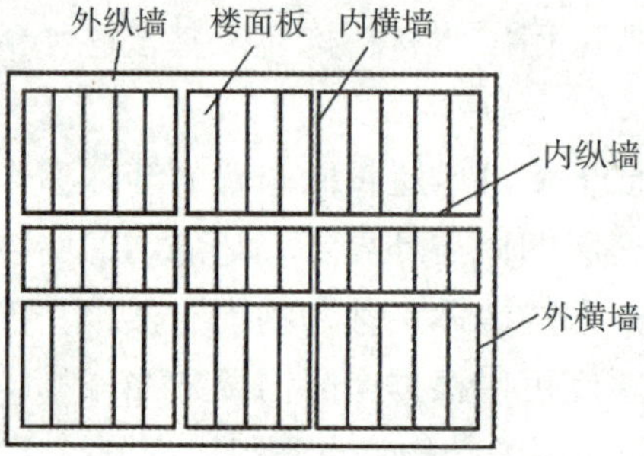

图 6-13　纵墙承重方案

3. 纵、横墙承重体系

当建筑物的功能要求房间的大小变化较多时，为了结构布置的合理性，通常采用纵、横墙布置方案，如图6-14所示。纵、横墙承重方案，既可保证有灵活布置的房间，又具有较大的整体性，所以适用于教学楼、办公楼、多层住宅等建筑。

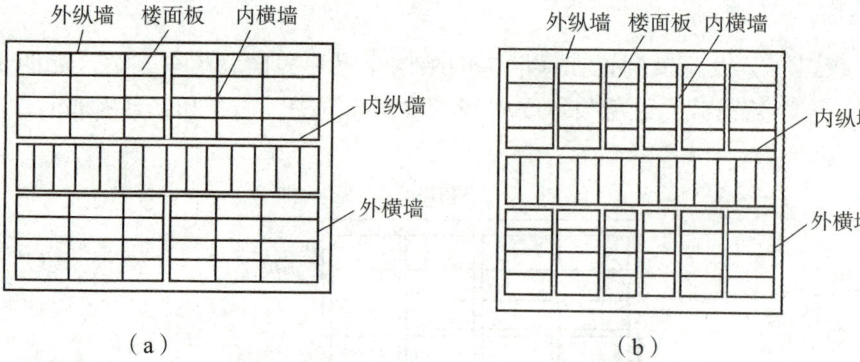

图 6-14　纵、横墙承重方案

此类房屋的荷载传递路线为

$$楼（屋）面\rightarrow\begin{Bmatrix}梁\rightarrow纵墙\\横墙\end{Bmatrix}\rightarrow基础\rightarrow地基$$

4. 内框架承重体系

对于工业厂房的车间、仓库和商店等需要较大空间的建筑，可采用外墙与内柱同时承重的内框架承重方案，该结构布置为楼板铺设在梁上，梁两端支承在外纵墙上，中间支承在柱上，如图6-15所示。

此类房屋的竖向荷载的传递路线为

$$楼（屋）面板 \rightarrow 梁 \rightarrow \begin{cases} 外纵墙 \rightarrow 外纵墙基础 \\ 柱 \rightarrow 柱基础 \end{cases} \rightarrow 地基$$

内框架承重体系平面布置灵活，抗震性能差，使用中应充分注意两种不同结构材料所引起的不利影响。

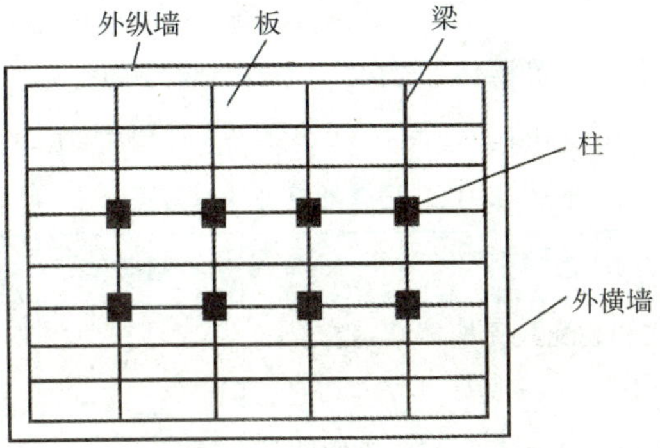

图 6–15　内框架承重方案

二、静力计算方案

在房屋的静力计算过程中，为确定空间结构的计算模型，需依据房屋的空间工作性能来选定相应的结构静力计算简图。针对房屋静力计算的方案，主要包括刚性方案、弹性方案和刚弹性方案三种。这些方案的选择将直接影响到房屋结构的安全性和稳定性。因此，在进行房屋静力计算时，必须谨慎选择适当的计算方案，以确保房屋结构的合理性和可靠性。

1. 刚性方案

当横墙（含山墙）之间的间距较小，且屋盖（楼盖）的刚度较大，导致房屋的整体空间刚度增大时，在水平荷载的作用下，外纵墙顶的水平位移变得非常微小，可以忽略不计。在这种情况下，屋盖的作用类似于外纵墙顶端的一个固定铰支座。因此，外纵墙的墙体内力可以按照上端铰支于屋盖处，下端嵌固于基础顶面的竖向构件进行计算，这种计算方法被称为刚性方案，如图6–16（a）所示。

2. 弹性方案

当横墙（包括山墙）间距很大，或无横墙只有山墙，屋盖（楼盖）本身的刚度也小时，即房屋的空间刚度很差，在水平荷载作用下，外纵墙墙顶可以自由侧移。这种外纵墙的墙体内力可按有侧移的平面排架计算，如图6–16（b）所示，称为弹性方案。

3. 刚弹性方案

介于刚性方案和弹性方案两种情况之间的房屋，其房屋空间刚度也介于两者之间，在荷载作用下，外纵墙顶的水平位移比弹性方案的小，比刚性方案的大而又不能忽略。这种房屋外纵墙墙体的内力可按顶部为弹性支座，底部嵌固于基础顶面的平面排架计算，如图6–16（c）所示，称为刚弹性方案。

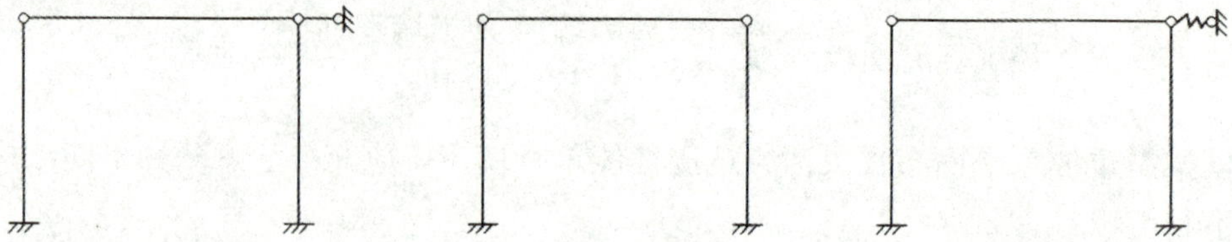

（a）刚性方案　　（b）弹性方案　　（c）刚弹性方案

图 6–16　混合结构房屋计算简图

设计时，可根据房屋的横墙间距及屋（楼）盖类别，按表6–12确定静力计算方案。

表 6–12　房屋的静力计算方案

序号	屋盖或楼盖类别	刚性方案	刚弹性方案	弹性方案
1	整体式、装配整体式和装配式无檩体系钢筋混凝土屋盖或钢筋混凝土楼盖	$s<32$	$32\leqslant s\leqslant 72$	$s>72$
2	装配式有檩体系钢筋混凝土屋盖、轻钢屋盖的木屋盖或木楼盖	$s<20$	$20\leqslant s\leqslant 48$	$s>48$
3	瓦材屋面的木屋盖和轻钢屋盖	$s<16$	$16\leqslant s\leqslant 36$	$s>36$

注：（1）表中s为房屋横墙间距，单位为m。

（2）对无山墙或伸缩缝处无横墙的房屋，应按弹性方案考虑。

任务四　砌体房屋的构造要求

砌体房屋的构造要求涉及多个方面，包括砌体结构的基本构造要求、墙、柱的一般构造要求、圈梁、过梁和构造柱的一般构造要求等。在设计和施工过程中，需严格按照相关标准和规范进行，以确保房屋的结构安全和使用功能。

一、砌体结构的基本构造要求

砌体结构作为建筑领域中常见的结构形式，其基本构造要求不仅关乎到建筑物的安全性与稳定性，还直接影响到建筑物的使用寿命与整体性能。

砌体结构的基本构造要求具体如下。

1. 最低强度等级要求

在室内地面以下、室外散水坡顶面以上的砌体内，应铺设防潮层。防潮层材料一般采用防水水泥砂浆，工程中墙体常见的防潮层做法如图6–17所示。勒脚部位应采用水泥砂浆粉刷。

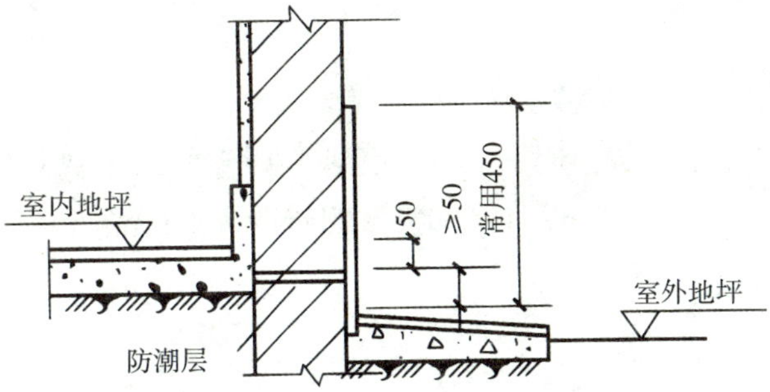

图 6–17　工程中墙体常见的防潮层做法（单位：mm）

2. 截面尺寸要求

（1）承重的独立砖柱截面尺寸不应小于240 mm × 370 mm。

（2）毛石墙的厚度不宜小于350 mm。

（3）毛料石柱较小边长不宜小于400 mm，当有振动荷载时，墙、柱不宜采用毛石砌体。

3. 支承长度要求

预制钢筋混凝土板的支承长度，在墙上不宜小于100 mm；在钢筋混凝土圈梁上不宜小于80 mm；当利用板端伸出钢筋拉结和混凝土灌缝时，其支承长度可为40 mm，但板端缝宽不小于80 mm，灌缝混凝土不宜低于C20。

4. 连接锚固要求

（1）支承在墙、柱上的吊车梁、屋架及跨度大于或等于下列数值的预制梁的端部，应采用锚固件与墙、柱上的垫块锚固。

① 对砖砌体为9 m。

② 对砌块和料石砌体为7.2 m。

（2）填充墙、隔墙应分别采取措施与周边构件可靠连接。

（3）山墙处的壁柱宜砌至山墙顶部，屋面构件应与山墙可靠连接。

5. 砌体中留槽洞及埋设管道的要求

（1）不应在截面长度小于500 mm的承重墙体、独立柱内埋设管线。

（2）不宜在墙体中穿行暗线或预留、开凿沟槽，无法避免时应采取必要的措施或按削弱后的截面验算墙体的承载力。

6. 设置垫块的条件

跨度大于6 m的屋架和跨度大于下列数值的梁，应在支承处砌体上设置混凝土或钢筋混凝土垫块；当墙中设有圈梁时，垫块与圈梁宜浇成整体。

（1）对砖砌体为4.8 m。

（2）对砌块和料石砌体为4.2 m。

（3）对毛石砌体为3.9 m。

7. 设置壁柱或构造柱的条件

当梁跨度大于或等于下列数值时，其支承处宜加设壁柱或采取其他加强措施。

（1）对240 mm厚的砖墙为6 m，对180 mm的砖墙为4.8 m。

（2）对砌块、料石墙为4.8 m。

8. 砌块砌体的构造

（1）砌块砌体应分皮错缝搭砌，上下皮搭砌长度不得小于90 mm。当搭砌长度不满足上述要求时，应在水平灰缝内设置不少于2ϕ4的焊接钢筋网片（横向钢筋的间距不宜大于200 mm），网片每端均应超过该垂直缝，其长度不得小于300 mm。

（2）砌块墙与后砌隔墙交接处，应沿墙高每400 mm在水平灰缝内设置不少于2ϕ4、横筋间距不大于200 mm的焊接钢筋网片，如图6–18所示。

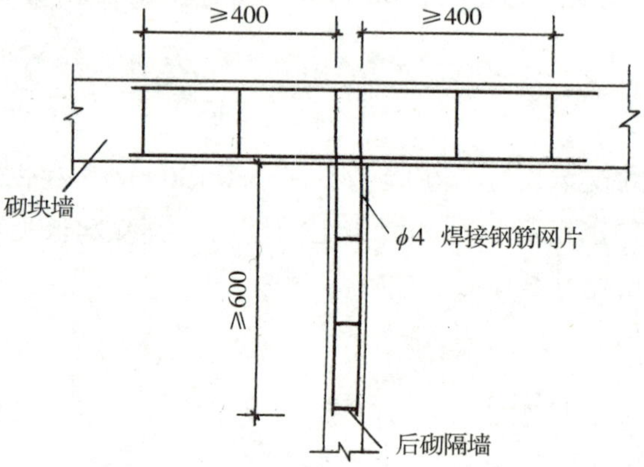

图6–18 砌块墙与后砌隔墙交接处钢筋网片（单位：mm）

（3）混凝土砌块墙体的下列部位，如未设圈梁或混凝土垫块，应采用不低于C20灌孔混凝土将孔洞灌实。

① 格栅、檩条和钢筋混凝土楼板的支承面下，高度不应小于200 mm的砌体。

② 屋架、梁等构件的支承面下，高度不应小于600 mm，长度不应小于600 mm的砌体。

③ 挑梁支承面下，距墙中心线每边不应小于300 mm，高度不应小于600 mm的砌体。

9. 防止墙体开裂的主要措施

（1）为了防止或减轻房屋在正常使用条件下，由温差和砌体干缩引起的墙体竖向裂缝，应在墙体中设置伸缩缝。伸缩缝应设在因温度和收缩变形可能引起应力集中、砌体产生裂缝可能性最大的地方。伸缩缝的最大间距见表6–13。

表6–13 砌体房屋伸缩缝的最大间距

单位：m

屋盖或楼盖类别		间距
整体式或装配整体式钢筋混凝土结构	有保温层或隔热层的屋盖、楼盖	50
	无保温层或隔热层的屋盖	40

续表

屋盖或楼盖类别		间距
装配式无檩体系钢筋混凝土结构	有保温层或隔热层的屋盖、楼盖	60
	无保温层或隔热层的屋盖	50
装配式有檩体系钢筋混凝土结构	有保温层或隔热层的屋盖	75
	无保温层或隔热层的屋盖	60
瓦材屋盖、木屋盖或楼盖、轻钢屋盖		100

注：(1) 对烧结普通砖、多孔砖、配筋砌块砌体房屋取表中数值，对石砌体、蒸压灰砂砖、蒸压粉煤灰砖和混凝土砌块房屋取表中数值乘以0.8的系数，当有实践经验并采取有效措施时，可不遵守本表规定。

(2) 在钢筋混凝土屋面上挂瓦的屋盖应按钢筋混凝土屋盖采用。

(3) 按本表设置的墙体伸缩缝，一般不能同时防止由于钢筋混凝土屋盖的温度变形和砌体干缩变形引起的墙体局部裂缝。

(4) 层高大于5 m的烧结普通砖、多孔砖、配筋砌块砌体结构单层房屋，其伸缩缝间距可按表中数值乘以1.3。

(5) 温差较大且变化频繁地区和严寒地区不采暖的房屋及构筑物墙体的伸缩缝的最大间距，应按表中数值予以适当减小。

(6) 墙体的伸缩缝应与结构的其他变形缝相重合，在进行立面处理时，必须保证缝隙的伸缩作用。

(2) 防止或减轻房屋顶层墙体的裂缝，可根据情况采取下列措施。

① 屋面应设置保温、隔热层。

② 屋面保温（隔热）层或屋面刚性面层及砂浆找平层应设置分隔缝，分隔缝间距不宜大于6 m，并与女儿墙隔开，其缝宽不小于30 mm。

③ 采用装配式有檩体系钢筋混凝土屋盖和瓦材屋盖。

④ 在钢筋混凝土屋面板与墙体圈梁的接触面处设置水平滑动层，滑动层可采用两层油毡夹滑石粉或橡胶片等；对于长纵墙，可只在其两端的2～3个开间内设置，对于横墙可只在其两端各 $l/4$ 范围内设置（l 为横墙长度）。

⑤ 顶层屋面板下设置现浇钢筋混凝土圈梁，并沿内外墙拉通，房屋两端圈梁下的墙体内宜适当设置水平钢筋。

⑥ 顶层挑梁末端下墙体灰缝内设置3道焊接钢筋网片（纵向钢筋不宜少于2ϕ4，横筋间距不宜大于200 mm）或2ϕ6钢筋，钢筋网片或钢筋应自挑梁末端伸入两边墙体不小于1 m。

⑦ 顶层墙体有门窗等洞口时，在过梁上的水平灰缝内设置2～3道焊接钢筋网片或2ϕ6钢筋，并应伸入过梁两端墙内不小于600 mm。

⑧ 顶层及女儿墙砂浆强度等级不低于M5。

⑨ 女儿墙应设置构造柱，构造柱间距不宜大于4 m，构造柱应伸至女儿墙顶并与现浇钢筋混凝土压顶整浇在一起。

⑩ 房屋顶层端部墙体内适当增设构造柱。

(3) 防止或减轻房屋底层墙体裂缝，可根据情况采取下列措施。

① 增大基础圈梁的刚度。

② 在底层的窗台下墙体灰缝内设置3道焊接钢筋网片或2Φ6钢筋，并伸入两边窗间墙内不小于600 mm。

③ 采用钢筋混凝土窗台板，窗台板嵌入窗间墙内不小于600 mm。

二、墙、柱的一般构造要求

设计砌体结构房屋时，除进行墙、柱的承载力计算和高厚比的验算外，还应满足下列墙、柱的一般构造要求。

（1）预制钢筋混凝土板的支承长度不应小于80 mm，板端伸出的钢筋应与圈梁可靠连接，并同时浇筑；预制钢筋混凝土板在墙上的支承长度不应小于100 mm，并应按下列方法进行连接。

① 板支承于内墙时，板端钢筋伸出长度不应小于70 mm，且与支座处沿墙配置的纵筋绑扎，用强度等级不低于C25的混凝土浇筑成板带。

② 板支承于外墙时，板端钢筋伸出长度不应小于100 mm，且与支座处沿墙配置的纵筋绑扎，用强度等级不低于C25的混凝土浇筑成板带。

③ 预制混凝土板与现浇板对接时，预制板端钢筋应伸入现浇板中进行连接后，再浇筑现浇板。

（2）墙体转角处和纵横墙交接处应沿竖向每隔400～500 mm设拉结筋，其数量为每120 mm墙厚不少于1根直径6 mm的钢筋。或采用焊接钢筋网片，埋入长度从墙的转角或交接处算起，对实心砖墙每边不小于500 mm，对多孔砖墙和砌块墙不小于700 mm。

（3）填充墙、隔墙应分别采取措施与周边主体结构构件可靠连接，连接构件和嵌缝材料应满足传力、变形、耐久和防护要求。

（4）在砌体中留槽洞及埋设管道时，应遵守下列规定。

① 不应在截面长边小于500 mm的承重墙体、独立柱内埋设管。

② 不宜在墙体中穿行暗线或预留、开凿沟槽，无法避免时应采取必要的措施或按削弱后的截面验算墙体的承载力。

（5）承重的独立砖柱截面尺寸不应小于240 mm × 370 mm，毛石墙的厚度不宜小于350 mm，毛料石柱较小边长不宜小于400 mm。

（6）支承在墙、柱上的吊车梁、屋架及跨度大于或等于下列数值的预制梁的端部，应采用锚固件与墙、柱上的垫块锚固。

① 对砖砌体为9 m。

② 对砌块和料石砌体为7.2 m。

（7）跨度大于6 m的屋架和跨度大于下列数值的梁，应在支承处砌体上设置混凝土或钢筋混凝土垫块。当墙中设有圈梁时，垫块与圈梁宜浇成整体。

① 对砖砌体为4.8 m。

② 对砌块和料石砌体为4.2 m。

③ 对毛石砌体为3.9 m。

（8）当梁跨度大于或等于下列数值时，其支承处宜加设壁柱，或采取其他加强措施。

① 对240 mm厚的砖墙为6 m，对180 mm厚的砖墙为4.8 m。

② 对砌块、料石墙为4.8 m。

（9）山墙处的壁柱宜砌至山墙顶部，屋面构件应与山墙可靠连接。

（10）砌块砌体应分皮错缝搭砌，上下皮搭砌长度不得小于90 mm。当搭砌长度不满足上述要求时，应在水平灰缝内设置不少于2Φ4的焊接钢筋网片（横向钢筋的间距不宜大于200 mm，网片每端均应超过该垂直缝，其长度不得小于300 mm）。

（11）砌块墙与后砌隔墙交接处，应沿墙高每400 mm在水平灰缝内设置不少于2Φ4、横筋间距不大于200 mm的焊接钢筋网片，如图6–19所示。

（12）混凝土砌块房屋，宜将纵横墙交接处、距墙中心线每边不小于300 mm范围内的孔洞，采用不低于Cb20灌孔混凝土灌实，灌实高度应为墙身全高。

（13）混凝土砌块墙体的下列部位，如未设圈梁或混凝土垫块，应采用不低于Cb20灌孔混凝土将孔洞灌实。

① 格栅、檩条和钢筋混凝土楼板的支承面下，高度不应小于200 mm的砌体。

② 屋架、梁等构件的支承面下，高度不应小于600 mm，长度不应小于600 mm的砌体。

③ 挑梁支承面下，距墙中心线每边不应小于300 mm，高度不应小于600 mm的砌体。

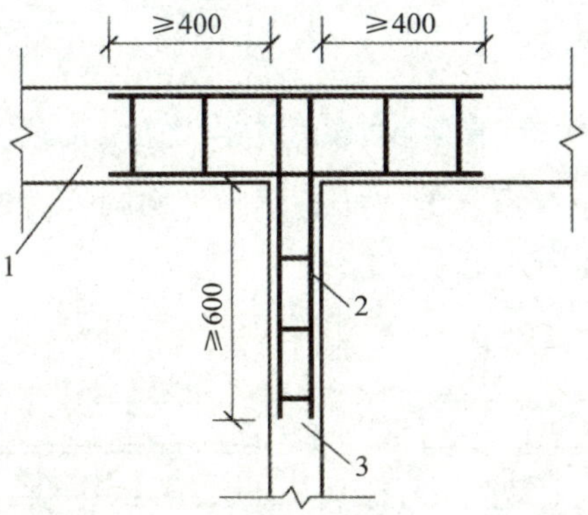

1—砌块墙；2—焊接钢筋网片；3—后砌隔墙。

图 6–19　砌块墙与后砌隔墙交接处焊接钢筋网片

三、圈梁、过梁和构造柱的一般构造要求

1. 圈梁

为增强房屋的整体刚度，防止由于地基的不均匀沉降或较大振动荷载等对房屋引起的不利影响，可在墙中设置现浇钢筋混凝土圈梁。

（1）圈梁的设置原则

多层砌体工业与民用房屋圈梁的设置原则如下。

① 住宅、办公楼等多层砌体民用房屋，且层数为3 ~ 4层时，应在底层和檐口标高处设

置圈梁一道。当层数超过4层时，除应在底层和檐口标高处各设置一道圈梁外，至少应在所有纵横墙上隔层设置。

② 多层砌体工业房屋，应每层设置现浇钢筋混凝土圈梁。

③ 设置墙梁的多层砌体房屋应在托梁、墙梁顶面和檐口标高处设置现浇钢筋混凝土圈梁。

④ 采用现浇钢筋混凝土楼（屋）盖的多层砌体结构房屋，当层数超过5层时，除在檐口标高处设置一道圈梁外，可隔层设置圈梁，并与楼（屋）面板一起现浇。未设置圈梁的楼面板嵌入墙内的长度不应小于120 mm，并沿墙长配置不少于2φ10的纵向钢筋。

（2）圈梁的构造要求

① 圈梁宜连续地设在同一水平面上，并形成封闭状。当圈梁被门窗洞口截断时，应在洞口上部增设相同截面的附加圈梁。附加圈梁与圈梁的搭接长度不应小于其中到中垂直间距的2倍，且不得小于1 m，如图6-20所示。

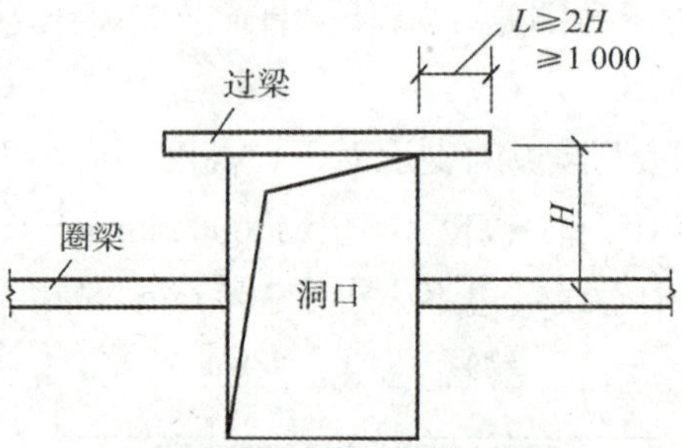

图 6-20　圈梁与过梁的搭接（单位：mm）

② 纵横墙交接处的圈梁应有可靠的连接。刚弹性和弹性方案房屋，圈梁应与屋架、大梁等构件可靠连接，如图6-21所示。

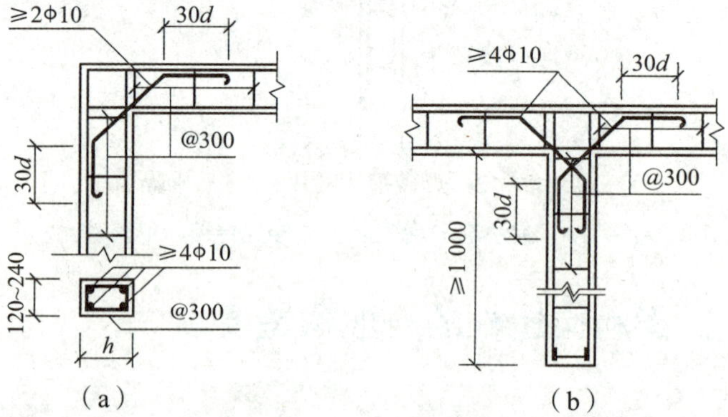

图 6-21　圈梁在转角处或纵横墙交接处的连接构造图（单位：mm）

③ 钢筋混凝土圈梁的宽度宜与墙厚相同，当墙厚 $h \geq 240$ mm时，其宽度不宜小于墙厚的2/3。圈梁高度不应小于120 mm。纵向钢筋不应少于4φ10，绑扎接头的搭接长度按受拉钢筋考虑，箍筋间距不应大于300 mm。

④ 圈梁兼作过梁时，过梁部分的钢筋应按计算面积另行增配。

2. 过梁

当墙体上开设门窗洞口，且墙体洞口大于300 mm时，为了支撑洞口上部砌体所传来的各种荷载，并将这些荷载传给门窗等洞口两边的墙，常在门窗洞口上设置横梁，该梁称为过梁。常见的过梁形式有砖砌过梁和钢筋混凝土过梁，如图6–22所示。对有较大振动荷载或可能产生不均匀沉降的房屋，应采用钢筋混凝土过梁。

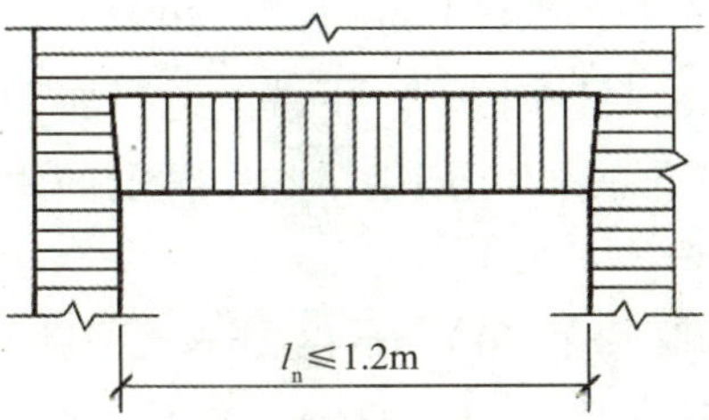

（a）砖砌过梁

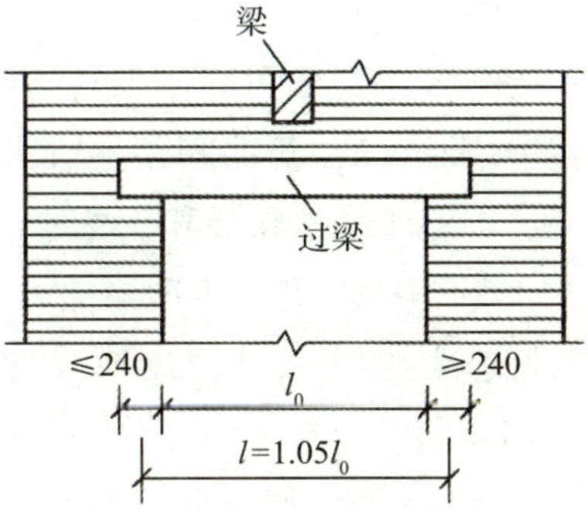

（b）钢筋混凝土过梁

图 6–22　过梁（单位：mm）

（1）砖砌过梁的构造要求

① 砖砌过梁的跨度不应超过：钢筋砖过梁为1.5 m；砖砌平拱为1.2 m。

② 砖砌过梁截面计算高度内的砂浆不宜低于M5。

③ 砖砌平拱用竖砖砌筑部分的高度不应小于240 mm。

④ 钢筋砖过梁底面砂浆层处的钢筋，其直径不应小于5 mm，间距不宜大于120 mm，钢筋伸入支座砌体内的长度不宜小于240 mm，砂浆层的厚度不宜小于30 mm。

（2）挑梁设计应满足的要求

挑梁设计除了应符合《混凝土结构设计规范》（GB 50010—2010）的有关规定外，尚应满足下列要求。

① 纵向受力钢筋至少应有1/2的钢筋面积伸入梁尾端，且不少于2ϕ12，其余钢筋伸入支座的长度不应小于$2l_1/3$。

② 挑梁埋入砌体长度l_1与挑出长度l_0之比宜大于1.2，当挑梁上无砌体时，l_1与l_0之比宜大于2，如图6–23所示。

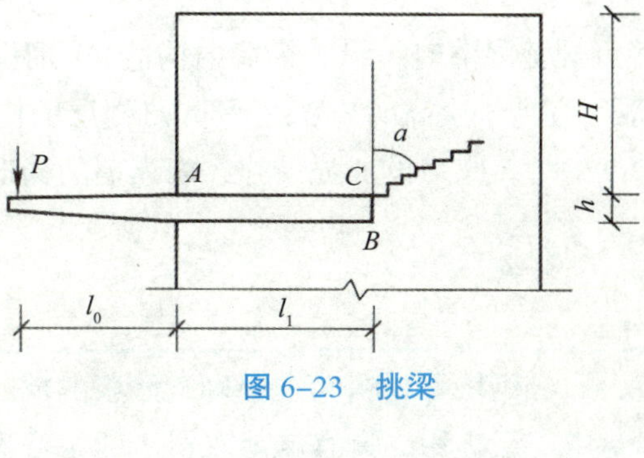

图 6–23　挑梁

3. 构造柱

为增强多层建筑砌体结构的抗震能力，按照相关规范要求，应在房屋砌体的适当位置设置钢筋混凝土柱，并与圈梁相连接，以共同提升建筑物的稳定性。这种钢筋混凝土柱一般被称作构造柱。值得注意的是，构造柱的主要功能并非承担竖向荷载，而是用以提升结构的抗剪和抗震性能。

多层砖砌体房屋的构造柱应符合下列构造要求。

（1）构造柱最小截面可采用180 mm × 240 mm（墙厚190 mm时为180 mm × 190 mm），纵向钢筋宜采用4A12，箍筋间距不宜大于250 mm，且在柱上、下端应适当加密；6、7度时超过六层、8度时超过五层和9度时，构造柱纵向钢筋宜采用4A14，箍筋间距不应大于200 mm；房屋四角的构造柱应适当加大截面及配筋。

（2）构造柱与墙连接处应砌成马牙槎，沿墙高每隔500 mm设2A6水平钢筋和A4分布短筋平面内点焊组成的拉结网片或A4点焊钢筋网片，每边伸入墙内不宜小于1 m，如图6–24所示。6、7度时底部1/3楼层，8度时底部1/2楼层，9度时全部楼层，上述拉结钢筋网片应沿墙体水平通长设置。

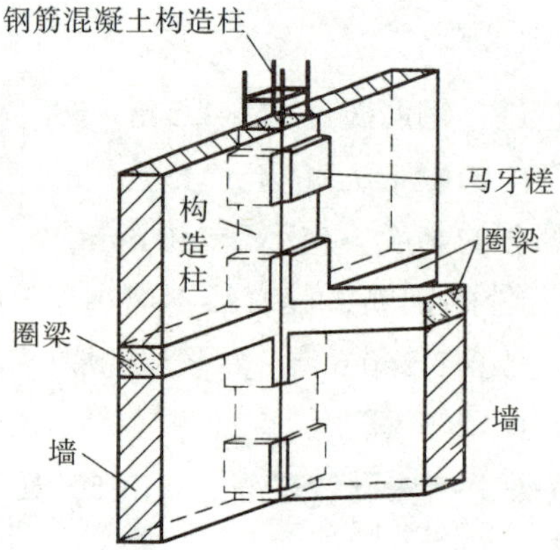

图6–24 马牙槎示意图

（3）构造柱与圈梁连接处，构造柱的纵筋应在圈梁纵筋内侧穿过，保证构造柱纵筋上下贯通。

（4）构造柱可不单独设置基础，但应伸入室外地面下500 mm，或与埋深小于500 mm的基础圈梁相连。

（5）房屋高度和层数接近规范限值时，纵、横墙内构造柱间距尚应符合下列要求。

① 横墙内的构造柱间距不宜大于层高的2倍；下部1/3楼层的构造柱间距适当减小。

② 当外纵墙开间大于3.9 m时，应另设加强措施；内纵墙的构造柱间距不宜大于4.2 m。

项目小结

砌体结构是一种以砖、石、砌块等材料为主要砌筑砂浆的墙、柱、拱等结构形式。这种结构在我国传统的建筑中广泛应用，具有就地取材、成本低廉、施工简单等特点。

砌体结构材料主要包括砖、石、砌块等，这些材料经过烧制或自然形成，具有较高的抗压强度，能够承受一定的荷载。同时，砌体结构材料的耐久性较好，能够适应环境变化，具有一定的耐久性。

砌体的力学性质主要包括抗压、抗拉、抗剪等性能，其中抗压性能是最主要的。在砌体结构房屋的设计中，需要根据不同的荷载和结构形式，选择合适的材料和构造方式，以保证结构的稳定性和安全性。

砌体结构房屋的结构设计方案主要包括承重墙、非承重墙、楼板、屋顶等部分。在设计中，需要综合考虑结构安全、使用功能、经济性等多个因素，选择合适的结构形式和材料。

砌体房屋的构造要求主要包括墙体平整、垂直、无裂缝；屋顶平整、无漏水；门窗安装牢固、开启灵活；室内地面平整、无积水等。这些要求是为了保证房屋的使用功能和安全性能。

通过本项目的学习，读者能够学会如何根据建筑需求和规范，合理选用砌体材料，设计稳定、经济的砌体结构方案，并了解在房屋构造中需要遵循的各类要求和规范，以确保建筑的安全性和耐久性。此外以上内容有助于读者拓宽视野，了解不同砌体结构类型的特点和应用场景，为未来的工程实践打下坚实的基础。

课后习题

一、填空题

1. 砌体分为无筋砌体和 ________ 两大类。

2. 块体的强度等级是根据标准试验方法所得到的极限抗压强度标准值的大小而划分的，是确定砌体在各种受力情况下 ________ 的基础。

3. 砌体在受弯作用下，常见的有三种截面破坏形式为：________；砌体沿通缝截面破坏；当块体的强度等级较低，砂浆强度等级又较高时，也可发生砌体沿块体和竖向灰缝截面破坏。

4. 针对房屋静力计算的方案，主要包括刚性方案、________ 和刚弹性方案三种。

二、简答题

1. 无筋砌体包括哪些种类？

2. 砌体轴心受压破坏过程大致经历的三个阶段是什么？

3. 房屋静力计算的方案有哪些？

项目七 钢结构

项目导读

钢结构是一种以钢材作为主要承重构件的建筑结构体系。钢结构通常由型钢、钢板、钢管等材料制成，通过焊接、螺栓连接等方式，共同工作以承受荷载。

钢结构具有强度高、重量轻、施工速度快、抗震性能好等优点，因此在高层建筑、大跨度结构、桥梁等领域得到了广泛应用。钢结构可以按照设计要求进行精确加工和安装，适用于各种复杂的结构和造型，具有很高的施工效率。

然而，钢结构也存在耐腐蚀性差、维护成本高等缺点。因此，在钢结构的设计和施工中，需要综合考虑环境条件、使用功能、材料性能等因素，进行合理的结构设计。同时，需要注重施工质量，确保结构的稳定性和安全性。在钢结构的使用过程中，需要定期进行维护和保养，延长结构的使用寿命。

总之，钢结构是一种重要的建筑结构形式，具有广泛的应用，需要综合考虑其优点和缺点，进行合理的结构设计和应用。

学习目标

知识目标

◆了解钢结构的类型和基本组成，理解钢结构的优缺点。

◆了解建筑钢材的种类和基本性能，包括强度、刚度、稳定性、延性等。

◆熟悉钢结构的连接方式，包括焊接、螺栓连接等。

◆掌握钢结构构件的基本尺寸和要求，如截面形状、强度计算、稳定性验算等。

◆了解钢屋盖的基本构造和要求。

技能目标

◆能够根据工程需求，选择合适的建筑钢材，并进行性能测试。

◆熟练进行钢结构的安装和调试，包括焊接、螺栓连接等。

◆能够对钢结构进行强度、刚度、稳定性、延性等方面的验算和评估。

素质目标

◆培养学生的团队协作精神，能在工程项目中与团队成员协作完成工作。

◆培养学生的责任感，能对自己的工作进行认真检查和评估。

◆培养学生的问题解决能力，能在遇到问题时及时分析并找到解决方案。

◆培养学生的学习能力和创新意识，能不断学习和适应新技术、新方法，并尝试创新解决方案。

思政目标

◆帮助学生树立正确的职业观念，认识到钢结构工程师在国家建设中的重要性，激发学习热情和积极性。

◆培养学生良好的职业道德和诚信品质，遵守行业规范，维护行业秩序。

◆培养学生的环保意识，在钢结构设计和施工中注重节能减排，减少对环境的影响。

任务工单

一、任务名称

钢结构连接技能训练。

二、任务目的

掌握钢结构的连接方法，了解连接对钢结构稳定性和安全性的影响，培养实际操作能力和问题解决能力。

三、任务内容

（1）选择一种常见的钢结构连接方式（如焊接、螺栓连接），进行模拟连接训练。

（2）根据材料（如钢板、钢筋、螺栓等）和环境（如模拟钢结构框架），设计连接方案。

（3）按照规定的操作规程进行实际操作，完成连接任务。

四、实施过程

（1）准备相应材料和环境，搭建模拟钢结构框架。

（2）根据任务要求选择连接方式，设计连接方案。

（3）按照规定的操作规程进行实际操作，完成连接任务。

（4）检查连接质量，评估连接效果。

五、实施要求

（1）确保训练过程安全，遵守操作规程和安全规定。

（2）认真观察和记录训练过程，总结经验教训。

（3）团队协作，共同完成训练任务。

六、任务评价

围绕以下几个方面内容，为本次任务的完成情况写一段简单的评价总结。

（1）钢结构连接质量，包括连接强度、稳定性、耐久性等方面。

（2）操作能力和问题解决能力，包括操作规范、速度、准确性等方面。

____

____

____

任务一 建筑钢材的种类和选用

建筑工程中所用的钢材基本上是碳素结构钢和低合金高强度结构钢。

一、建筑钢材的类别与规格

扫一扫

建筑钢材

1. 建筑钢材的类别

（1）碳素结构钢

碳素结构钢按含碳量的多少，可分成低碳钢、中碳钢和高碳钢。通常把碳质量分数小于0.25%的钢材称为低碳钢，0.25% ～0.60%之间的钢材称为中碳钢，大于0.60%的钢材称为高碳钢。建筑钢结构主要使用低碳钢，一般碳质量分数不应超过0.22%。

碳素结构钢的牌号由字母Q、屈服强度数值、质量等级代号、脱氧方法代号四部分组成。Q是代表钢材屈服点的字母；屈服强度数值有195、215、235、255和275，以N/mm^2为单位；质量等级代号有A、B、C、D，按冲击韧性试验要求的不同，表示质量由低到高；脱氧方法代号有F、Z、TZ，分别表示沸腾钢、镇静钢、特殊镇静钢，其中代号Z、TZ可以省略不写。钢结构所采用的Q235钢，分为A、B、C、D四级，A、B两级的脱氧方法可以是Z或F，C级只能为Z，D级只能为TZ。如Q235A·F表示屈服强度为235 N/mm^2，A级，沸腾钢。

（2）低合金高强度结构钢

低合金高强度结构钢是指在冶炼过程中添加一些合金元素，其总量不超过5%的钢材。加入合金元素后，钢材强度明显提高，钢结构构件的强度、刚度、稳定性三个主要控制指标能充分发挥，尤其在大跨度或重负载结构中优点更为突出。

低合金高强度结构钢的牌号由代表屈服点的字母Q、屈服点数值、质量等级符号三部分按顺序排列表示。钢的牌号有Q295、Q345、Q390、Q420、Q460五种，质量等级有A、B、C、D、E五个等级。A级无冲击功要求，B、C、D、E级均有冲击功要求。不同质量等级对碳、硫、磷、铝等含量的要求也有区别。低合金高强度结构钢的A、B级属于镇静钢，C、D、E级属于特殊镇静钢。

2. 建筑钢材的规格

建筑钢材的规格主要有以下几种。

（1）线材

线材规格通常为钢筋混凝土用热轧光圆钢筋、热轧带肋钢筋、余热处理钢筋、钢绞线、冷轧扭钢筋等。

（2）型钢

型钢包括普通工字钢、槽钢、角钢、H型钢等。

（3）钢管

钢管包括焊接钢管、螺旋钢管、方矩管等，其中焊接钢管又分为热轧和冷轧两种。

（4）钢板

钢板包括热轧钢板和冷轧钢板，热轧钢板厚度通常在3 mm ~50 mm，冷轧钢板厚度通常在0.2 mm ~3 mm。

此外，建筑钢材的其他规格还包括钢筋混凝土用钢筋、钢丝、钢棒等。其中，钢筋混凝土用钢筋包括热轧钢筋、余热处理钢筋、钢绞线等；钢丝包括低碳钢钢丝、中强度碳钢丝、碳纤维增强塑料丝等；钢棒包括无扭控冷（热）轧带肋钢筋等。

二、建筑钢材的选择原则

在建筑行业中，钢材作为一种重要的建筑材料，其选用直接关系到建筑结构的安全性、稳定性和经济性。因此，在选用建筑钢材时，必须遵循一定的原则，确保结构的安全可靠，同时尽可能地节约钢材，降低造价。

1. 安全可靠性

建筑钢材选用的首要原则是确保结构的安全可靠。这要求所选用的钢材必须具有良好的力学性能和稳定性，能够承受设计荷载和各种外部因素的作用，如温度、湿度等。为此，我国现行《钢结构设计规范》推荐承重结构的钢材宜采用碳素结构钢中的Q235钢和低合金高强度结构钢中的Q345钢、Q390钢及Q420钢。这些钢材具有良好的强度、塑性和韧性，能够满足大多数建筑结构的需要。

2. 经济性和节约性

在满足结构安全可靠的前提下，建筑钢材的选用还需要考虑到经济性和节约性。这是因为建筑项目往往需要投入大量的资金，而钢材作为其中的一部分成本，其选用是否合理直接影响到项目的经济效益。因此，在选用钢材时，应根据结构或构件的重要性、荷载情况、连接方法、结构所处的温度与湿度、钢材的厚度等因素进行综合考虑，选择最适合的钢材类型和规格。

在钢材的具体选择过程中，必须关注以下关键因素。

（1）钢材是基于结构或构件的重要性来确定适当的钢材类型。针对关键的承重结构，必须选择那些具有更高强度与优越稳定性的钢材，以保障整体结构的安全性。

（2）荷载情况也不容忽视。不同的荷载类型及其大小会对钢材的性能产生不同的影响，因此，必须根据实际情况进行精准选择。

（3）连接方法也是一个至关重要的考量因素。不同的连接方法对于钢材的需求各不相同，需要根据具体状况作出决策。

（4）必须考虑结构所处的环境条件，如温度和湿度，以及钢材的厚度等。这些因素都可能对钢材的性能产生影响，因此在选择过程中必须全面考虑。

知识链接

钢结构对所用钢材的要求

用作钢结构的钢材须具有以下性能。

（1）较高的强度，即抗拉强度和屈服点都比较高。

（2）足够的变形性能，即塑性性能好。

（3）较好的韧性，即韧性性能好。

（4）良好的加工性能，即适合冷、热加工，还要有良好的可焊性。

（5）耐久性能好，能适应低温、有害介质侵蚀（包括大气锈蚀）以及重复荷载作用等。

为了使所设计的钢结构满足承载力和正常使用要求，《钢结构设计规范》提出了承重结构钢材的质量要求，包括五项力学性能指标和碳、硫、磷的含量要求，五项性能指标是：抗拉强度、屈服强度、伸长率、冷弯性能和冲击韧性。在钢材选用时要根据具体情况满足以上质量要求。

任务二　钢结构的连接

钢结构的连接方法通常分为焊缝连接、螺栓连接和铆钉连接三种，如图7–1所示。由于铆钉连接施工技术要求高，劳动强度大，施工条件恶劣，施工速度慢，已逐步被高强度螺栓连接所取代。

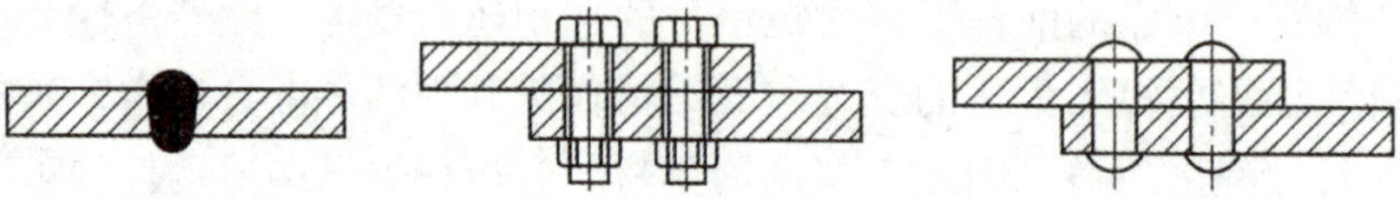

（a）焊缝连接　（b）螺栓连接　（c）铆钉连接

图 7–1　钢结构的连接方法

一、焊缝连接

焊缝连接的优点是构造简单，任何形式的构件都可直接相连；用料经济，不削弱截面；制作加工方便，可实现自动化操作；连接的密闭性好，结构刚度大。

焊缝连接的缺点是在焊缝附近的热影响区内，钢材的金相组织发生改变，导致局部材料变脆，焊接残余应力和残余变形使受压构件承载力降低；焊接结构对裂纹很敏感，局部裂纹一旦发生，就容易扩展到整体，低温冷脆问题较为突出。

1. 钢结构中常用的焊接方法

焊接方法很多，钢结构中主要采用电弧焊，薄钢板（$t \leqslant 3$ mm）的连接有时也可以采用电阻焊或气焊。

（1）电弧焊

电弧焊是利用焊条或焊丝与焊件间产生的电弧热，将金属加热并熔化的焊接方法。电弧焊可分为手工电弧焊、自动和半自动埋弧焊及CO_2气体保护焊等。

（2）电阻焊

电阻焊是利用电流通过焊件接触点表面的电阻所产生的热量来熔化金属，再通过压力使其焊合。冷弯薄壁型钢的焊接，常用电阻点焊，板叠总厚度一般不超过12 mm，焊点应主要承受剪力，其抗拉（撕裂）能力较差。

（3）气焊

气焊是利用乙炔在氧气中燃烧而形成的火焰来熔化焊条，形成焊缝。气焊用于薄钢板或小型钢结构中。

2. 焊缝连接形式及焊缝形式

（1）焊缝连接形式

焊缝连接形式按被连接构件间的相对位置分为对接、搭接、T形连接和角接四种，如图7–2所示。

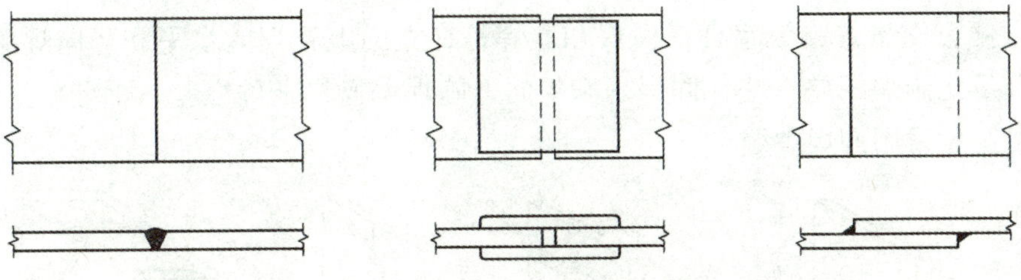

（a）对接连接　（b）用拼接盖板的对接连接　（c）搭接连接

（d）T形连接　（e）T形连接　（f）角部连接　（g）角部连接

图7–2　焊缝连接的形式

（2）焊缝形式

所采用的焊缝形式按其构造来分，主要有对接焊缝和角焊缝两种类型。对接焊缝按所受力的方向分为正对接焊缝（图7–3（a））和斜对接焊缝（图7–3（b）），角焊缝可分为正面角焊缝、侧面角焊缝和斜焊缝，如图7–3（c）所示。

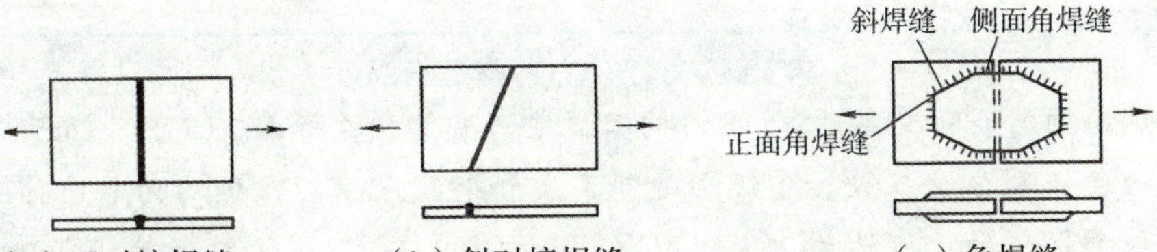

（a）正对接焊缝　（b）斜对接焊缝　（c）角焊缝

图7–3　焊缝形式

焊缝沿长度方向的布置分为连续角焊缝和间断角焊缝两种，如图7–4所示。连续角焊缝的受力性能良好，为主要的角焊缝形式。间断角焊缝容易引起应力集中现象，重要结构应避免采用，但可用于一些次要的构件或次要的焊接连接中。间断角焊缝间断距离l不宜过长，一般在受压构件中应满足$l \leqslant 15t$，在受拉构件中$t \leqslant 30t$，t为较薄焊件的厚度。

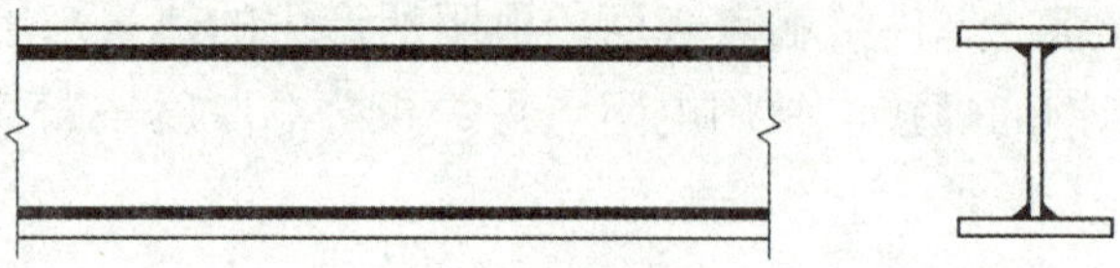

（a）连续角焊缝

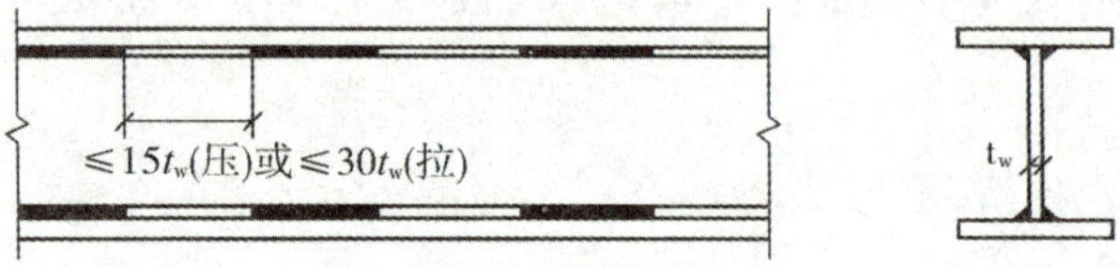

（b）间断角焊缝

图7–4　连续角焊缝和间断角焊缝示意图

焊缝按施焊位置分，有俯焊（平焊）、横焊、立焊和仰焊四种，如图7–5所示。俯焊的施焊工作方便，质量好，效率高；横焊和立焊是在立面上施焊的水平和竖向焊缝，生产效率和焊接质量比俯焊的差一些；仰焊是仰望向上施焊，操作条件最差，焊缝质量不易保证，因此应尽量避免采用仰焊焊缝。

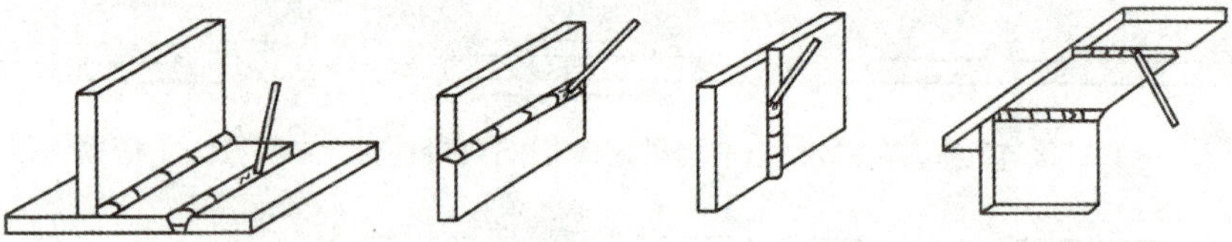

（a）平焊　（b）横焊　（c）立焊　（d）仰焊

图7–5　焊缝施焊位置

3. 焊缝缺陷

焊缝缺陷是指焊接过程中，产生于焊缝金属或邻近热影响区钢材表面或内部的缺陷。焊缝缺陷，一般都会引起应力集中削弱焊缝有效截面，降低承载能力，尤其是裂纹对焊缝受力的危害最大，它会产生严重的应力集中，并易于扩展引起断裂，按规定是不允许发生裂纹的。因此，若发现焊缝有裂纹，应彻底铲除后补焊。

知识链接

焊缝质量检验和焊缝级别

根据钢结构类型和重要性，《钢结构工程施工质量验收标准》（GB 50205—2020）将焊缝质量检验级别分为三级。Ⅰ级焊缝超声波和射线探伤的比例均为100%；Ⅱ级焊缝超声波和射线探伤的比例均为20%，且均不小于200 mm。当焊缝长度小于200 mm时，应对整条焊缝探伤；Ⅲ级检验项目规定只对全部焊缝做外观检查，即检验焊缝实际尺寸是否符合要求和有无看得见的裂纹、咬边和气孔等缺陷。

钢结构中一般采用Ⅲ级焊缝，可满足通常的强度要求，但其对接焊缝的抗拉强度有较大的变异性，《钢结构设计规范》规定，其设计值仅为主体钢材的85%左右。因而对有较大拉应力的对接焊缝，以及直接承受动力荷载构件的较重要的焊缝，可部分采用Ⅱ级焊缝，对动力和疲劳性能有较高要求处可采用Ⅰ级焊缝。

4. 焊缝连接的构造

（1）对接焊缝的构造

① 坡口形式

对接焊缝的焊件常需做成坡口，故又称坡口焊缝。坡口形式与焊件的厚度有关。当焊件厚度$t \leqslant 6$ mm时，可用直边缝；当6 mm<$t \leqslant$ 20 mm时，对于一般厚度的焊件可采用具有斜坡口的单边V形或V形焊缝；当焊件厚度t>20 mm时，则采用U形、K形和X形坡口。

② 引弧板与垫板

对接焊缝的起始和终止位置，因未能完全熔透，常形成凹状焊口，这种结构在受力时易于产生裂缝和应力集中现象。为解决此问题，通常在施焊过程中使用引弧板。然而，引弧板的使用过程相对烦琐，通常在工厂环境下进行焊接时会采用此方法。而在工地环境中进行焊接时，除非涉及承受动力荷载的结构，一般情况下不采用引弧板，而是在计算过程中扣除焊缝两端所涉及板材的厚度。另外，为确保熔化金属不会流淌并确保根部焊透，通常会使用垫板进行辅助。

③ 截面的改变

在对接焊缝的拼接中，当焊件的宽度不同或厚度相差4 mm以上时，应分别在宽度或厚度方向从一侧或两侧做成坡度不大于1∶2.5的斜角，以使截面过渡和缓，减小应力集中，如图7–6所示。

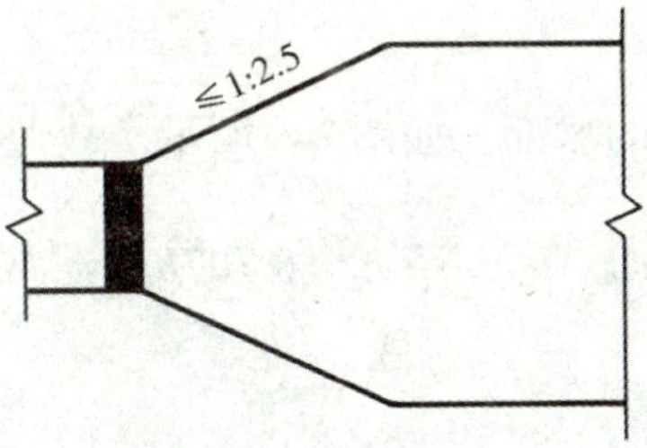

（a）改变宽度

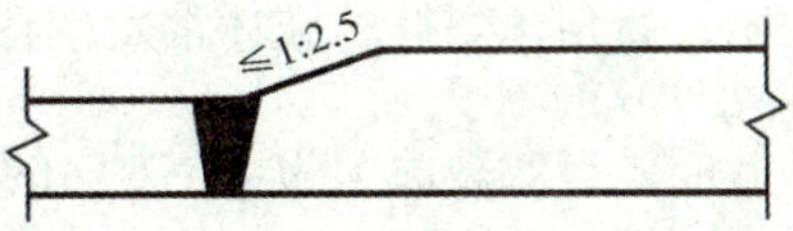

（b）改变厚度

图 7–6　钢板拼接

（2）角焊缝的构造

① 角焊缝的形式

角焊缝依据其与作用力的关系，可被细分为正面角焊缝、侧面角焊缝以及斜面角焊缝。具体而言，正面角焊缝的焊缝与作用力垂直，侧面角焊缝的焊缝长度方向与作用力平行，而斜面角焊缝的焊缝长度方向与作用力则呈倾斜状态。此外，根据截面形式的不同，角焊缝还可被分为直角角焊缝和斜角角焊缝两类。

直角角焊缝通常做成表面微凸的等腰直角三角形截面，如图7–7（a）所示。在直接承受动力荷载的结构中，正面角焊缝的截面常采用图7–7（b）所示的形式，侧面角焊缝的截面则做成凹面式，如图7–7（c）所示。

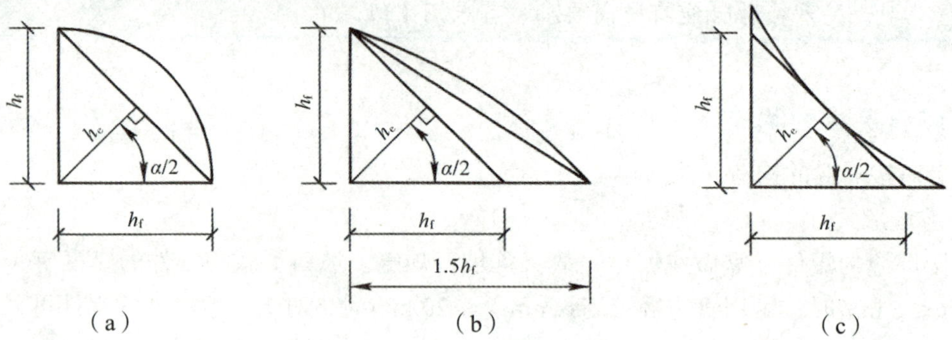

图 7–7　直角角焊缝截面

角焊缝的应力状态非常复杂，如图7–8所示，正面角焊缝破坏时的应力分布和侧面角焊缝破坏时的应力分布是不均匀的，但在计算角焊缝强度时，假定有效截面上的应力均匀分布。

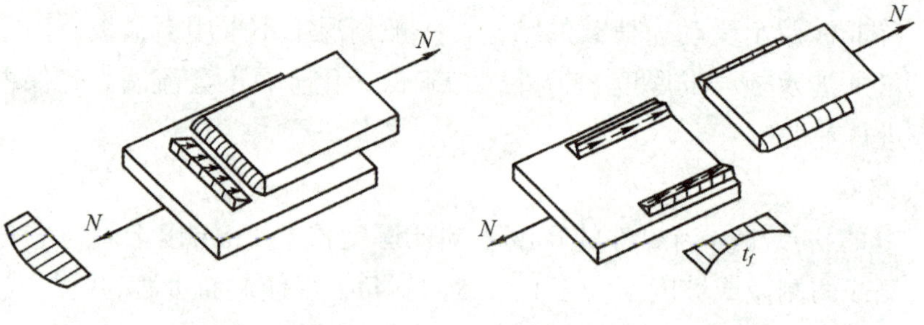

（a）正面角焊缝的应力　　（b）侧面角焊缝的应力

图 7–8　角焊缝破坏应力

试验表明，直角角焊缝的破坏常发生在45° 线的喉部，如图7–9所示。故通常取直角角焊缝的计算截面（有效截面）为45° 方向的最小截面。$h_e=\frac{\sqrt{2}}{2}h_f\approx 0.707h_f$，通常取$h_e$=0.7$h_f$，$h_f$为角焊缝的焊角尺寸，$h_e$为直角角焊缝的有效厚度。

② 角焊缝的构造要求

角焊缝的焊角尺寸不能过小，否则焊接时产生的热量较小，而焊件厚度较大，致使施焊时冷却速度过快，产生淬硬组织，导致母材开裂。《钢结构设计规范》规定

$$h_f\geqslant 1.5\sqrt{t_2}$$

式中　t_2——较厚焊件厚度，mm。

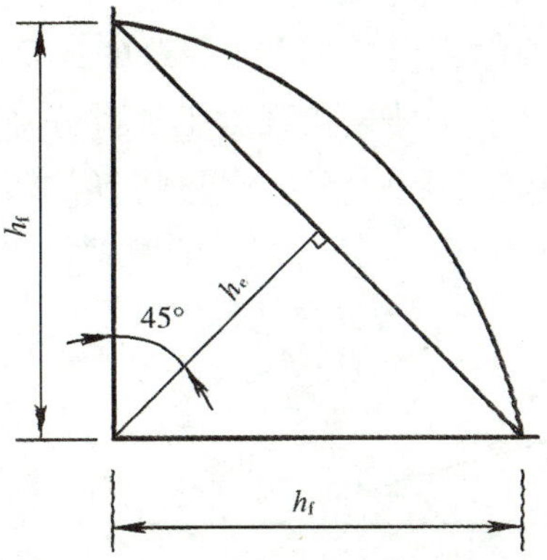

图 7-9　直角角焊缝的破坏表现

为了避免焊缝收缩时产生较大的焊接残余应力和残余变形，且热影响区扩大，容易产生热脆，较薄焊件容易烧穿，《钢结构设计规范》规定，除钢管结构外，如图7-10（a）所示的角焊缝的焊脚尺寸应满足

$$h_f \leqslant 1.2t_1$$

式中　　t_1——较薄焊件厚度，mm。

对板件边缘的角焊缝，如图7-10（b）所示，当板件厚度t_2>6 mm时，根据焊工的施焊经验，不易焊满全厚度，故取$h_f \leqslant t_2$–（1～2）mm；当$t_2 \leqslant 6$ mm时，通常采用小焊条施焊，易于焊满全厚度，则取$h_f \leqslant t_2$。

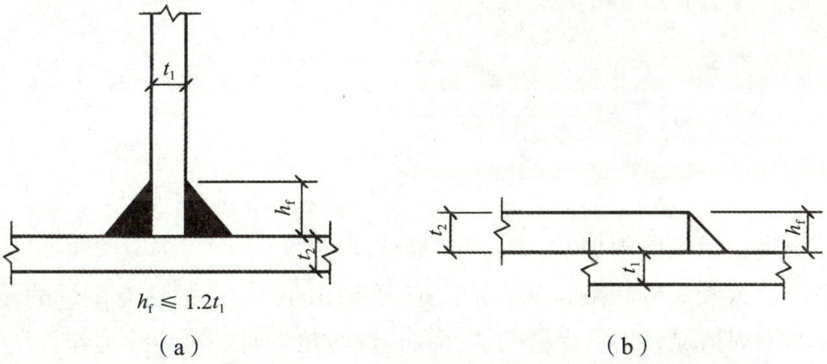

图 7-10　最大焊脚尺寸

角焊缝的焊脚尺寸大而长度较小时，焊件的局部加热严重，焊缝起灭弧所引起的缺陷相距太近，加之焊缝中可能产生的其他缺陷（气孔、非金属夹杂等）使焊缝不够可靠。因此，为了使焊缝能够具有一定的承载能力，根据使用经验，侧面角焊缝或正面角焊缝的计算长度不得小于$8h_f$和40 mm。

侧面角焊缝在弹性阶段沿长度方向受力不均匀，两端大而中间小。焊缝越长，应力集中越严重。如果焊缝长度超过某一限值时，有可能首先在焊缝的两端破坏，故一般规定侧面角焊缝的计算长度$l_w \leqslant 60h_f$。当实际长度大于上述限值时，其超过部分在计算中不予考虑。

当板件端部仅有两条侧面角焊缝连接时，如图7–11所示，试验结果表明，连接的承载力与B/l_w有关。B为两侧焊缝的距离，l_w为侧焊缝的计算长度。当$B/l_w>1$时，连接的承载力随着B/l_w的增大而明显下降。为使连接强度不致过分降低，应使每条侧焊缝的计算长度不宜小于两侧焊缝之间的距离，即$B/l_w<1$。两侧面角焊缝之间的距离B也不宜大于$16t$（$t>12$ mm）或190 mm（$t<12$ mm），t为较薄焊件的厚度，以免因焊缝横向收缩引起板件向外发生较大拱曲。

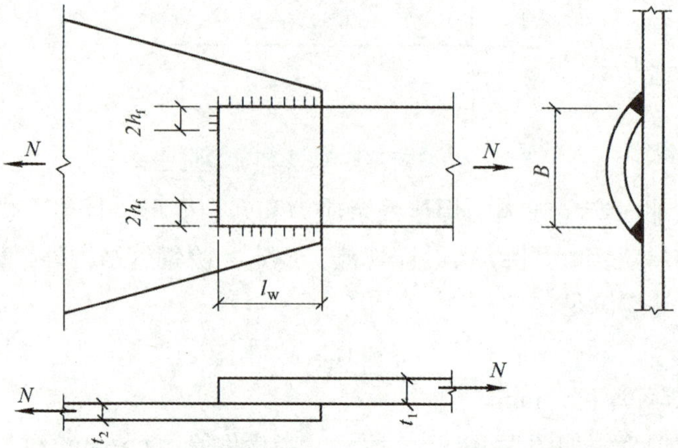

图 7–11　焊缝长度及两侧焊缝间距

在搭接连接中，当仅采用正面角焊缝时，如图7–12所示，其搭接长度不得小于焊件较小厚度的$5t$，也不得小于25 mm。

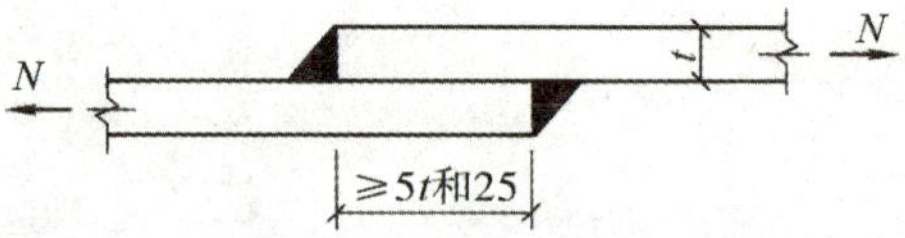

图 7–12　搭接连接

杆件端部搭接采用三面围焊时，在转角处截面突变，会产生应力集中，如在此处起灭弧，可能出现弧坑或咬肉等缺陷，从而加大应力集中的影响。故所有围焊的转角处必须连续施焊。对于非围焊情况，当角焊缝的端部在构件转角处时，可连续地作长度为$2h_f$的绕角焊，如图7–11所示。

二、螺栓连接

螺栓连接分普通螺栓连接和高强度螺栓连接。

1. 普通螺栓连接

普通螺栓分A级、B级和C级。A级和B级螺栓为精制螺栓，C级螺栓为粗制螺栓，A级和B级螺栓材料的性能等级为5.6级或8.8级，C级螺栓材料性能等级为4.6级或4.8级。螺栓性能等级“m.n级”，小数点前的数字表示螺栓成品的抗拉强度不小于$m\times100$ N/mm^2，小数点及其后的数值，精确反映了螺栓材料的屈强比，即材料在屈服点与抗拉强度之间的相对关系。

特别是高强度螺栓，其设计往往基于材料的条件屈服点。在螺栓类别中，A、B级精制螺栓因其高精度和出色的受剪性能而受到青睐。然而，其复杂的制作工艺和高昂的成本限制了其在钢结构中的广泛应用。相比之下，C级螺栓由未经加工的圆钢压制而成，其连接设计简单实用，既能有效传递拉力，又适用于螺栓杆轴受拉的场合，以及次要结构的抗剪连接或临时安装固定。因此，在实际应用中，C级螺栓因其实用性和经济性而备受欢迎。

（1）螺栓的排列

在同一结构连接中，为了便于制造，宜用一种直径。常用的标准螺栓直径有M16、M18、M20、M22、M24等规格。螺栓直径选得合适与否，将影响到螺栓数目及连接节点的构造尺寸。

螺栓的排列应简单、统一而紧凑，满足受力要求，构造合理又便于安装。排列方式有并列和错列排列两种，如图7–13所示，并列较简单，错列较紧凑。

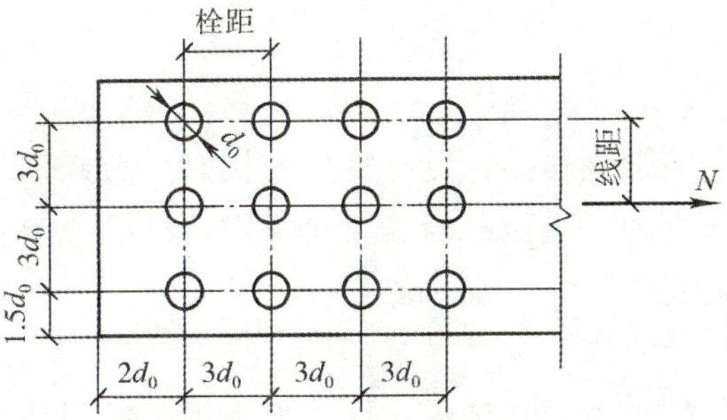

（a）并列排列

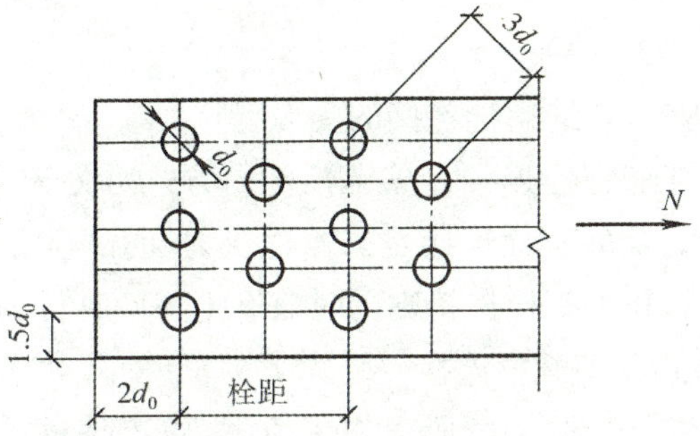

（b）错列排列

图 7–13　螺栓排列图

① 受力要求

螺栓孔（d_0）的最小端距（沿受力方向）为$2d_0$，以免板端被剪掉；螺栓孔的最小边距（垂直于受力方向）为$1.5d_0$（切割边）或$1.2d_0$（轧成边）。在型钢上，螺栓应排列在型钢孔距规线上。中间螺孔的最小间距（栓距和线距）为$3d_0$，否则螺孔周围应力集中的相互影响较大，且对钢板的截面削弱过多，从而降低其承载能力。

② 构造要求

螺栓的间距也不宜过大，尤其是受压板件当栓距过大时，容易发生凸曲现象。板和刚性构件（如槽钢、角钢等）连接时，栓距过大不易紧密接触，潮气易于侵入缝隙而锈蚀。规范规定，栓孔中心最大间距受压时为$12d_0$或$18t_{min}$（t_{min}为外层较薄板件的厚度），受拉时为$16d_0$或$24t_{min}$，中心构件边缘最大距离为$4d_0$或$8t_{min}$。

③ 施工要求

螺栓应有足够距离，以便于转动扳手，拧紧螺母。

根据上述螺栓的最大、最小容许距离，排列螺栓时宜按最小容许距离取用，且宜取5 mm的倍数，并按等距离布置，以缩小连接的尺寸。最大容许距离一般只在起连系作用的构造连接中采用。螺栓或铆钉的最大、最小容许距离见表7–1。

表 7-1　螺栓或铆钉的最大、最小容许距离

<table>
<tr><th>名称</th><th colspan="3">位置和方向</th><th>最大容许距离
（取两者的较小值）</th><th>最小容许距离</th></tr>
<tr><td rowspan="5">中心线距</td><td colspan="3">外排（垂直或顺内力方向）</td><td>$8d_0$或$12t$</td><td rowspan="5">$3d_0$</td></tr>
<tr><td rowspan="3">中间排</td><td colspan="2">垂直内力方向</td><td>$16d_0$或$24t$</td></tr>
<tr><td rowspan="2">顺内力方向</td><td>压力</td><td>$12d_0$或$18t$</td></tr>
<tr><td>拉力</td><td>$16d_0$或$24t$</td></tr>
<tr><td colspan="3">沿对角线方向</td><td>–</td></tr>
<tr><td rowspan="4">中心至构件边缘距离</td><td colspan="3">顺内力方向</td><td rowspan="4">$4d_0$或$8t$</td><td>$2d_0$</td></tr>
<tr><td rowspan="3">垂直内力方向</td><td colspan="2">剪切边或手工切割边</td><td rowspan="2">$1.5d_0$</td></tr>
<tr><td rowspan="2">轧制边自动精密气割或锯割边</td><td>高强度螺栓</td></tr>
<tr><td>其他螺栓或铆钉</td><td>$1.2d_0$</td></tr>
</table>

注：（1）d_0为螺栓孔或铆钉孔直径，t为外层较薄板件的厚度。

（2）钢板边缘与刚性构件（如角钢、槽钢等）相连的螺栓或铆钉的最大间距，可按中间排的数值采用。

（2）普通螺栓连接的受力特点

普通螺栓连接，按螺栓传力方式可分为受剪螺栓连接、受拉螺栓连接和拉剪螺栓连接三种。受剪螺栓连接是靠栓杆受剪和孔壁承压传力；受拉螺栓连接是靠沿栓杆轴方向受拉传力；拉剪螺栓连接则同时兼有上述两种传力方式。

① 受剪螺栓连接

在开始受力阶段，作用力主要靠钢板之间的摩擦力来传递。由于普通螺栓的预拉力很小，板件之间的摩擦力也很小，当外力逐渐增长到克服摩擦力后，板件发生相对滑移，而使栓杆和孔壁靠紧，此时栓杆受剪，而孔壁承受挤压。随着外力的不断增大，连接达到其极限承载能力而发生破坏，如图 7–14 所示。

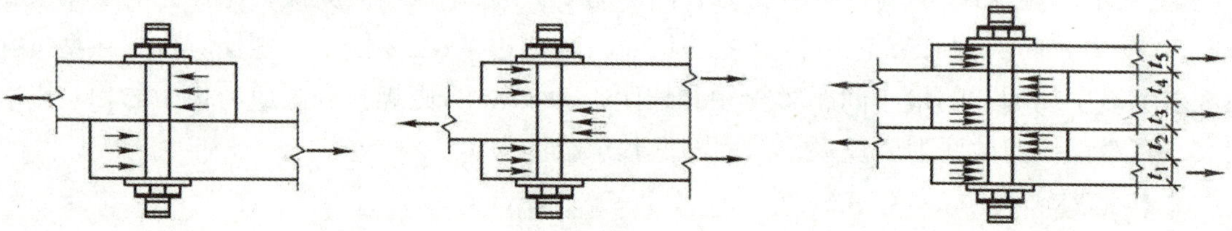

（a）单剪　　（b）双剪　　（c）四剪

图 7–14　受剪螺栓示意图

② 受拉螺栓连接

受拉螺栓连接是指在外力作用下，被连接构件的接触面有拉开的趋势而使螺栓受拉的连接，如图 7–15 所示。通常在螺纹消弱的截面处螺栓杆被拉断而破坏。

③ 拉剪螺栓连接

如图 7–16 所示的结构中，一般均应在端板下设置支托，以承受剪力。对次要连接，若端板下不设支托，则螺栓将同时承受剪力和沿杆轴方向的拉力作用。

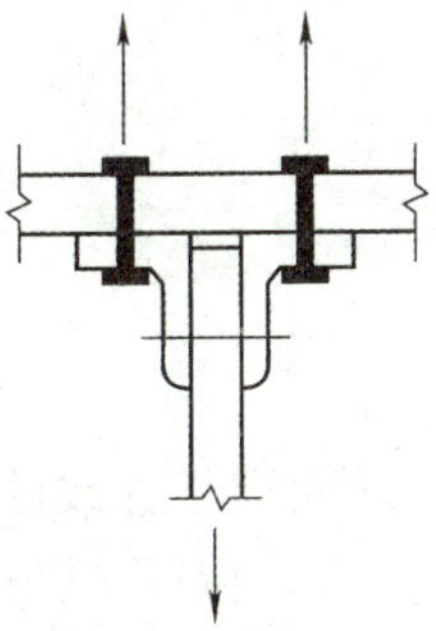

图 7-15　受拉螺栓连接

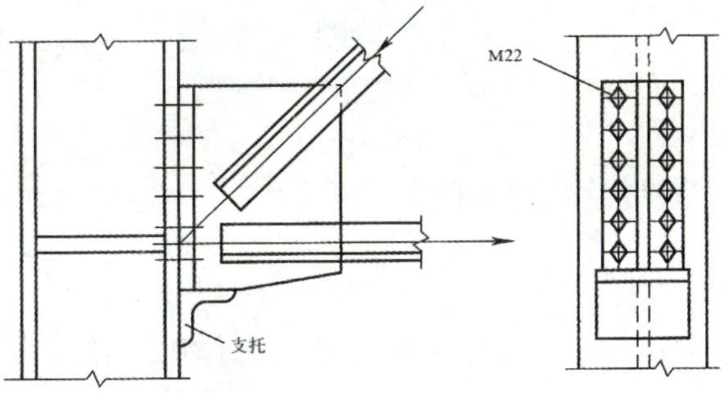

（a）　（b）错列排列

图 7-16　拉剪螺栓连接

2. 高强度螺栓连接

高强度螺栓分高强度螺栓摩擦型连接、高强度螺栓承压型连接两种，一般采用45号钢、40B钢和20MnTiB钢加工而成，性能等级包括8.8级和10.9级两种，即经热处理后，螺栓抗拉强度应分别不低于800 N/mm^{2}和1 000 N/mm^2。摩擦型连接的螺栓孔径d_0比螺栓公称直径d大1.5 ~ 2.0 mm，承压型连接的螺栓孔径d_0比螺栓公称直径d大1.0 ~ 1.5 mm。

摩擦型连接依靠强大的摩擦阻力承受外力，当阻力被克服时，即达到极限状态。而承压型连接允许接触面滑动，极限状态以栓杆破坏为准。尽管承压型连接承载能力高且节省螺栓，但剪切变形大，不适用于动力荷载结构。摩擦型连接具有小剪切变形、良好弹性、施工简便、可拆卸和耐疲劳特性，适用于动力荷载结构。高强度螺栓连接按传力方式可分为受剪、受拉和拉剪三种连接。

（1）高强度螺栓的预拉力

高强度螺栓的预拉力P是通过拧紧螺母实现的，施工中一般采用扭矩法、转角法或扭剪法来控制预拉力。相关规范规定的预拉力设计值P见表7–2。

表 7–2　每个高强度螺栓的预拉力 P 值　　单位：kN

螺栓的性能等级	螺栓公称直径 d/mm					
	M16	M20	M22	M24	M27	M30
8.8级	70	110	135	155	205	250
10.9级	100	155	190	225	290	355

（2）高强度螺栓连接的摩擦面抗滑移系数

应用高强度螺栓时，构件的接触面通常要进行特殊处理，使其洁净并粗糙，以提高其抗滑移系数μ。常用的处理方法和规定应达到的抗滑移系数值见表7–3。

表 7–3　摩擦面的抗滑移系数 μ 值

连接处构件接触面的处理方法	构件的钢号		
	Q235 钢	Q345 钢、Q390 钢	Q420 钢
喷砂（丸）	0.45	0.50	0.50
喷砂（（丸）后涂无机富锌漆	0.35	0.40	0.40
钢丝刷消除浮锈或未经处理的干净轧制表面	0.30	0.35	0.40
喷砂（丸）后生赤锈	0.45	0.50	0.50

任务三 钢结构构件

一、轴心受力构件

1. 轴心受力构件的种类及截面形式

轴心受力构件是指那些受到轴向力作用，且该轴向力通过构件截面形心轴线的构件。若此轴向力表现为拉力，则该构件被称作轴心受拉构件，简称轴心拉杆。相反，若此轴向力表现为压力，则该构件被称作轴心受压构件，简称轴心压杆。

轴心受力构件广泛地应用于承重钢结构，支承屋盖、楼盖或工作平台的竖向受压构件通常称为柱，包括轴心受压柱，柱的形式如图7-17所示。

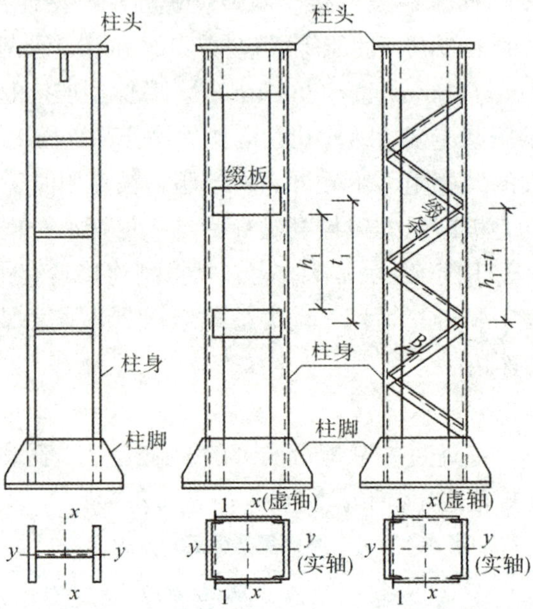

（a）实腹式柱 （b）格构缀板柱 （c）格构缀条柱

图 7-17 柱的形式

柱通常由柱头、柱身和柱脚三个部分组成，柱头支承上部结构并将其荷载传给柱身，柱脚则把荷载由柱身传给基础。

轴心受力构件，按其截面组成形式可分为实腹式构件和格构式构件两种。

实腹式构件有三种常见截面形式：热轧型钢、冷弯型钢和组合截面。热轧型钢截面如工字钢、H型钢等，制作方便但侧向刚度较小，常用于平台柱等。冷弯型钢截面成本低，适用于受力较小的构件。组合截面由型钢或钢板连接而成。

格构式构件由分肢和缀件组成，缀件有缀条和缀板两种，用于将分肢连成整体并承受绕虚轴弯曲时的剪力。

实腹式构件构造简单，制造方便，但钢材用量多；格构式构件易实现两主轴方向的稳定性，刚度大，抗扭性能好，用料省。

2. 轴心受力构件受力特点

轴心受拉构件进行截面设计时要考虑强度和刚度的要求；轴心受压构件截面设计除了要考虑强度和刚度的要求，还要考虑整体稳定性和局部稳定性的问题。

（1）强度计算

对轴心受力构件的强度计算，《钢结构设计规范》规定净截面的平均应力不应超过钢材的强度设计值。

（2）刚度计算

为满足结构的正常使用极限状态要求，轴心受压构件不应做得过分柔细，而应具有一定的刚度，以保证构件不会产生过度的变形。轴心受压构件的刚度通常用长细比来衡量，设计时应对轴心受力构件的长细比进行控制。

（3）轴心受压构件的整体稳定

研究表明，细长的轴向受压构件，当压力达到一定大小时，会突然发生侧向弯曲（或扭曲），改变原来的受力性质，从而丧失承载力。此时构件横截面上的应力还远小于材料的极限应力，甚至小于比例极限。这种失效不是强度不足，而是由于受压构件不能保持其原有的直线形状平衡。这种现象称为丧失整体稳定性。

钢结构中由于钢材强度高，构件的截面一般轻而薄，而其长度则又往往较长，因此，当轴心受压构件的长度比较大而截面又没有孔洞削弱时，一般不会因截面的平均应力达到抗压强度设计值而丧失承载能力，其破坏常是由构件失去整体稳定性所致，因此在整体稳定性满足要求时，可不必进行强度计算。

（4）轴心受压构件的局部稳定

轴心受压构件不仅有丧失整体稳定的可能性，而且也有丧失局部稳定的可能性。组成构件的板件，如工字形截面构件的翼缘和腹板，其厚度与其他两个尺寸相比都较小。在均匀压力的作用下，当压力达到某一数值时，板件不能继续维持平面平衡状态而产生凸曲现象，因为板件只是构件的一部分，所以把这种屈曲现象称为丧失局部稳定。

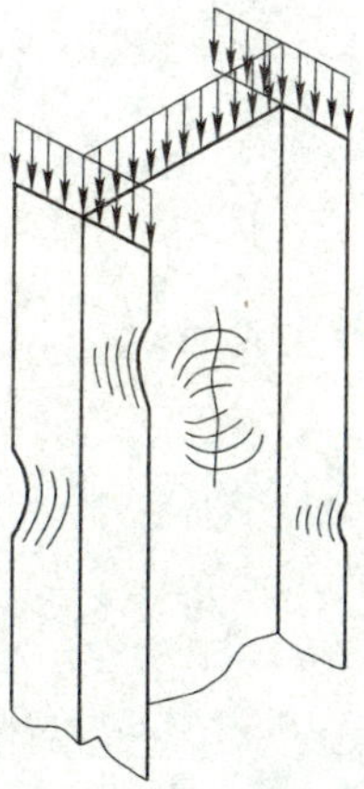

图 7-18　工字形截面轴心受压构件发生局部失稳的变形形态示意图

图 7-18 为工字形截面轴心受压构件发生局部失稳的变形形态示意图，在腹板和翼缘失稳的情况下，构件还可能维持着整体稳定的平衡状态，但由于部分板件屈曲后退出工作，使构件的有效截面减小，导致构件过早丧失承载能力。因此，《钢结构设计规范》规定轴心受压构件必须满足局部稳定的要求。

《钢结构设计规范》规定，对轴心受压构件的局部稳定用板件的宽厚比来限制。对于轴心压杆的板件的宽厚比考虑的是不允许板件的屈曲先于构件的整体屈曲，并以此限制板件的宽厚比。

3. 轴心受压柱的柱头与柱脚

柱的顶部与梁（或桁架）连接的部分称为柱头，其作用是通过柱头将上部结构的荷载传到柱身。柱下端与基础连接的部分称为柱脚，柱脚的作用是将柱身所受的力传递和分布到基础，并将柱固定于基础。

（1）轴心受压柱的柱头

梁与轴心受压柱的柱头连接有两类铰接，一类是梁支承于柱顶上，一类是梁连接于柱的侧面。

① 梁支承于柱顶的构造设计

梁支承于柱顶时，柱顶焊有大于柱轮廓3 cm左右的顶板，厚度为16 ~ 20 mm，与柱焊接并与梁用普通螺栓相连。

如图7–19（a）所示的构造方案，将梁的反力通过支承加劲肋直接传给柱的翼缘。两相邻梁之间留一空隙，以便于安装，最后用夹板和构造螺栓连接。这种连接方式构造简单，对梁长度尺寸的制作要求不高，缺点是当柱顶两侧梁的反力不等时将使柱偏心受压。

如图7–19（b）所示的构造方案，梁的反力通过端部加劲肋的突出部分传至柱的轴线附近，因此即使两相邻梁的反力不等，柱仍接近轴心受压。梁端加劲肋的底面应刨平顶紧于柱顶板。由于梁的反力大部分传给柱的腹板，因而腹板不能太薄且必须用加劲肋加强。两相邻梁间可留一些空隙，安装时嵌入合适尺寸的填板并用普通螺栓连接。对于格构式，为了保证传力均匀并托住顶板，应在两柱肢之间设置竖向隔板。

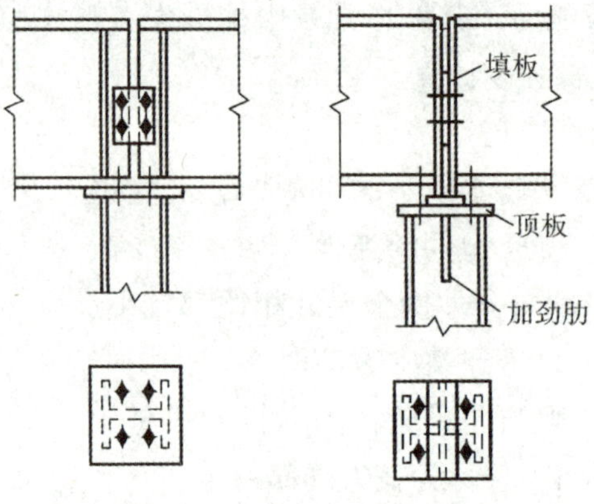

图 7–19　梁支承于柱顶的铰接连接

② 梁支承于柱的两侧的构造设计

在多层框架的中间梁柱连接中，横梁只能在柱侧相连。

图7–20为梁连接于柱侧面的铰接构造。梁的反力由端加劲肋传给支托，支托可采用T形，也可用厚钢板做成，支托与柱翼缘间用角焊缝相连。用厚钢板做支托的方案适用于承受较大的压力，但其制作与安装的精度要求较高。

支托的端面必须刨平并与梁的端加劲肋顶紧以便直接传递压力。考虑到荷载偏心的不利影响，支托与柱的连接焊缝按梁支座反力的1.25倍计算。为方便安装，梁端与柱间应留空隙加填板并设置构造螺栓。当两侧梁的支座反力相差较大时，应考虑偏心，按压弯柱计算。

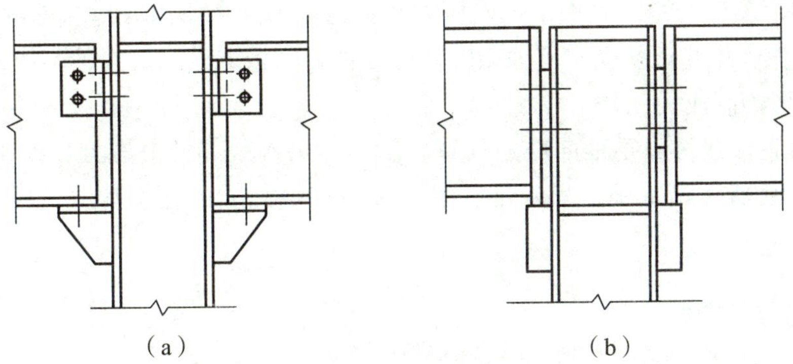

图 7–20　梁连接于柱侧面的铰接构造

（2）轴心受压柱的柱脚

轴心受压柱的柱脚一般由底板、靴梁、隔板等组成，主要传递轴心压力，与基础的连接一般采用铰接。

图7–21为几种常见的平板式铰接柱脚。由于基础混凝土强度远比钢材低，所以必须把柱的底部放大以增加其与基础顶部的接触面积。图7–21（a）是一种最简单的柱脚构造形式，在柱下端仅焊一块底板，柱中压力由焊缝传至底板，再传给基础。这种柱脚只能用于小型柱，如果用于大型柱，底板太厚。

一般的铰接柱脚在柱端部与底板之间增设一些中间传力零件，如靴梁、隔板和肋板等，以增加柱与底板的连接焊缝长度，并且将底板分隔成几个区格，使底板的弯矩减小，厚度减薄。图7–21（b）是格构式柱的柱脚构造。图7–21（c）中靴梁焊于柱的两侧，在靴梁之间用隔板加强，以减小底板的弯矩，并提高靴梁的稳定性。

柱脚是利用预埋在基础中的锚栓来固定其位置的。铰接柱脚只沿着一条轴线设立两个连接于底板上的锚栓。按照构造要求采用2～4个直径为20～25 mm的锚栓。为了便于安装，底板上的锚栓孔径为锚栓直径的1.5～2倍，套在锚栓上的零件板是在柱脚安装定位以后焊上的。底板的抗弯刚度较小，锚栓受拉时，底板会产生弯曲变形，阻止柱端转动的抗力不大，因而此种柱脚仍视为铰接。

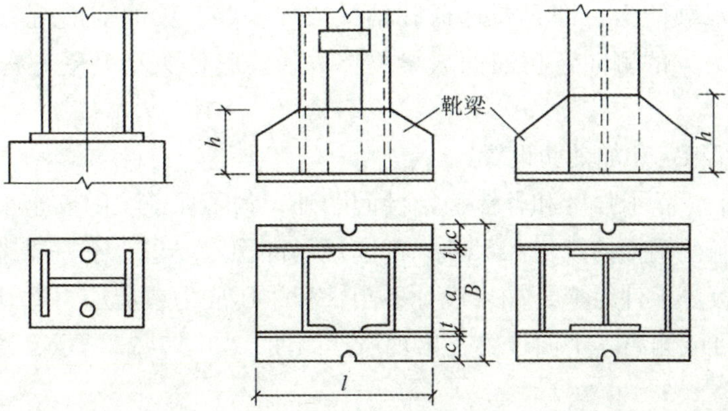

（a）平板式　（b）有靴梁平板式　（c）有靴梁平板式

图 7–21　几种常见的平板式铰接柱脚

铰接柱脚不承受弯矩，只承受轴向压力和剪力。剪力通常由底板与基础表面的摩擦力传递。当此摩擦力不足以承受水平剪力时，应在柱脚底板下设置抗剪键，抗剪键可用方钢、短T形钢或H形钢制成。

铰接柱脚通常仅按承受轴向压力计算，轴向压力N一部分由柱身传给靴梁、肋板等，再传给底板，最后传给基础；另一部分是经柱身与底板间的连接焊缝传给底板，再传给基础。

二、受弯构件

受弯构件是仅受弯矩或弯矩与剪力共同作用的构件，常被称为梁。钢梁在建筑结构中使用广泛，涉及楼盖、屋盖、工作平台、墙梁和吊车梁等。钢梁按制作方法分为型钢梁和组合梁。型钢梁包括热轧和冷弯薄壁型，常用的热轧型钢有工字钢、槽钢和H形钢。冷弯薄壁型钢截面多样，我国常用C形槽钢和Z形钢。这种梁在跨度小、荷载不大时经济，如屋面檩条和墙梁。

型钢梁加工方便、成本低，应优先选用。当荷载和跨度大时，型钢梁可能不满足要求，此时采用组合梁。常用的是焊接H形截面组合梁，简单且制造方便。必要时可采用双层翼缘板。对于荷载大、截面高度受限或抗扭刚度要求高的场合，可采用箱形截面梁或钢与混凝土组合梁，经济效果显著。

1. 梁的受力特点

（1）强度和刚度

钢梁设计需考虑强度和刚度要求，荷载下会产生弯曲、剪和局部承压应力。因此，强度验算应包括抗弯、抗剪和局部承压强度，并验算折算应力。

（2）梁的稳定性特点

受弯构件在最大刚度主平面内受弯，当弯矩不大时，梁的弯曲平衡状态是稳定的，即使有外界各种因素使梁产生微小的侧向弯曲和扭转变位，外界影响消失后，梁仍能恢复原来的状态。然而，当弯矩增大到某一数值后，梁会突然出现很大的侧向弯曲并伴随扭转，失去继续承载能力，即只要外荷载稍微增加一些，梁的变形就急剧增加并导致破坏。这种现象称为梁的侧向弯扭屈曲或梁整体失稳。整体失稳是受弯构件的主要破坏形式之一。

（3）梁的局部稳定和加劲肋设置

在梁的设计中，除了强度和整体稳定性问题外，为了保证梁的安全承载还必须考虑局部稳定问题。轧制型钢梁的规格和尺寸，都满足局部稳定要求，不需要进行验算。组合梁一般由翼缘和腹板等板件组成，如果设计不当，板中压应力或剪应力达到某一数值后，腹板或受压翼缘有可能偏离其平面位置，出现波形鼓曲，如图7-22所示，这种现象称为梁局部失稳。

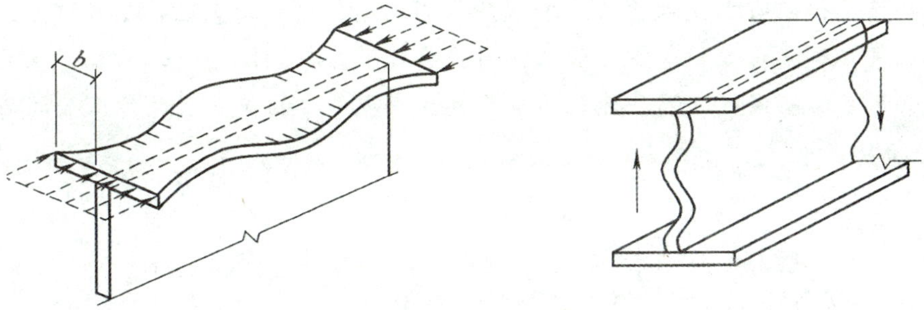

（a）翼缘 （b）腹板

图 7–22 梁局部失稳

2. 梁的拼接与连接

在制造中，当材料的长度不能满足构件的长度要求时，必须进行接长拼接。梁的拼接有工厂拼接和工地拼接两种。

（1）工厂拼接

如果梁的长度、高度大于钢材的尺寸，常需要先将腹板和翼缘用几段钢材拼接起来，然后再焊接成梁，这种拼接一般在工厂中进行，称为工厂拼接。

焊接组合梁的工厂拼接，翼缘和腹板的拼接位置最好错开并用对接直焊缝相连。腹板的拼接焊缝与横向夹紧肋之间至少应相距 $10t_w$。

对接焊缝施焊时宜加引弧板，并采用一级或二级焊缝，这样拼接处与钢材截面可以达到强度相等，因此拼接可以设在梁的任何位置，但是当用三级焊缝时，由于焊缝抗拉强度比钢材抗拉强度低（约低 15%），这时应将拼接布置在梁弯矩较小的位置，或者采用斜焊缝。

（2）工地拼接

跨度大的梁因运输或安装限制，需分段运至工地或吊至高空拼接。拼接位置通常在梁弯矩较小处，使翼缘和腹板在同一截面断开，便于运输。高大梁在工地施焊不便翻身，因此上、下翼缘拼接边缘应做成向上开口的 V 形坡口，便于俯焊。为减小焊接应力，工厂焊的翼缘焊缝端部应留一段不在工厂施焊，留到工地按适宜顺序最后焊接。此外，为改善拼接处受力情况，翼缘和腹板接头可略微错开，但运输单元凸出部分应特别保护。由于现场施焊条件较差，焊缝质量难以保证，因此较重要或受动力荷载的大型梁，其工地拼接宜采用高强度螺栓。

知识链接

拉弯构件和压弯构件的受力特点

拉弯构件是指那些同时承受轴线拉力和弯矩作用的构件，如图 7–23（a）所示，包括偏心受拉的构件、有端弯矩和有横向荷载作用的拉杆等。例如，桁架下弦在仅受轴心拉力作用时属于轴心拉杆，但若存在非节点横向力，则转变为拉弯构件。在钢结构中，拉弯构件的应用相对较少。

压弯构件是指同时承受轴线压力和弯矩作用的构件，如图7–23（b）所示，包括偏心受压的构件、有端弯矩和有横向荷载作用的压杆等。在钢结构中，压弯构件的应用十分广泛，如厂房的框架柱、高层建筑的框架柱、海洋平台的支柱以及负有节间荷载的桁架上弦等。

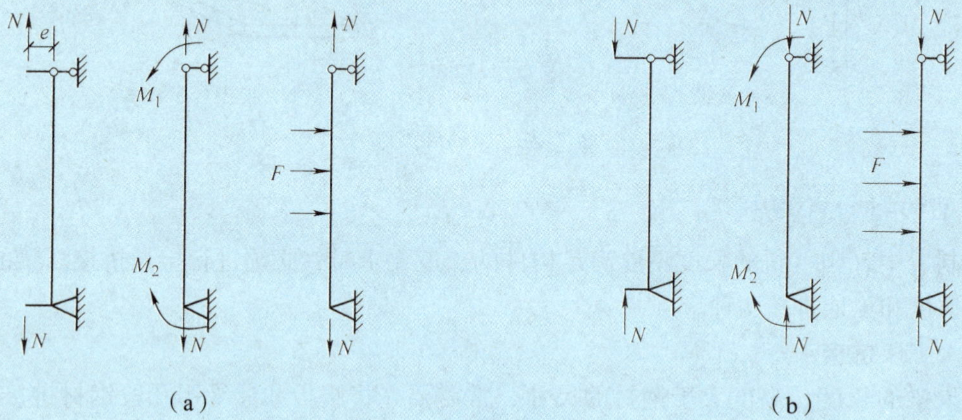

图 7–23　拉弯构件和压弯构件

任务四　钢　屋　盖

一、钢屋盖结构的组成

钢屋盖结构通常由屋面板、檩条、屋架、托架、天窗架和屋盖支撑系统等构件组成。根据屋面材料和屋面结构布置情况的不同，可分为无檩屋盖结构体系和有檩屋盖结构体系，如图7–24所示。

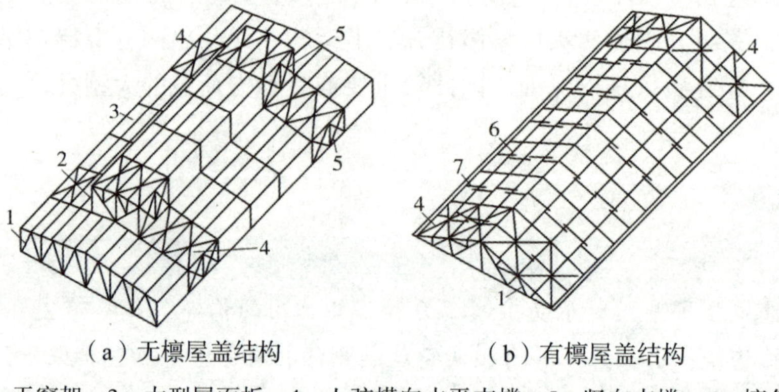

（a）无檩屋盖结构　　（b）有檩屋盖结构

1—屋架；2—天窗架；3—大型屋面板；4—上弦横向水平支撑；5—竖向支撑；6—檩条；7—拉条。

图 7–24　屋盖结构体系

1. 无檩屋盖结构体系

无檩屋盖结构体系中，屋面板多为预应力钢筋混凝土大型屋面板等新型材料，直接放置于屋架或天窗架上。屋架间距与屋面板长度一致，通常为6 m或12 m。当柱距大于屋面板跨度时，使用托架或托梁支撑中间屋架。屋面板上常采用卷材防水，适用于1∶8～1∶12的较小坡度，梯形屋架作为主要承重构件。该体系简单，构件少，安装方便，施工快，刚度和整体性能好，耐久性强；但自重大，需增加屋架杆件和下部结构截面，对抗震不利，且屋面板与屋架上弦杆焊接质量难以保证，只能优先考虑屋面板空间作用，屋盖支撑不可取消。

2. 有檩屋盖结构体系

有檩屋盖结构体系常用于轻型屋面材料，如压型钢板、压型铝合金板、石棉瓦、瓦楞铁皮等。对于石棉瓦和瓦楞铁皮，屋架间距为6 m，柱距大于或等于12 m时，用托架支承中间屋架。对于压型钢板和压型铝合金板，屋架间距常大于或等于12 m，适用于较陡的屋面坡度，常用坡度为1∶2～1∶3，常采用三角形屋架作为主要承重构件。当用压型钢板做屋面且采用较好防水措施时，屋面坡度可为1∶12或更小，此时也可用H型钢梁作为主要承重构件。

有檩体系屋盖材料种类多，屋架间距和布置灵活，自重轻，用料省，运输和安装轻便；但屋面刚度较差，构件种类和数量多，构造复杂。

二、屋盖结构的支撑体系

屋架在其平面内呈现出几何稳定性，并具备较高的刚度，从而能够有效承受来自该平面内的各类荷载。然而，在屋架平面外，即垂直于屋架平面的侧向方向上，其刚度和稳定性表现较差，不具备承受水平荷载的能力。为确保整体结构的稳定性与承载能力，需在各个平面屋架（桁架）间增设支撑与纵向杆件（系杆），使它们共同构成一个空间几何稳定的整体结构。这些增设的支撑与系杆，统称为屋盖支撑，是确保整个结构稳定性的关键组成部分。

屋盖支撑系统可分为横向水平支撑、纵向水平支撑、竖向支撑及系杆，屋盖支撑布置图，如图7–25所示。

1. 横向水平支撑

横向水平支撑布置在屋架上、下弦及天窗架上弦平面，是沿屋架方向布置的支撑。

（1）上弦横向水平支撑

上弦横向水平支撑是无论有檩体系或无檩体系都必须设置的。它在屋架上弦平面全长布置，形成一平行弦桁架。它的弦杆即屋架的上弦杆，腹杆由斜杆和竖杆组成。当屋架有檩条时，檩条可兼做支撑竖杆。

上弦横向水平支撑一般设置在厂房每个温度区段两端的第一个柱间，当厂房端部不设屋架或设有纵向天窗时，可将其布置在第二个柱间，但在第一个柱间要设置刚性系杆。两道横向水平支撑间的距离不宜大于60 m，当温度区段长度较大时，还应在厂房中部增设横向水平支撑。

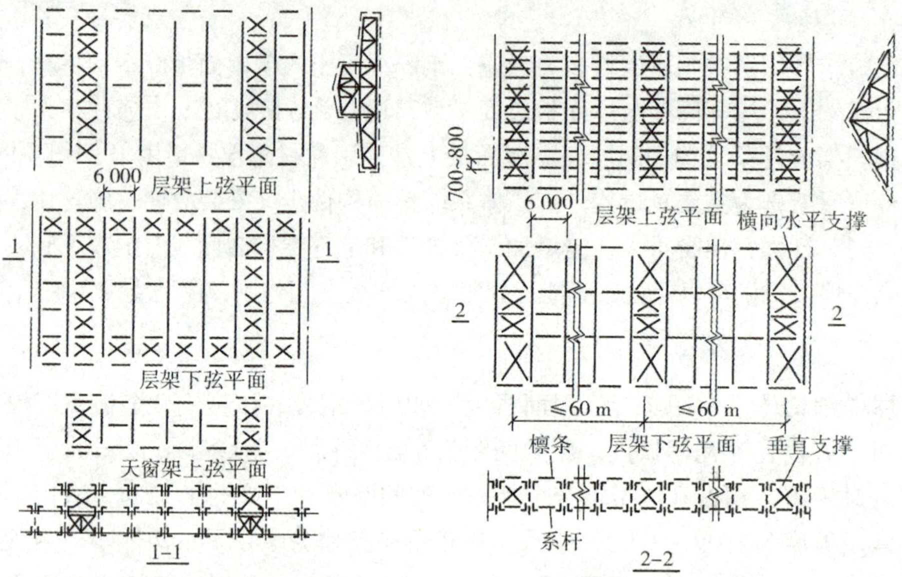

（a）无檩屋盖的支撑设置　　（b）有檩屋盖的支撑设置

图 7–25　屋盖支撑布置图（单位：mm）

（2）下弦横向水平支撑

下弦横向水平支撑在屋架下弦平面全长布置，与上弦横向水平支撑位于同一开间，形成空间稳定体。它是平行弦桁架，弦杆为屋架下弦，腹杆由斜杆和竖杆组成，形式与上弦相同。纵向间距要求与上弦相同。在屋架跨度小、无悬挂吊车、桥式吊车吨位不大、无振动设备时，可不设下弦横向水平支撑。

（3）纵向天窗架上弦横向支撑

无论有檩或无檩屋盖体系，在每个天窗架区段的两端及中部与屋架上弦横向支撑相对应区间内均应设置上弦横向支撑。

2. 纵向水平支撑

纵向水平支撑应设在屋架两端节间处，沿房屋全长布置。它形成平行弦桁架，与横向水平支撑构成封闭支撑框架，确保屋盖结构的水平刚度。

当屋架间距小于12 m时，纵向水平支撑通常设置在下弦平面，但特殊情况下也可设置在上弦平面。当屋架间距大于或等于12 m时，建议在上弦平面内设置纵向水平支撑。

纵向水平支撑数量多、耗钢量大，通常在房屋有大型振动设备、较大高度或跨度或高空间刚度要求时设置。在设有托架的房屋中，为确保托架侧向稳定，需在托架范围及两端各延伸一个柱间设置下弦纵向水平支撑。

3. 竖向支撑

（1）屋架竖向支撑

屋架竖向支撑通常在横向水平支撑区间内设置，形成空间稳定体。它是一个平行弦桁架，跨长与屋架间距相等。其上、下弦杆分别与上、下弦横向水平支撑的竖杆相连，端竖杆是屋架的竖杆或斜竖杆。竖向支撑中央腹杆的形式由支撑桁架的高跨比决定，常采用W形或双节间交叉斜杆等形式。腹杆截面可采用单角钢或双角钢T形截面。

竖向支撑沿跨度方向的设置须结合屋架的形式和跨度决定。梯形屋架两端均应各设一道竖向支撑；当梯形屋架跨度 $l \leqslant 30$ m、三角形屋架 $l \leqslant 24$ m时，应在跨中设置一道竖向支撑；当梯形屋架跨度 $l>30$ m、三角形屋架 $l>24$ m时，则宜在跨中约1/3处或天窗架侧柱处设置两道竖向支撑；芬克式屋架，当无下弦横向平面支撑时，虽跨度不大，仍宜在跨中设置两道竖向支撑，如图7–26所示。

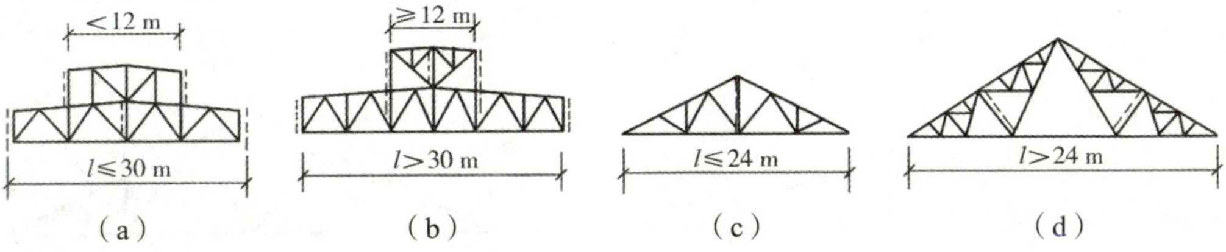

图7–26　竖向支撑的布置

（2）天窗架竖向支撑

天窗架竖向支撑应设在有上弦横向水平支撑天窗架区段，并沿天窗两侧立柱平面内设置竖向支撑；当天窗跨度≥12 m时，尚应在中央竖杆平面内增设一道竖向支撑。

4. 系杆

（1）屋架系杆

为了支持未支撑的屋架和天窗架，应在支撑节点处设置系杆，以保证其稳定和传递水平力。对于无檩屋盖，大型屋面板可充当系杆，但仍需在特定位置设置额外的系杆。对于有檩屋盖，檩条可兼做系杆，只需在特定位置设置系杆。在屋架下弦平面内，也应在特定位置设置系杆。系杆分为柔性和刚性两种，设计时需按不同长细比进行控制。一般在屋架下弦端部及上弦屋脊处需设置刚性系杆，其他可设为柔性系杆。

（2）天窗架系杆

在纵向天窗架上弦屋脊节点处设置通长刚性系杆，在天窗架上弦两侧端节点处设置通常水平柔性系杆。柔性系杆可用檩条或窗檩替代，大型屋面板可作受拉系杆考虑。

三、钢屋架的形式

常见的钢屋架形式按其外形可分为三角形、梯形、平行弦、人字形等。屋架的选型应综合考虑使用要求、受力、施工及经济效果等因素。

1. 三角形屋架

三角形屋架适用于屋面坡度较陡（i=1：2～1：3）的有檩体系屋盖，如图7–27所示。三角形屋架端部只能与柱铰接，故房屋整体横向刚度很低。其弯矩图与屋架外形相差较大，致使屋架弦杆受力不均，支座处内力很大，跨径较小，当弦杆采用同一规格截面时，其承载力不能得到充分利用。

三角形屋架的腹杆布置常用如图7–27（a）、图7–27（b）所示的芬克式，和人字式，如图7–27（d）所示。芬克式屋架腹杆较多，但压杆短，拉杆长，受力合理，且它可以分成两个小屋架和一根直杆，便于运输。人字式屋架的腹杆较少，但受压腹杆较长，适用于跨度$l \leqslant 18$ m的屋架。

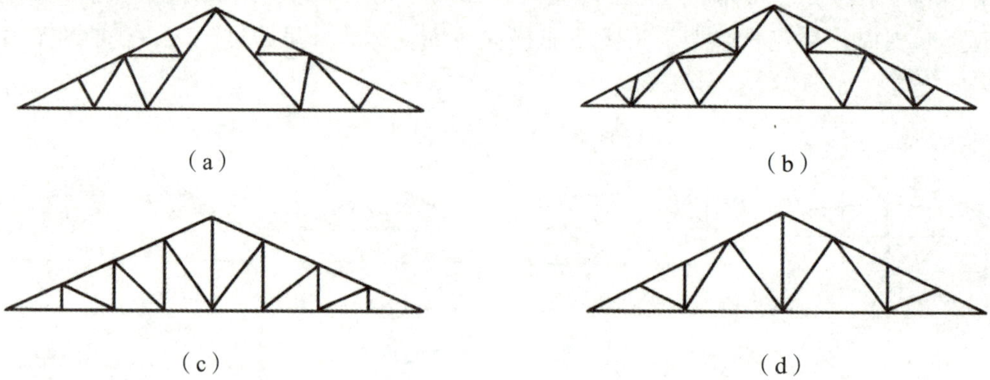

图 7–27　三角形屋架

若将三角形屋架的两端高度改为500 mm后，屋架支座处上、下弦的内力大大减少，改善了屋架的工作情况。三角形屋架的上、下弦杆交角一般都较小，尤其在屋面坡度不大时更小，使支座节点构造复杂。故三角形屋架一般只宜用于中、小跨度的轻屋面结构，如图7–28所示。

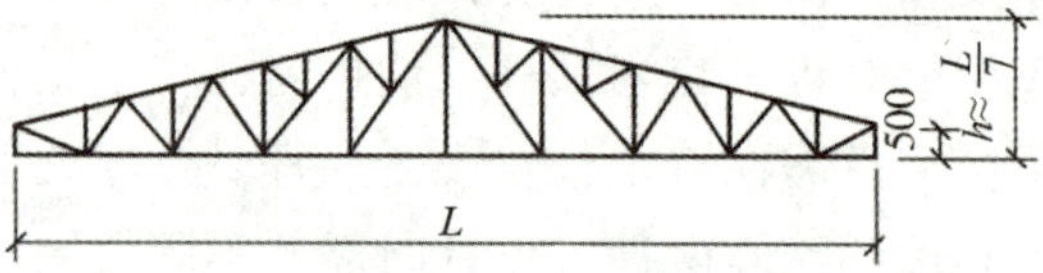

图 7–28　三角形屋架改变端部高度（单位：mm）

从内力分配的角度看，三角形屋架的外形不太合理，但是从建筑物的整体布局和用途出发，当采用短尺压型钢板、波形石棉瓦和瓦楞铁等时，其排水坡度要求较陡，还是应采用三角形屋架。

2. 梯形屋架

梯形屋架适用于屋面坡度平缓的无檩屋盖体系和采用长尺压型钢板和夹芯保温板的有檩屋盖体系。其屋面坡度（i=1：8～1：16），跨度$l \geqslant 18$ m。梯形屋架外形与均布荷载的弯矩图比较接近，因而弦杆内力比较均匀。在全钢结构厂房中，一般将梯形屋架与柱做成刚接，以提高房屋横向刚度。当屋架支承在钢筋混凝土柱或砖柱上时，只能做成铰接。

梯形屋架的腹杆体系可采用单斜式、人字式和再分式，如图7–29所示。人字式按支座斜杆与弦杆组成的支承点在下弦或上弦分成下承式和上承式两种。一般情况下，与柱刚接的屋架宜采用下承式，与柱铰接的则两者均可。

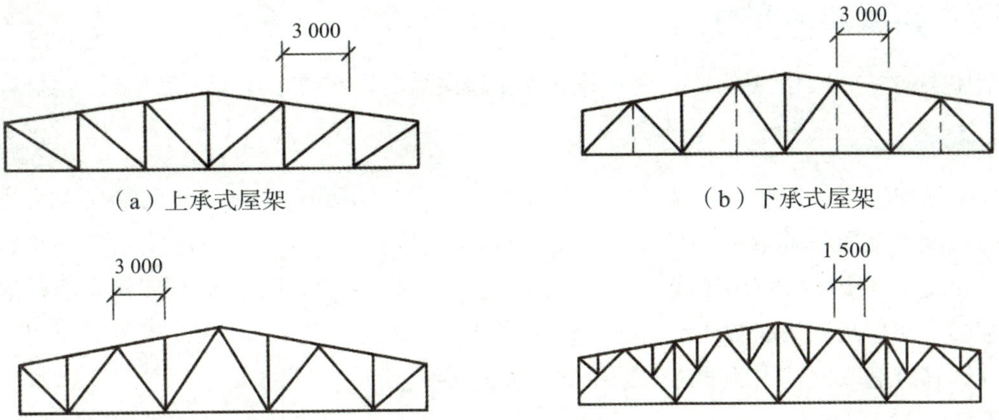

（a）上承式屋架　（b）下承式屋架
（c）上承式屋架　（d）下承式屋架

图 7-29　梯形屋架（单位：mm）

3. 平行弦屋架和人字形屋架

平行弦屋架的上、下弦杆平行，与柱连接可做成刚接或铰接，多用于单坡屋盖，如图 7-30（a）所示或用作托架，支撑桁架也属于平行弦桁架类。用两个平行弦屋架做呈人字形屋架，可做成不同坡度（i=1：10～1：20），如图 7-30（b）所示，以增加建筑净空，减少压顶感觉。另外，为改善屋架受力，屋架的上、下弦杆也可做成不同坡度或下弦中部做一水平段，如图 7-30（c）所示。近年来由于长尺压型钢板大量采用，尤其是新角弛式压型钢板的应用，屋面坡度可做到 1：20～1：30，甚至 1：50，因此平行弦屋架应用较多。

平行弦桁架用于支撑时其腹杆常采用交叉式，如图 7-30d 所示，用作屋架时其腹杆则多采用人字式，如图 7-30（a）和图 7-30（b）所示，且一般宜采用上承式，这种形式不但安装方便而且可使折线拱的推力与上弦杆的弹性压缩相互抵消，在很大程度上减小了对柱的不利影响。

人字形屋架有较好的空间观感，制作时可不再起拱，且腹杆长度一致，节点类型统一，符合标准化、工业化制造的要求，故多用于较大跨度。我国近年来在一些大跨度工业厂房中就采用了坡度 i=5：100～2：100 的人字形屋架，构造简单、制作方便。

（a）　（b）
（c）　（d）

图 7-30　平行弦屋架和人字形屋架

四、钢屋架的尺寸

钢屋架的主要尺寸为跨度l、跨中高度h和起拱高度，对梯形屋架还有端部高度h_0。

1. 跨度

柱网横向轴线的间距即屋架的标志跨度l，屋架的计算跨度l_0是屋架两端支座反力的间距。当屋架简支于钢筋混凝土柱或砖柱上且柱网采用封闭结合时，考虑屋架支座处的构造尺寸（使支座外缘不致超出轴线），一般可取$l_0=l-$（300～400）mm；当屋架支承于钢筋混凝土柱上，而柱网采用非封闭结合时，计算跨度等于标志跨度，即$l_0=l$；当屋架与钢柱刚接时，其计算跨度取钢柱内侧面之间的距离，如图7–31所示。

2. 高度

屋架的高度取决于建筑高度、刚度要求和经济高度等条件，同时还须结合屋面坡度和满足运输界限的要求。屋架的最大高度不能超过运输界限，最小高度应满足屋架容许挠度（$[v]=1/500$）的需要，经济高度则应根据屋架杆件的总用钢量为最小的条件确定。

（1）三角形屋架的高度，当屋面坡度为1∶2～1∶3时，不小于跨度的1/6～1/4。

（2）梯形屋架的中部高度主要由经济高度决定，当上弦坡度为1∶8～1∶12时，跨中高度一般不小于屋架跨度的1/15～1/10，跨度大或荷载小时取小值，跨度小或荷载大时取大值；屋架端部高度随坡度而改变，当与柱铰接时为1.6～2.2 m，刚接时为2～2.5 m，端弯矩大时取大值，端弯矩小时取小值。

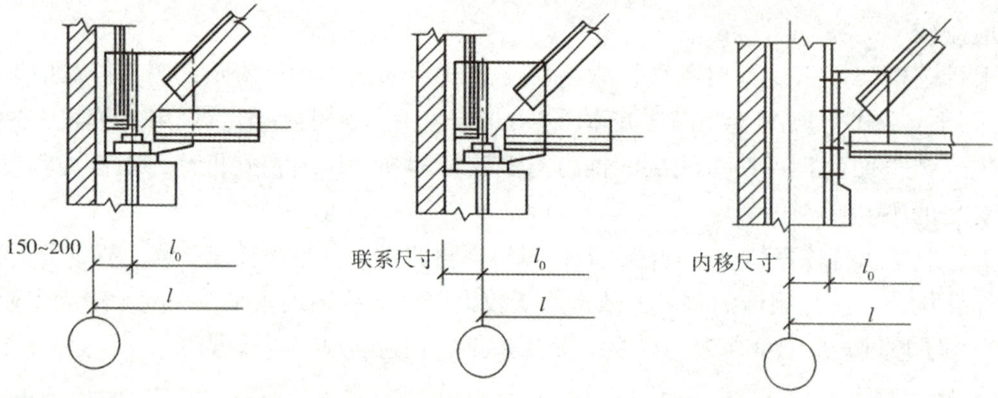

图7–31　屋架的计算跨度（单位：mm）

（3）平行弦屋架的截面高度为跨度的1/18～1/12，通常为2～2.5 m。跨度大于36 m时可稍大，但不宜超过3 m。当人字形屋架轴线坡度大于1/7且与柱铰接时，应将其视为折线横梁进行框架分析；当与柱铰接时，即使采用了上承式也应考虑竖向荷载作用下折线拱的推力对柱的不利影响，设计时要求在檩条及屋面板等安装完毕后再将屋架支座焊接固定。

3. 起拱高度

对跨度较大的屋架，在横向荷载作用下将产生较大的挠度，有损外观并可能影响屋架的正常使用。因此，对跨度$l \geqslant 15$ m的三角形屋架和跨度$l \geqslant 24$ m的梯形、平行弦屋架，当下弦无向上曲折时，宜采用起拱，即预先给屋架一个向上的反挠度，以抵消屋架受荷后产生的部分挠度。起拱高度一般为其跨度的1/500左右。

知识链接

钢屋架的绘制要求

钢屋架施工图作为钢结构厂房设计图中的主要构件图，是指导钢结构制造和安装的技术文件，钢结构的制造和安装部门将依据它绘制施工详图，一般应按运输单元或安装单元绘制，但当屋架对称时，可仅绘制半榀屋架。钢屋架的绘制要求如下。

（1）钢屋架施工图包括正面图、上下弦平面图、侧面和剖面图，以及特殊零件图、材料表和说明等。

（2）屋架简图在左上角，注明杆件长度和内力设计值。对于大跨度屋架，需注明起拱的拱度值。

（3）施工图主要绘制屋架正面图、上下弦平面图、侧面和剖面图，以及节点大样图。比例尺一般为1∶20～1∶30，节点和截面尺寸为1∶10～1∶15。重要节点可加大比例尺以清晰表达。

（4）施工图中需注明零件型号、尺寸和编号，并附材料表。相同零件采用同一编号，并在材料表中注明正或反字样以区分。对于仅在少数部位构造不同的屋架，可在图上注明所属屋架编号，以便在同一张施工图上绘制多个屋架。材料表中需注明各零件的编号、截面、规格、长度、数量和重量等，以便备料和计算用钢量。

（5）施工图中需注明各零件的定位尺寸、孔洞位置以及对制造和安装的要求。定位尺寸包括轴线至T型钢背或角钢肢背的距离，节点中心至各杆杆端和至节点板上、下和左、右边缘的距离等。螺栓孔位置需符合型钢上容许线距和螺栓排列的最大、最小容许距离的要求。其他制造和安装要求也需注明，如零件切斜角、孔洞直径和焊缝尺寸等。拼接焊缝需标出安装焊缝符号以适应运输单元的划分和拼装。

（6）施工图说明包括钢材钢号、焊条型号、焊接方法和质量要求，未注明的焊缝和螺孔尺寸，油漆、运输、制造和安装要求等不宜用图表达的内容。

项目小结

钢结构是一种常见的建筑结构形式，主要是由钢构件组成，具有强度高、质量轻、抗震性能好等优点。

建筑钢材是钢结构的重要组成部分，根据其化学成分、制造方法、性能特点等可以分为不同的种类。常见的建筑钢材有碳钢、不锈钢、铝合金钢等。在选用建筑钢材时，需要根据工程需求、环境条件、经济因素等进行综合考虑。一般来说，强度高、塑性好、耐腐蚀、重量轻等性能是优先考虑的因素。

钢结构的连接方式对于结构的稳定性和安全性至关重要。常见的连接方式有焊接、螺栓连接、铆钉连接等。在选择连接方式时，需要根据构件的尺寸、质量、受力情况等进行综合考虑。一般来说，焊接适用于小尺寸、轻量化的构件连接，螺栓连接适用于大尺寸、质量化的构件连接。同时，还需要考虑连接的可靠性和耐久性。

钢结构构件是构成结构的基本单元，包括柱、梁、板等。在选择钢结构构件时，需要根据设计要求、施工条件、材料性能等进行综合考虑。一般来说，需要保证构件的强度、刚度、稳定性、延性等满足要求，同时考虑构件的加工制造和安装调试的难易程度。

钢屋盖是钢结构的重要组成部分，包括屋架、檩条、吊顶等。在选择钢屋盖时，需要考虑屋面的形状、荷载情况、防水要求等，同时考虑材料的性能和加工制造的难易程度。一般来说，需要保证钢屋盖的强度、刚度、稳定性等满足要求，同时考虑美观和实用性的平衡。

通过本项目的学习，首先，读者能够对不同类型的建筑钢材有深入的理解，从而在设计和施工过程中作出更合理的材料选择。其次，读者能够掌握钢结构连接的技术和方法，可以确保钢结构的稳固性和安全性，提高建筑的整体质量。再次，对于钢结构构件的学习，读者能够了解其在建筑中的重要作用，以及如何正确地进行设计和安装。最后，通过钢屋盖的学习，读者可以掌握其在大型公共建筑和工业厂房中的应用技术，为构建现代化、高效能的建筑空间提供有力支持。

课后习题

一、填空题

1. 碳素结构钢按含碳量的多少，可分成 ________、中碳钢和高碳钢。

2. 焊接方法很多，钢结构中主要采用 ________，薄钢板（$t \leqslant 3$ mm）的连接有时也可以采用电阻焊或气焊。

3. 柱通常由柱头、柱身和柱脚三部分组成，柱头支承上部结构并将其荷载传给 ________，柱脚则把荷载由柱身传给基础。

4. 钢屋盖结构通常由屋面板、檩条、屋架、________、天窗架和屋盖支撑系统等构件组成。

二、简答题

1. 建筑钢材的规格有哪几种？

2. 建筑钢材的选择原则有哪些？

3. 钢结构中常用的焊接方法有哪些？

项目八

建筑基础

项目导读

建筑基础是建筑结构体系的重要组成部分，它起着承重、传递荷载、防潮、抗渗等功能。建筑基础位于建筑物的地下部分，支撑着上部建筑物的全部荷载，并将其传递给地基。

建筑基础根据材料不同，可以分为砖基础、毛石基础、混凝土基础、钢筋混凝土基础等类型。根据构造形式不同，可以分为独立基础、条形基础、片筏基础、箱形基础等。基础的选择需要根据上部建筑物的用途、荷载、地基条件等因素来确定。

建筑基础的设计和施工需要遵循一定的规范和标准，需要考虑地基条件、基础形式、材料性能、环境条件等因素，进行合理的结构设计。同时，需要注重施工质量，确保结构的稳定性和安全性。在基础的使用过程中，需要定期进行维护和检查，确保基础的正常使用。

学习目标

知识目标

◆了解基础的类型和初步选型方法。

◆熟悉天然地基浅埋基础和桩基础的基本原理和特点。

技能目标

◆能够根据工程需求和地质条件，选择合适的浅埋基础类型或桩基础，并能进行基础的施工图设计。

◆具备计算和分析基础承载力、沉降、稳定等问题的能力。

素质目标

◆培养学生的团队协作精神，能在基础设计和施工中与团队成员协作完成工作。

◆培养学生的责任感，能对自己的基础设计工作进行认真检查和评估。

◆培养学生的问题解决能力，能在遇到基础设计问题时及时分析并找到解决方案。

◆培养学生严谨的科学态度和认真的工作态度，注重基础设计的规范性和安全性。

思政目标

◆培养学生树立正确的职业观念，认识到基础设计在建筑工程中的重要性，激发学习热情和积极性。

◆培养学生爱国主义精神，为祖国的繁荣昌盛贡献自己的力量。

◆培养学生良好的职业道德和诚信品质，遵守行业规范，维护行业秩序。

任务工单

一、任务名称

基础施工图绘制与解读。

二、任务目的

掌握基础施工图的绘制方法，学会解读基础施工图，了解基础的尺寸、位置、构造等信息，培养实际操作能力和问题解决能力。

三、任务内容

（1）选择一个实际工程项目的基础施工图，进行图纸分析，了解基础的类型、尺寸、位置、配筋等信息。

（2）根据工程需求和地质条件，绘制基础施工图，包括图纸比例、标注、图例等。

（3）对基础施工图进行自查和互查，确保图纸的准确性和完整性。

四、实施过程

（1）收集基础施工图，了解基础的类型、尺寸、位置、配筋等信息。

（2）根据工程需求和地质条件，选择合适的绘图软件，如AutoCAD等，进行基础施工图的绘制。

（3）照图纸规范和标注方式，完成基础施工图的绘制。

（4）对基础施工图进行自查和互查，发现问题并及时解决。

（5）整理绘制成果，包括基础施工图的纸质版和电子版。

五、实施要求

（1）确保绘图软件操作熟练，能够独立完成基础施工图的绘制。

（2）认真阅读基础施工图，了解图纸中的信息，并进行标注和说明。

（3）严格按照图纸规范和标注方式进行绘制，确保图纸的准确性和完整性。

六、任务评价

围绕以下几个方面内容，为本次任务的完成情况写一段简单的评价总结。

（1）基础施工图的绘制质量，包括图纸比例、标注、图例等是否符合规范。

（2）解读基础施工图的能力，包括对基础类型、尺寸、位置、配筋等信息的理解和掌握程度。

（3）实际操作能力和问题解决能力。

____

____

____

____

任务一　基础的类型与初步选型

一、基础的类型

任何建筑物都是建造在地层上，因此，建筑物的全部荷载都应由它下部的地层来承担。受建筑物影响的那一部分地层称为地基，直接与地基接触并将上部结构荷载传给地基的那部分结构称为基础。

基础按其埋置深度的不同，可分为浅基础和深基础两大类。埋置深度小于等于5 m的基础属于浅基础；当浅层土质不良，需要埋置在较深的土层（大于5 m）中并采用专门的施工机具和方法施工的基础则属于深基础。

在天然地基上修筑浅基础时施工方便，不需要复杂的施工设备，因而工期短、造价低；而人工地基及深基础往往施工比较复杂，工期较长，造价较高。因此如能保证建筑物的安全和正常使用，宜优先采用浅基础。

基础根据结构形式可分为扩展基础、柱下条形基础、柱下十字形基础、筏形基础、箱形基础、桩基础等。根据基础所用材料的性能又可分为刚性基础（无筋扩展基础）和柔性基础（钢筋混凝土基础）。

1. 扩展基础

墙下条形基础和柱下独立基础（单独基础）统称为扩展基础。扩展基础的作用是把墙或柱的荷载侧向扩展到土中，使之满足地基承载力和变形的要求。扩展基础包括无筋扩展基础和钢筋混凝土扩展基础。

（1）无筋扩展基础

无筋扩展基础是指由砖、毛石、素混凝土或毛石混凝土、灰土和三合土等材料组成的无须配置钢筋的墙下条形基础或柱下独立基础，如图8–1所示。

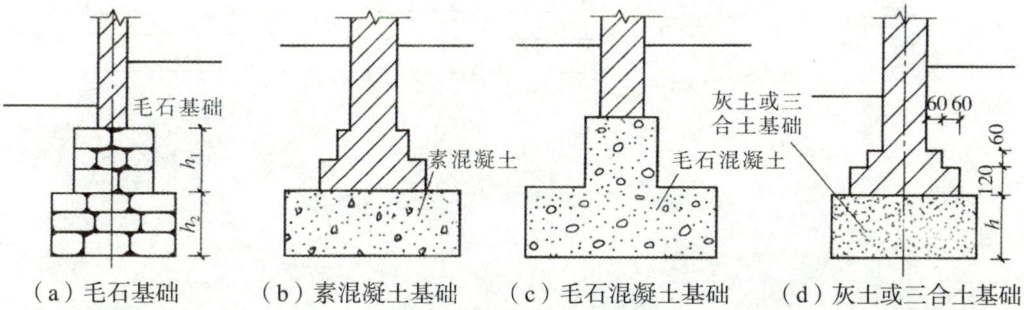

图8–1　常见无筋扩展基础示意图（单位：mm）

无筋基础的材料都具有较好的抗压性能，但抗拉、抗剪强度都不高，设计时，一般通过选择合理的基础高度，来保证基础内产生的拉应力和剪应力不超过相应的材料强度设计值。这种基础几乎不发生挠曲变形，因此，无筋基础也称为刚性基础。无筋扩展基础适用于多层民用建筑和轻型厂房。

（2）钢筋混凝土扩展基础

钢筋混凝土扩展基础常指墙下钢筋混凝土条形基础和柱下钢筋混凝土独立基础。这类基础的抗弯和抗剪强度大，整体性、耐久性较好，与无筋基础相比，其基础高度较小，因此，适用于基础底面积大而埋置深度较小的情况。

① 墙下钢筋混凝土条形基础

墙下钢筋混凝土条形基础的构造如图 8–2 所示。一般情况下可采用无肋的墙下钢筋混凝土条形基础，当地基土的压缩性不均匀时，为了增加基础的整体性，减少不均匀沉降，可采用带肋的条形基础，肋部应配置足够的纵向钢筋和箍筋。

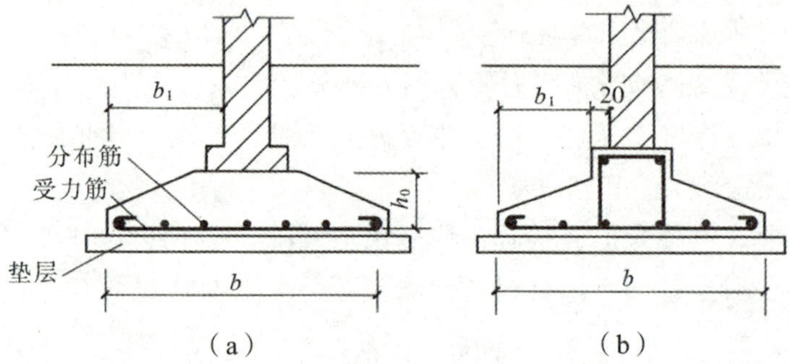

图 8–2　墙下钢筋混凝土条形基础的构造

② 柱下钢筋混凝土独立基础

现浇柱的独立基础可做成锥形或阶梯形；预制柱则采用杯形基础。杯口基础常用于装配式单层工业厂房。柱下钢筋混凝土独立基础的构造如图 8–3 所示。

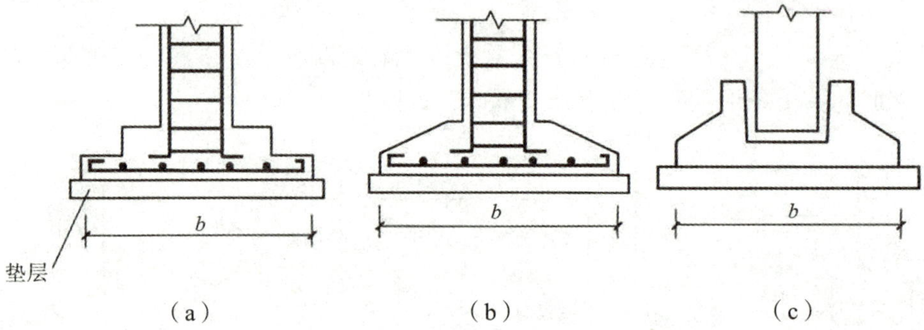

图 8–3　柱下钢筋混凝土独立基础的构造

2. 柱下条形基础

在框架、排架结构中，当地基比较软弱且荷载较大时，为加强基础之间的整体性，减少不均匀沉降，可以单向在柱子下做一条钢筋混凝土梁，将各柱子联合起来，成为柱下条形基础，如图 8–4 所示。当荷载很大，地基软弱，且在两个方向荷载和土质都不均匀，在柱网下纵横两个方向均设有柱下条形基础时，便成为十字交叉基础。这种基础在纵横两个方向均有一定的刚度，具有良好的调节不均匀沉降的能力。

柱下条形基础构造除满足扩展基础的构造要求外，尚应符合下列规定。

（1）柱下条形基础梁的高度宜为柱距的1/8～1/4。翼板厚度不应小于200 mm，当翼板厚度大于250 mm时，宜采用变厚度翼板，其坡度宜小于或等于1∶3。

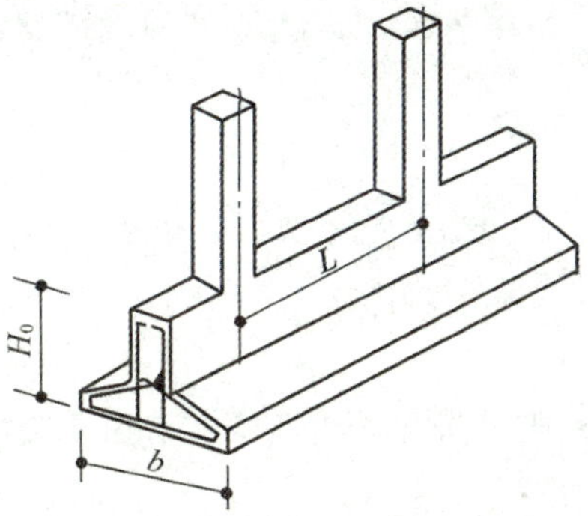

（a）

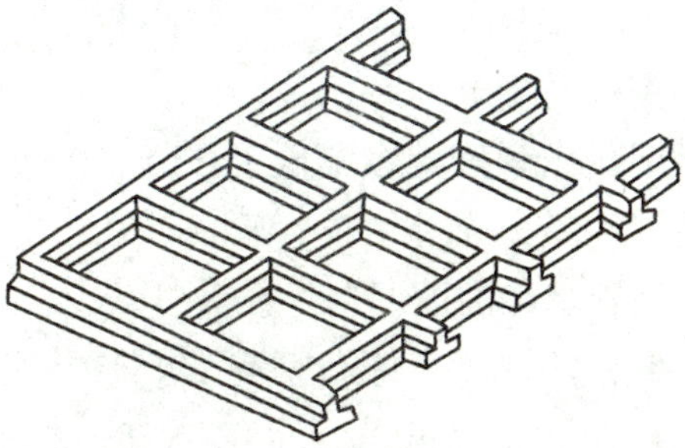

（b）

图 8–4 柱下钢筋混凝土条形基础

（2）在基础平面布置允许的情况下，条形基础的端部宜向外伸出一定长度，以增大底面面积，改善端部基础的承载条件，但伸出也不宜过长，其长度宜为第一跨距的0.25倍。

（3）现浇柱与条形基础梁的交接处，一般情况下，基础梁宽度宜每边宽出柱子50 mm，当与基础梁轴线垂直的柱边长大于或等于600 mm时，可仅在柱位处将基础梁局部加宽。

（4）基础梁受力复杂，既受纵向整体弯曲作用，柱间还有局部弯曲作用，二者叠加后，支座及跨中弯曲方向实际上难以按计算结构可靠确定，故通常梁的上、下均要配筋。条形基础梁顶部和底部的纵向受力钢筋除满足计算要求外，顶部钢筋按计算配筋且全部贯通，底部通长钢筋应不少于底部钢筋截面总面积的1/3。

（5）梁上、下纵向受力筋配筋率各不少于0.2%。当梁高于700 mm时，应在梁两侧沿高度每隔300～400 mm加设构造筋，直径不小于10 mm。梁中箍筋直径不应小于8 mm，弯起筋与箍筋肢数按弯矩及剪力图配置。当梁宽$b<350$ mm时用双肢箍，当350 mm $\leqslant b \leqslant$ 800 mm时用四肢箍，当$b>800$ mm时用六肢箍，箍筋间距的限制与普通梁相同。

（6）柱下条形基础的混凝土强度等级不应小于C20。

3. 筏形基础

当地基软弱而上部结构传来的荷载很大，采用十字交叉基础还不能满足承载力要求或相邻基础距离很小时，可将整个基础底板连成一个整体形成钢筋混凝土筏形基础，即用钢筋混凝土做成连续整片基础。筏形基础由于基底面积大，故可减少基底压力，同时增大了基础的整体刚度，犹如倒置的钢筋混凝土楼盖，可做成平板式和梁板式两类。

筏形基础构造要求如下。

（1）筏板平面尺寸

筏板平面尺寸基于地基承载力、上部结构布置和荷载分布确定。需扩大底板面积时，优先考虑宽度方向。梁板式筏基挑出长度横向不宜大于1 200 mm。纵向不宜大于800 mm；平板式筏基挑出长度横向不宜大于10 000 mm，纵向不宜大于600 mm。

（2）梁板式筏基的板厚

板厚按受冲切承载力验算确定，初定每层50 mm，不小于400 mm。梁板式筏基厚度按受冲切和受剪力承载力验算确定，不小于300 mm，且不小于计算区域内最小板跨的1/12，肋高宜大于或等于柱距的1/6。12层以上建筑的梁板式筏基，板底厚度与最大双向板格短边净跨之比不小于1/14，且板厚不小于400 mm。

（3）筏板混凝土

筏板混凝土强度等级不低于C30。有地下室时采用防水混凝土，抗渗等级按《地下工程防水技术规范》选用，不小于0.6 MPa。必要时设架空排水层。

（4）筏板基础的地下室

地下室钢筋混凝土外墙厚度不小于250 mm，内墙厚度不小于200 mm。墙内设置双面钢筋，直径不小于12 mm，间距不大于300 mm。

（5）筏板钢筋

筏板配筋率一般在0.5% ~1.0%。板厚小于300 mm时单层配筋，大于等于300 mm时双层配筋。受力钢筋直径不小于8 mm，间距100 ~ 200 mm。分布钢筋直径8 mm、10 mm，间距200 ~ 300 mm。配筋不宜粗而疏，以发挥抗弯和抗裂能力。配筋除符合计算要求外，纵横方向支座处应有0.10% ~0.15%的配筋率钢筋连通；跨中按实际配筋率全部贯通。悬臂部分下的土体可能与筏板底脱离时，应在悬臂上部设置受力钢筋。双箱悬臂挑出但梁不外伸时，宜在板底布置放射状附加钢筋。

（6）基坑回填

筏形基础地下室施工完毕后进行基坑回填。回填前清除杂物，两侧或四周同时回填并分层夯实。

4. 箱形基础

箱形基础是由现浇钢筋混凝土的底板、顶板和若干纵横墙组成的中空箱体的整体结构，如图8–5所示。箱形基础整体性好，刚度大，能很好地抵抗地基的不均匀沉降。一般适用于在软弱地基上建造上部荷载较大的高层建筑。当基础的中空部分尺寸较大时，可用作人防、地下商场等。

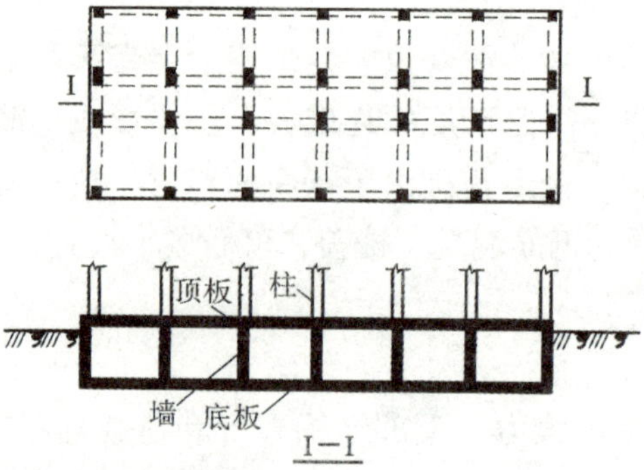

图 8–5　箱形基础

5. 桩基础

浅基础指的是通过其底面将所承受的荷载有效地分散至地基的浅层部分。然而，若建筑场地的浅层土壤条件无法满足建筑物对地基承载力和变形控制的要求，并且不宜采用地基处理措施时，则需考虑采用深基础方案。深基础指的是埋设深度较大，其承载力主要依赖于下部坚实土层或岩层的基础类型。桩基础便是其中一种性能优越、应用广泛的深基础形式。

扫一扫

桩基础

桩基础由承台和桩身两部分组成，如图8-6所示。承台的作用是把多根桩联结成整体，并通过承台把上部结构荷载传递到各根桩，再传至深层较坚实的土层中。桩基承台可分为柱下独立承台、柱下或墙下条形承台（梁式承台），以及筏板承台和箱形承台等。

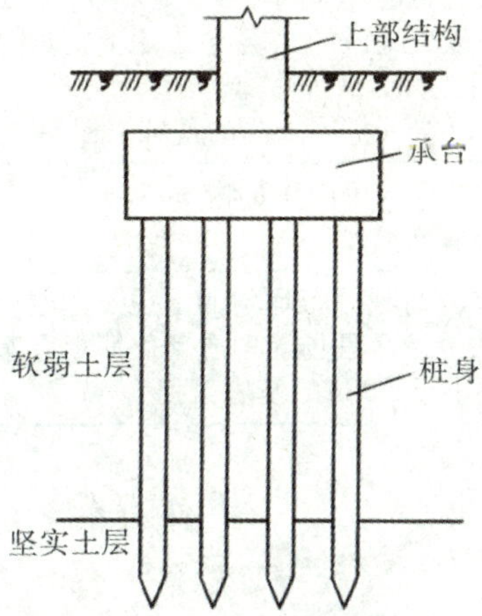

图 8-6 桩基础

6. 壳体基础

常用的壳体基础形式有正圆锥、M形组合壳、内球外锥组合壳，如图8-7所示。壳体基础主要用于烟囱、水塔、储仓等构筑物的基础。这类基础结构合理，可比一般梁板式的钢筋混凝土基础减少混凝土和钢筋用量，具有良好的经济效果。但壳体基础修筑土台、布置钢筋、浇筑混凝土等施工工艺复杂，较难实行机械化施工，操作技术要求较高。

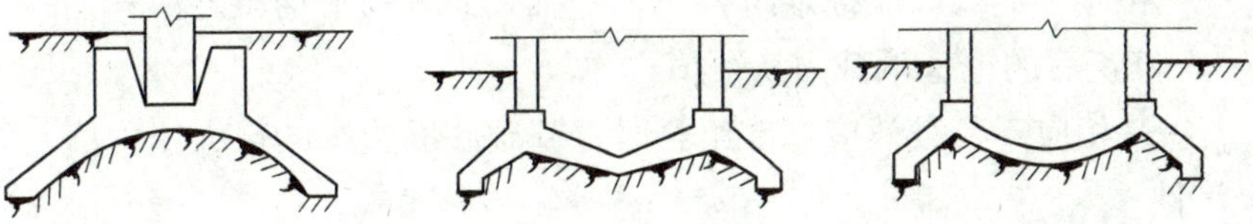

图 8-7 壳体基础

二、基础的选型

1. 基础的设计等级

地基基础设计应根据地基复杂程度、建筑物规模和功能特征以及由于地基问题可能造成建筑物破坏或影响正常使用的程度，将地基基础设计分为三个设计等级，设计时应根据具体情况，按表8-1选用。

表 8-1　地基基础设计等级

设计等级	建筑和地基类型
甲级	重要的工业与民用建筑物 30层以上的高层建筑 体型复杂，层数相差超过10层的高低层连成一体的建筑物 大面积的多层地下建筑物（如地下车库、商场、运动场等） 对地基变形有特殊要求的建筑物 复杂地质条件下的坡上建筑物（包括高边坡） 对原有工程影响较大的新建建筑物 场地和地基条件复杂的一般建筑物 位于复杂地质条件及软土地区的二层及二层以上地下室的基坑工程 深度大于15 m的基坑工程 周边环境条件复杂、环境保护要求高的基坑工程
乙级	除甲级、丙级以外的工业与民用建筑物 除甲级、丙级以外的基坑工程
丙级	场地和地基条件简单，荷载分布均匀的七层及七层以下民用建筑及一般工业建筑物；次要的轻型建筑物非软土地区且场地地质条件简单，基坑周边环境条件简单，环境保护要求不高且开挖深度不小于5.0 m的基坑工程

2. 基础选型的基本原则

（1）安全性

在结构设计中进行基础选型时，最先考虑的应该是基础的安全性，地基承载力是否能够满足上部荷载与结构的需要。基础底面的压力，应符合下式要求。

当轴心荷载作用时

$$p_k \leqslant f_a$$

当偏心荷载作用时，除符合式赏上式要求外，尚应符合下式要求

$$p_{kmax} \leqslant 1.2f_a$$

式中　p_k——相应于荷载效应标准组合时，基础底面处的平均压力值；

f_a——修正后的地基承载力特征值；

p_{kmax}——相应于荷载效应标准组合时，基础底面边缘的最大压力值。

（2）经济性

在基础能够满足地基承载力的情况下，宜优先选用天然基础。天然基础相对于桩基础在造价方面具有很大优势，天然基础类型按简单到复杂进行选择：独立基础、条基、十字交叉梁、筏板、箱型等，可根据建筑的具体情况考虑。

（3）施工可行性

各种基础有不同的结构形式与施工要求，在结构设计中应充分考虑基础在将来的施工过程中是否可行，还要考虑地下水、下卧层等因素。

任务二 天然地基浅埋基础

一、基础埋置深度

基础埋置深度是指基础底面到室外设计地面的距离，基础埋深的选择实质上就是确定持力层的位置。在满足地基稳定和变形要求的前提下，基础宜浅埋。基础埋置深度的影响因素很多，应综合各种因素加以确定。

1. 建筑物用途及使用条件的影响

在满足稳定和变形要求下，基础设计应遵循浅埋原则。当上层地基的承载能力优于下层土时，应优先考虑利用上层土作为持力层。基础埋深不得小于0.5 m，除非在岩石地基上。基础顶面应至少低于室外设计地面0.1 m，以防止外界侵蚀。对于高层建筑，筏形和箱形基础的埋置深度需满足地基承载力、变形和稳定性要求。在抗震设防区，天然地基上的箱形和筏形基础的埋置深度不得小于建筑物高度的1/15；桩箱或桩筏基础的埋置深度（不计桩长）不得小于建筑物高度的1/20～1/18；对于位于岩石地基上的高层建筑，其基础埋深应满足抗滑要求。

2. 荷载大小和性质的影响

建筑物基础所受荷载的大小和性质对基础设计具有重要影响。同一土层对于不同荷载大小的基础，其适宜性可能截然不同。对于承受较大水平荷载的基础，为确保稳定性，需适当增加基础埋深。

3. 工程地质和水文地质条件的影响

在实际工程中，地基的上下层土质可能存在差异，如软弱程度、厚度和层面倾斜等。针对这种情况，应根据具体地质条件进行基础设计。基础应尽可能浅埋，特别是当上层土质较好时；相反，当上层土软弱而下层土坚实时，需根据具体情况进行决策。对于上层软弱土较厚的情况，可考虑采用宽基浅埋或人工加固处理或桩基础方案。在满足承载力和变形要求的前提下，基础底面应尽量埋在地下水位以上，以避免施工排水困难和减轻地基冻害。若必须埋在地下水位以下，应采取措施确保地基土在施工过程中不受扰动。此外，当地下水具有侵蚀性时，应对基础采取防护措施。

4. 相邻建筑物的影响

在存在相邻建筑物的情况下，新建建筑物的基础埋深不宜大于原有建筑基础。若新建建筑物的基础埋深大于原有建筑基础时，两基础之间应保持一定的间距，具体数值应根据原有建筑的荷载大小、基础形式和土质情况确定。若无法满足上述要求时，应采取分段施工、设置临时加固支撑、打板桩、地下连续墙等施工措施，或加固原有的建筑物基础以确保安全。

5 地基土冻胀和融陷的影响

在我国北方寒冷地区，当气温降至零摄氏度以下时，土中水会冻结，使体积膨胀，从而发生土体冻胀现象。当气温回升，土中冰融化，土体也有可能产生融陷现象（如含水较多的粉砂、粉土和黏性土）。建筑物基础应避开这类影响，基础埋深一般考虑埋在冰冻线（地面冰冻的深度称为冰冻线）下200 mm，即基底在冰冻线下200 mm。

《建筑地基基础设计规范》根据冻土层的平均冻胀率大小，把地基冻胀性分为不冻胀、弱冻胀、冻胀、强冻胀和特强冻胀5个等级，可查《建筑地基基础设计规范》中的附录G确定。

对于不冻胀土的基础埋深，可不考虑季节性冻土的影响；对于弱冻胀、冻胀和强冻胀土的基础，最小埋设深度d_{min}可按下式确定

$$d_{min}=z_d-h_{max}$$

式中　h_{max}——基础底面以下允许残留冻土层的最大厚度，m，可按《建筑地基基础设计规范》中的附录G.0.2查取；

z_d——设计冻深，m。

在季节性冻土地区的建筑物，应根据《建筑地基基础设计规范》的要求，采取必要的防冻害措施。

二、基础底面尺寸

选择基础类型和埋置深度后，可依据上部荷载和地基承载力计算基础底面尺寸。竖向荷载包括结构自重、屋面、楼面和基础自重等，水平荷载则包括侧向土压、水压、风压等。荷载计算需遵循《建筑地基基础设计规范》，按传力系统从屋顶至设计地面累计。内外地坪有高差时，外墙或外柱可累计至平均高差。墙下条形基础荷载计算通常以1延米为单元，分三种情况：均布荷载在墙上，如内横墙，可取1 m长计算；有门窗的墙体且均布荷载在墙上，如内纵墙，可取门或窗中线间的一段为计算段，荷载均分到每米；对于多种荷载作用的墙体，需考虑荷载扩散，计算段根据实际情况选定。

1. 基础底面尺寸的确定

（1）轴心受压基础

在轴心荷载作用下，基底压力按直线分布简化计算，由式

$$p_k=\frac{F_k+G_k}{A}\leqslant f_a$$

得基础底面积为

$$A\geqslant\frac{F_k}{f_a-\gamma_G d}$$

矩形基础，其基础底面积$A=bl$，一般取基础长短边之比$1.5\leqslant l/b\leqslant 2$；条形基础（$l/b\geqslant 10$），沿基础纵向取1 m宽为计算单元，即长边$l$=1 m，则

$$b \geqslant \frac{F_k}{f_a - \gamma_G \bar{d}}$$

（2）偏心受压基础

工业厂房和框架结构的柱下基础一般为偏心受压基础。在偏心荷载作用下，基础底面受力不均匀，因此需加大基础底面积，一般用试算方法确定。

① 先不考虑偏心影响，按轴心受力计算确定基础面积A_0。

② 根据偏心的大小把基础底面积A_0提高10% ~ 40%，即$A=(1.1 \sim 1.4)A_0$。

③ 计算基底边缘最大与最小压力，并验算承载力条件是否满足，如果不满足，则重新调整A，直到满足为止。

在确定基底边长时，应注意荷载对基础的偏心距不宜过大，以保证基础不发生过大的倾斜。

2. 软弱下卧层承载力验算

在持力层以下地基范围内存在软弱下卧层时，除按照持力层承载力确定基底尺寸外，还必须对软弱下卧层进行承载力验算，即

$$p_z + p_{cz} \leqslant f_{az}$$

式中　p_z——相应于荷载效应标准组合时，软弱下卧层顶面处的附加应力值，kPa；

p_{cz}——软弱下卧层顶面处的自重应力值，kPa；

f_{az}——软弱下卧层顶面处经深度修正后地基承载力特征值，kPa。

附加应力简化计算图如图8-8所示。对条形基础和矩形基础，p_z值可按下列公式简化计算。

条形基础
$$p_z = \frac{bp_0}{b + 2z\tan\theta}$$

矩形基础
$$p_z = \frac{lbp_0}{(b + 2z\tan\theta)(l + 2z\tan\theta)}$$

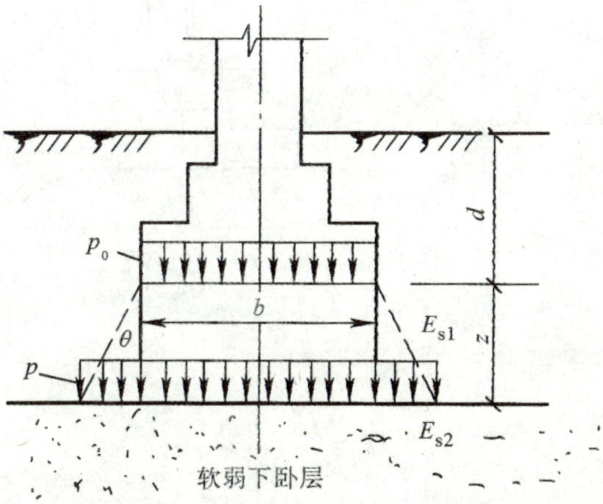

图8-8　附加应力简化计算图

式中　p_0——基底附加压力，kPa；

b——矩形基础或条形基础底面的宽度，m；

l——矩形基础底面的长度，m；

z——基础底面至软弱下卧层顶面的距离，m；

θ——基础压力扩散角，可按表8–2采用。

表 8–2　地基压力扩散角 θ

E_{s1}/E_{s2}	z/b	
	0.25	0.50
3	6°	23°
5	10°	25°
10	20°	30°

注：（1）E_{s1} 为上层土压缩模量，E_{s2} 为下层土压缩模量。
（2）$z/b<0.25$ 时一般取 $\theta=0°$，必要时宜由试验确定；$z/b>0.50$ 时 θ 值不变。

3. 地基的变形验算

如果要求计算地基变形，则在基础底面尺寸初步确定后，还应进行地基变形验算，设计时要满足地基变形值不超过其允许值的条件，以保证不致因地基变形过大而影响建筑物正常使用或危害安全。如果变形不能满足要求，则需调整基础底面尺寸或采取其他措施。

三、天然浅基的构造要求

1. 无筋扩展基础

无筋扩展基础是指由砖、毛石、混凝土或毛石混凝土、灰土和三合土等材料组成的墙下条形基础或柱下独立基础。无筋扩展基础用于多层民用建筑和轻型厂房。图8–9为无筋扩展基础构造示意图。

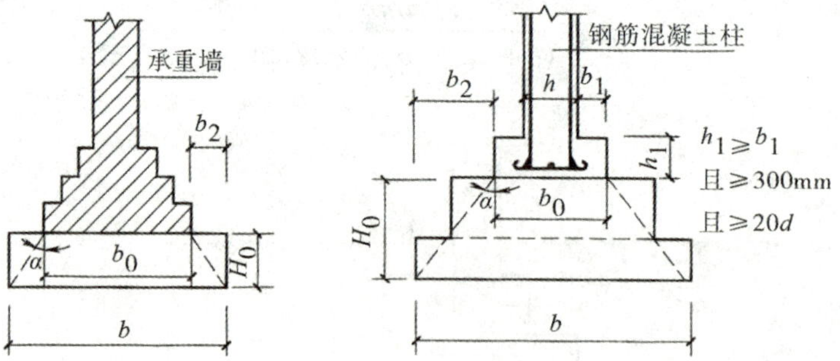

图 8–9　无筋扩展基础构造示意图

基础高度，应符合下式要求

$$H_0 \geqslant \frac{(b-b_0)}{2\tan\alpha}$$

式中　b——基础底面宽度；

b_0——基础顶面的墙体宽度或柱脚宽度；

H_0——基础高度；

b_2——基础台阶宽度；

$\tan\alpha$——基础台阶宽高比$b_2 : H_0$。

采用无筋扩展基础的钢筋混凝土柱，其柱脚高度h_1不得小于b_1，并不应小于300 mm且不小于20d（d为柱中的纵向受力钢筋的最大直径）。当柱纵向钢筋在柱脚内的竖向锚固长度不满足锚固要求时，可沿水平方向弯折，弯折后的水平锚固长度不应小于10d也不应大于20d。

砖基础的剖面为阶梯形，称为大放脚。各部分的尺寸应符合砖的模数，其砌筑方式分为“两皮一收”和“二一间隔收”两种。两皮一收是指每砌两皮砖，收进1/4砖长（即60 mm）；二一间隔收是指底层砌两皮砖，收进1/4砖长，再砌一皮砖，收进1/4砖长，如此反复。

2. 扩展基础

（1）扩展基础的构造要求

扩展基础的构造，应符合下列要求。

① 锥形基础的边缘高度不宜小于200 mm，且两个方向的坡度不宜大于1∶3；阶梯形基础的每阶高度宜为300～500 mm。

② 基础垫层的厚度不宜小于70 mm；垫层混凝土强度等级应为C15。

③ 扩展基础受力钢筋最小配筋率不应小于0.15%，底板受力钢筋的最小直径不应小于10 mm：间距不应大于200 mm，也不宜小于100 mm。墙下钢筋混凝土条形基础纵向分布钢筋的直径不应小于8 mm；间距不应大于300 mm；每延米分布钢筋的面积不应小于受力钢筋面积的15%。当有垫层时钢筋保护层厚度不应小于40 mm；无垫层时不应小于70 mm。

④ 混凝土强度等级不应低于C20。

（2）墙下钢筋混凝土条形基础钢筋要求

墙下钢筋混凝土条形基础钢筋需满足：钢筋混凝条形基础底板在T形及十字形交接处，底板横向受力钢筋仅沿一个主要受力方向通长布置，另一方向的横向受力钢筋可布置到主要受力方向底板宽度1/4处；在拐角处底板横向受力钢筋应沿两个方向布置。墙下条形基础纵横交叉处底板受力钢筋布置如图8-10所示。

（3）柱下钢筋混凝土独立基础钢筋要求

柱下钢筋混凝土独立基础钢筋应符合下列要求。

① 柱下钢筋混凝土独立基础沿着边长设置纵横两个方向的底筋，长边方向的底筋在下，短边方向的底筋在上。

② 当柱下钢筋混凝土独立基础边长和墙下钢筋混凝土条形基础宽度大于或等于2.5 m时，底板受力钢筋的长度可取边长的0.9倍，并宜交错布置。

③ 对于现浇柱基础，其插筋的数量、直径以及钢筋种类应与柱内纵向钢筋相同。插筋伸入基础内的锚固长度见《建筑地基基础设计规范》（CB 50007—2011）有关规定，一般伸至基础底板钢筋网上，端部弯直钩并上下至少应有二道箍筋固定。插筋与柱筋的接头位置、连接方式等应符合有关规定要求。

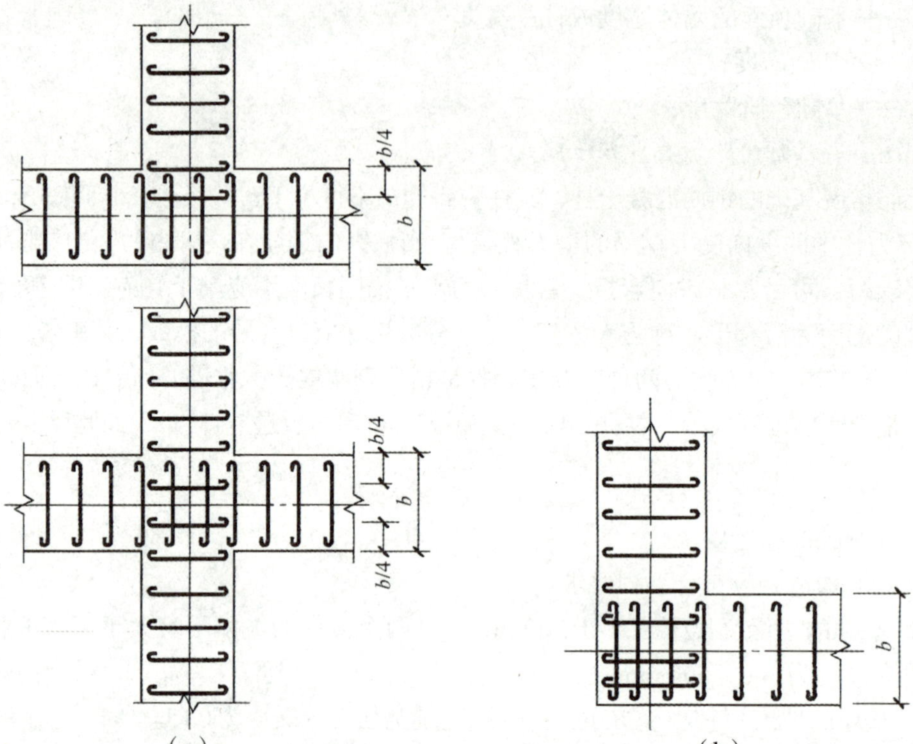

图 8-10　墙下条形基础纵横交叉处底板受力钢筋布置

3. 柱下条形基础

柱下条形基础是常用于软弱地基上框架或排架结构的一种基础类型。它具有刚度大、调整不均匀沉降能力强的优点，但造价较高。

柱下条形基础的构造除满足前述扩展基础的构造要求外，尚应符合下列规定。

（1）柱下条形基础梁的高度宜为柱距的1/4 ~ 1/8。翼板厚度不应小于200 mm。当翼板厚度大于250 mm时，宜采用变厚度翼板，其坡度小于或等于1：3。

（2）条形基础的端部宜向外伸出，其长度宜为第一跨距的0.25倍。

（3）现浇柱与条形基础梁的交接处，其平面尺寸不应小于图8-11的规定。

（4）当基础梁的腹板高度大于或等于450 mm时，在梁的两侧面应沿高度配置纵向构造钢筋，其构造要求见相关规定。

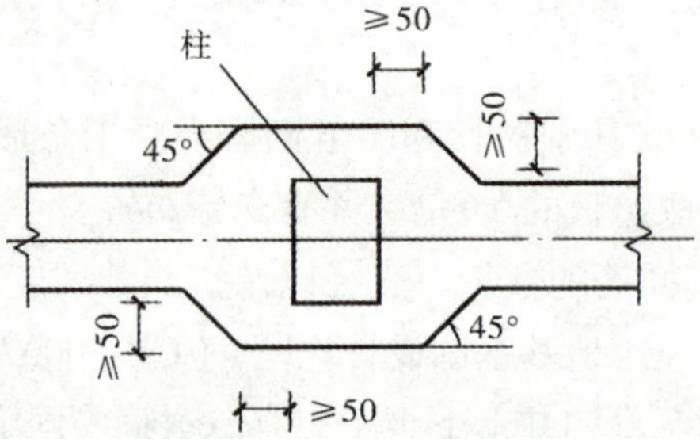

图 8-11　现浇柱与条形基础梁的连接（单位：mm）

（5）箍筋应采用封闭式，其直径一般为6～12 mm，箍筋间距按有关规定确定。当梁宽小于或等于350 mm时，采用双肢箍筋；梁宽在350～800 mm时，采用四肢箍筋；梁宽大于800 mm时，采用六肢箍筋。

（6）柱下条形基础的混凝土强度等级，不应低于C20。

4. 筏形基础

筏形基础常用于高层建筑，其构造要求如下。

（1）平板式筏基的最小板厚不宜小于400 mm，当柱荷载较大时，可将柱下筏板局部加厚或增设柱墩，也可采用设置抗冲切箍筋来提高受冲切承载能力。

（2）在一般情况下，筏基底板边缘应伸出边柱和角柱外侧包线或侧墙以外，伸出长度宜不大于伸出方向边跨柱距的1/4，无外伸肋梁的底板，其伸出长度一般不宜大于1.5 m。双向外伸部分的底板直角应削成钝角。

（3）梁板式筏基肋梁与地下室底层柱或剪力墙的连接构造应符合图8-12的要求。

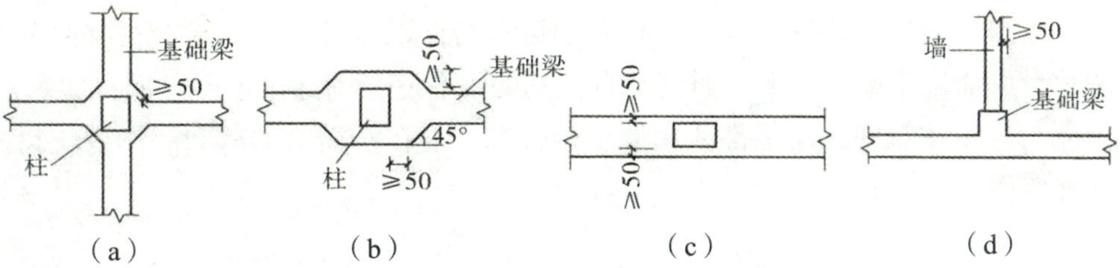

图8-12　地下室底层柱或剪力墙与基础梁连接的构造（单位：mm）

（4）筏形基础的混凝土强度等级不应低于C30，对于设置地下室的筏形基础，其所用混凝土的抗渗等级不应小于0.6 MPa。

（5）筏板与地下室外墙的接缝、地下室外墙沿高度处的水平接缝应严格按施工缝要求采取措施，必要时可设通长止水带。

（6）筏板基础地下室施工完毕后，应及时进行基坑回填工作。回填基坑时，必须先清除基坑中的杂物，在相对的两侧或四周同时回填并分层夯实。

5. 箱形基础

箱形基础的构造要求如下。

（1）箱形基础的混凝土强度等级不应低于C20；筏形基础和桩箱、桩筏基础的混凝土强度等级不应低于C30；当采用防水混凝土时，防水混凝土的抗渗等级应根据地下水的最大水头比值选用，且其抗渗等级不应小于0.6 MPa。对重要建筑宜采用自防水并设架空排水层方案。

（2）箱形基础的顶板、底板及墙体的厚度，应根据受力情况、整体刚度和防水要求确定。无人防设计要求的箱基，基础底板不应小于300 mm，外墙厚度不应小于250 mm，内墙的厚度不应小于200 mm，顶板厚度不应小于200 mm，可用合理的简化方法计算箱形基础的承载力。

（3）箱形基础的内、外墙应沿上部结构柱网和剪力墙纵横均匀布置，墙体水平截面总面积不宜小于箱形基础外墙外包尺寸的水平投影面积的1/10。对基础平面长宽比大于4的箱形基础，其纵墙水平截面面积不得小于箱基外墙外包尺寸水平投影面积的1/18。

（4）箱形基础的墙体内应设置双面钢筋，竖向和水平钢筋的直径不应小于10 mm，间距不应大于200 mm。除上部为剪力墙外，内、外墙的墙顶处宜配置两根直径不小于20 mm的通长构造钢筋。

任务三 桩基础

一、桩基础的类型

1. 低承台和高承台桩基

根据承台与地面相对位置的高低，桩基础可分为低承台桩基和高承台桩基两种。低承台桩基的承台底面位于地面以下，而高承台桩基的承台底面则高出地面以上，如图8-13所示。在工业与民用建筑中，几乎都使用低承台桩基，但在桥梁、港湾和海洋构筑物等工程中，则常常使用高承台桩。

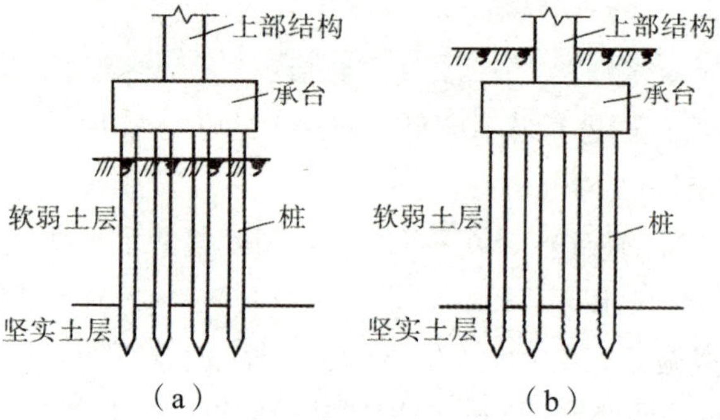

图 8-13 高承台和低承台桩基

2. 端承型桩和摩擦型桩

根据桩的承载性状，桩可分为端承型桩和摩擦型桩两大类，见表8-3。

表 8-3 根据桩承载性的分类

分类	含义
端承型桩	是指桩顶竖向荷载由桩侧阻力和桩端阻力共同承受，但桩端阻力分担荷载较多的桩。根据桩侧和桩端承担竖向荷载大小的不同，又可分为端承桩和摩擦端承桩
摩擦型桩	摩擦型桩是指桩顶竖向荷载由桩侧阻力和桩端阻力共同承受，但桩侧阻力分担荷载较多的桩。根据桩侧和桩端承担竖向荷载大小的不同，又可分为摩擦桩和端承摩擦桩

3. 预制桩和灌注桩

桩根据施工方法的不同，可分为预制桩和灌注桩两大类，见表8-4。

表 8–4　桩根据施工方法的分类

分类	含义
预制桩	是指在工厂制作成型，运到施工现场后，通过各种打桩机械把它打入至设计标高的桩。常见的沉桩方法有锤击法、振动法、静压法等
灌注桩	是指直接在建筑工地现场成孔，然后在孔内安放钢筋再浇灌混凝土而成的桩。常见的成孔方法有沉管灌注桩、钻孔灌注桩、冲孔灌注桩、扩底灌注桩等

二、桩基础的受力特点

1. 单桩竖向荷载传递机制

在竖向荷载作用下，单桩会产生相对于周围土体的向下位移，进而引发桩侧表面受到土的向上的摩阻力。随着荷载的增加，桩侧摩阻力自桩身上部向下部传递。同时，桩底持力层受到压力后产生桩端反力。当桩身全长范围内的摩阻力均达到极限值时，桩顶荷载的增量将完全由桩端阻力承担，直至桩底持力层发生破坏。这一过程揭示了单桩轴向荷载的传递是由桩侧阻力和桩端阻力共同发挥作用的。单桩的竖向承载力可通过现场静载荷试验或其他原位测试方法确定。

2. 群桩效应概述

由两根或更多桩组成的桩基被称为群桩基础。在竖向荷载作用下，由于承台、桩与土之间的相互作用，群桩基础中单桩的承载力和沉降特性往往与同等条件下的独立单桩存在显著差异。通常，群桩基础的承载力小于单桩承载力与桩数的乘积，这一现象被称为群桩效应。群桩基础竖向承载力与单桩竖向承载力之和的比值被定义为群桩效应系数，它反映了群桩平均承载力相对于单桩的增减幅度。

研究表明，群桩效应系数受桩距、桩数、桩径、桩的入土深度、桩的排列、承台宽度以及桩间土的性质等多种因素影响，其中桩距为主要影响因素。当桩距较小时，地基应力重叠现象严重，导致群桩效应系数降低；而当桩距大于6倍桩径时，地基应力重叠现象较轻，群桩效应系数相对较高。对于端承桩，由于其桩底持力层坚硬，桩与桩之间的相互作用影响较小，因此可以忽略群桩效应（即群桩效应系数等于1），认为群桩的竖向承载力为各单桩竖向承载力之和。

三、桩基础的构造要求

桩基础的构造要求如下。

（1）桩的平面布置可采用对称式、梅花式、行列式和环状排列，如图8–14所示。

工程实践中，桩群的常用平面布置形式包括：柱下桩基采用对称多边形，墙下桩基采用梅花式或行列式，筏形或箱形基础下沿柱网、肋梁或隔墙轴线设置。为使桩基受力均匀，群桩横截面重心应与竖向永久荷载作用点重合或接近。桩位布置时，桩间距（中心距）一般为3～4倍桩径。摩擦型桩中心距不小于桩径3倍，扩底灌注桩中心距不小于扩底直径1.5

倍，扩底直径大于2 m时，桩端净距不小于1 m。确定桩距还需考虑施工工艺中挤土等效应对邻近桩的影响。

（2）扩底灌注桩的扩底直径，不应大于桩身直径的3倍。

（3）桩底进入持力层的深度，根据地质条件、荷载及施工工艺确定，宜为桩身直径的1～3倍。在确定桩底进入持力层深度时，尚应考虑特殊土、岩溶以及震陷液化等影响。嵌岩灌注桩周边嵌入完整和较完整的未风化、微风化、中风化硬质岩体的深度不宜小于0.5 m。

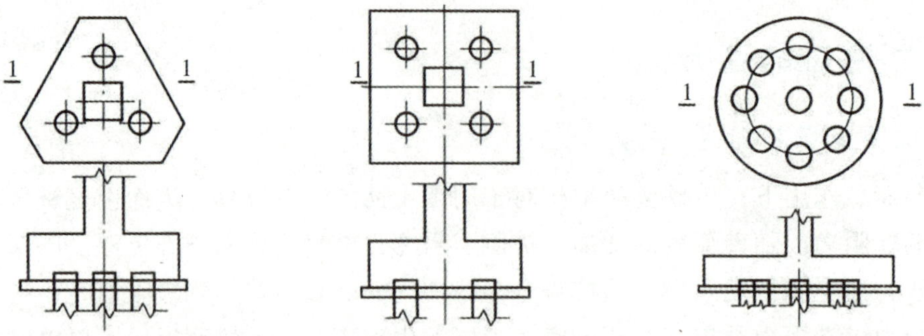

（a）柱下桩基（三桩承台）　（b）柱下桩基（矩形承台）　（c）环形桩基

图 8-14　桩的常用布置形式

（4）布置桩位时宜使桩基承载力合力点与竖向永久荷载合力作用点重合。

（5）一般情况下，预制桩的混凝土强度等级不应低于C30；灌注桩不应低于C25；预应力桩不应低于C40。

（6）桩的主筋应经过计算确定。打入式预制桩的最小配筋率不宜小于0.8%；静压预制桩的最小配筋率不宜小于0.6%；灌注桩最小配筋率不宜小于0.2% ～0.65%（小直径桩取大值）。

（7）配筋长度：受水平荷载和弯矩较大的桩，配筋长度应通过计算确定；桩基承台下存在淤泥、淤泥质土层或液化土层时，配筋长度应穿过淤泥、淤泥质土层或液化土层；坡地岸边的桩、8度及8度以上地震区的桩、抗拔桩、嵌岩端承桩应通长配筋；钻孔灌注桩构造钢筋的长度不宜小于桩长的2/3。

（8）桩顶嵌入承台内的长度不宜小于50 mm。主筋伸入承台内的锚固长度不宜小于钢筋直径的30倍（HPB300筋）和35倍（HRB335、HRB400筋）。对于大直径灌注桩，当采用一柱一桩时，应满足《建筑地基基础设计规范》（GB 50007—2011）的有关规定。

（9）在承台及地下室周围的回填中，应满足填土密实性的要求。

（10）桩基承台的构造要求见《建筑地基基础设计规范》（GB 50007—2011）。

任务四　基础施工图

基础施工图一般包括基础平面图、基础详图和文字说明三部分，尽量将这三部分内容编排在同一张图纸上，以便看图。

一、基础施工图的表示方法

基础图是建筑物地下部分承重结构的施工图，包括基础平面图和表示基础构造的基础详图，以及必要的设计说明。基础施工图是施工放线、开挖基础（坑）、基础施工、计算基础工程量的依据。

1. 基础平面图

基础平面图的剖视位置在室内地面（正负零）处，一般不得因对称而只画一半。被剖切的墙身（或柱）用粗实线表示，基础底宽用细实线表示。其主要内容如下。

（1）图名、比例，表示建筑朝向的指北针。

（2）与建筑平面图一致的纵横定位轴线及其编号。一般外部尺寸只标注定位轴线的间隔尺寸和总尺寸。

（3）基础的平面布置和内部尺寸，即基础墙、基础梁、柱、基础底面的形状、尺寸及其与轴线的关系。

（4）以虚线表示暖气、电缆等管道的路线位置，穿墙管洞应分别标明其尺寸、位置与洞底标高。

（5）剖面图的剖切线及其编号，对基础梁、柱等注写基础代号，以便查找详图。条形基础平面图示意如图 8–15 所示。

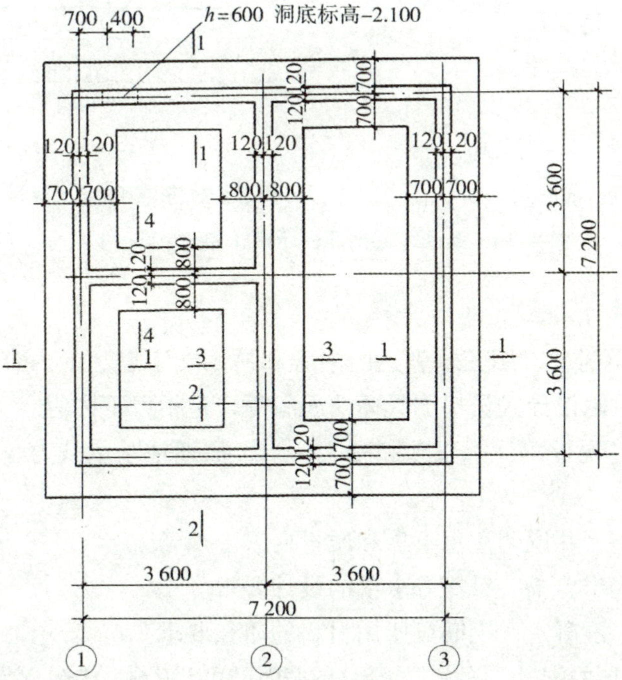

图 8–15　基础平面图示意（单位：mm）

2. 基础详图

不同类型的基础详图的表示方法有所不同。如条形基础的详图一般为基础的垂直剖面图；独立基础的详图一般应包括平面图和剖面图。基础详图的主要内容如下。

（1）图名、比例。

（2）基础剖面图中轴线及其编号，若为通用剖面图，则轴线圆圈内可不编号。

（3）基础剖面的形状及详细尺寸。

（4）室内地面及基础底面的标高，外墙基础还需注明室外地坪之相对标高。如有沟槽者尚应标明其构造关系。

（5）钢筋混凝土基础应标注钢筋直径、间距及钢筋编号。现浇基础尚应标注预留插筋、搭接长度与位置及箍筋加密等。对桩基础应标示承台、配筋及桩尖埋深等。

（6）防潮层的位置及做法，垫层材料等（也可用文字说明）。

条形基础剖面图示意如图8-16所示。

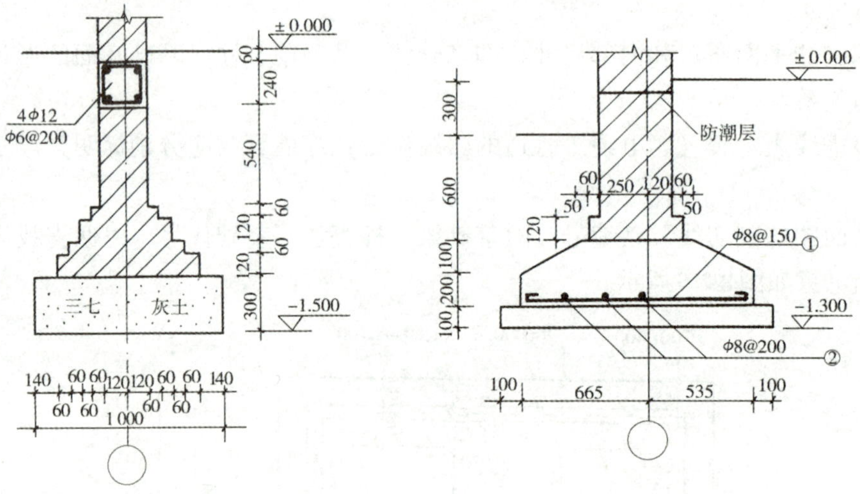

（a）无筋扩展基础　　（b）钢筋混凝土条形基础

图 8-16　条形基础剖面图示意（单位：mm）

3. 基础设计说明

设计说明一般是说明难以用图示表达的内容和易用文字表达的内容，如材料的质量要求、施工注意事项等。由设计人员根据具体情况编写，包括以下内容。

（1）对地基土质情况提出注意事项和有关要求，概述地基承载力、地下水位和持力层土质情况。

（2）地基处理措施，并说明注意事项和质量要求。

（3）对施工方案提出验槽、钎探等事项的设计要求。

（4）垫层、砌体、混凝土、钢筋等所用材料的质量要求。

（5）防潮（防水）层的位置、做法，构造柱的截面尺寸、材料、构造，混凝土保护层厚度等。

4. 基础施工图的识读

基础施工图的识读一般包括以下内容。

（1）看设计说明，了解基础所用材料、地基承载力以及施工要求等。

（2）看基础平面图与建筑平面图的定位轴线及尺寸标注是否一致，基础平面图与基础详图是否一致。

（3）看基础平面图要注意基础平面布置与内部尺寸关系，以及预留洞的位置及尺寸等。

（4）看基础详图要注意竖向尺寸关系，基础的形状、做法与详细尺寸，钢筋的直径、间距与位置，以及地圈梁、防潮层的位置、做法等。

二、基础平面图

基础平面图是用一个假想的水平面在室内地面以下的位置将房屋全部切开，并将房屋的上部移去，对该平面以下的建筑结构部分向下作正投影而形成的水平剖面图。在结构施工图中只绘制承重构件，因此投影时将回填土看成透明体，忽略不画。被剖切到的柱子涂黑，基础的全部轮廓为可见线，应用中实线表示。垫层省略不画，在文字中说明，基础的外围轮廓线是基础宽度的边线，不是垫层的边线。

基础平面图主要表示基础和基础梁的平面尺寸、编号、布置、配筋（平法）情况，也反映了基础和基础梁与墙（柱）和定位轴线的位置关系。基础平面图是基础施工放线和配筋的主要依据。

图 8-17 为某建筑的条形基础平面图，图 8-18 为某建筑的独立基础平面图，从图中可以看出，基础平面图包括以下内容。

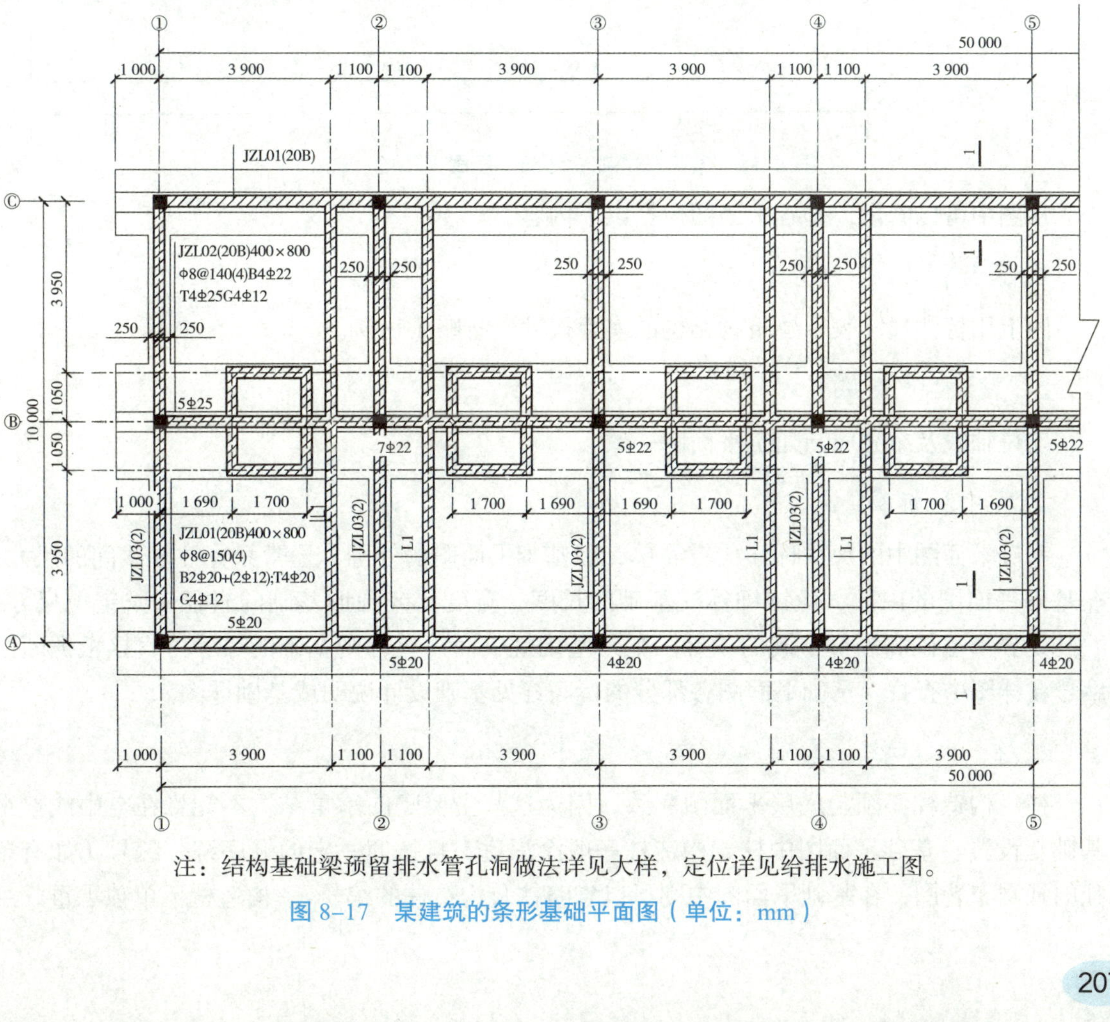

注：结构基础梁预留排水管孔洞做法详见大样，定位详见给排水施工图。

图 8-17　某建筑的条形基础平面图（单位：mm）

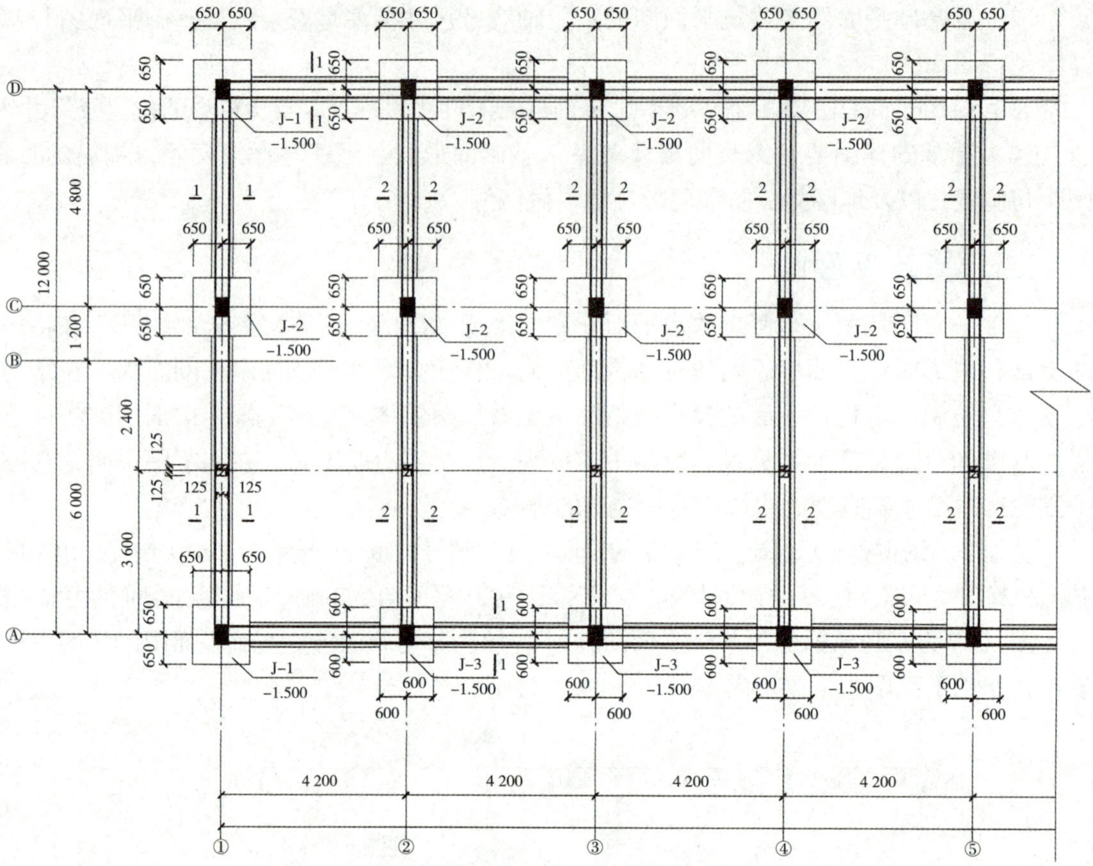

图 8-18　某建筑的独立基础平面图（单位：mm）

从图中可以看出，基础平面图包括以下内容。

1. 图名和比例

图上用标注尺寸表示建筑物结构的实际尺寸，省略了比例。

2. 定位轴线及编号

定位轴线及编号应与建筑平面图一致。

3. 尺寸和标高

基础平面图中的尺寸标注比较简单，在基础平面图的外围，通常只标注轴线间的尺寸；在基础平面图的内部，应详细标注基础的长度、宽度（或圆形基础的直径）及定位尺寸，尤其是异形基础和局部不同的基础。如果基础规整而简单，则基础的尺寸可直接根据断面编号在详图中查找。基础平面图各部分的标高详见基础设计说明或基础详图。

4. 柱、构造柱、基础的水平投影及相应编号

柱、构造柱必须与底层平面图一致，因为这些主要竖向承重结构不能悬在空中或仅在基础上设置。基础平面图中柱、构造柱一般涂深色，且按照一定的顺序统一编号（如有单独的柱网布置图，在基础平面图中则可以省略柱及构造柱的编号）。构造柱不单独承重，主

要起提高墙体整体性的作用。

如果是砌体结构，墙体起承重作用，则在结构施工图中需要绘制，如图8–17所示；如果是框架结构，墙体主要起围护作用，则在结构施工图中一般不必绘制，如图8–18所示。基础的投影通常只画出基础底面的轮廓线、基础侧面的交线，其他的细部轮廓线如基础大放脚的台阶边线可以不画。

5. 基础详图（断面）的剖切符号及编号

基础详图（断面）的剖切符号及编号如图8–17所示的1–1断面。

6. 预留孔洞、预埋件等

某些地下管道（如排污管）可能需要穿过基础墙体，则应在基础平面图中用虚线表示，并标明预留孔洞的位置和标高；某些地下设施（如电施图中的避雷网或接地保护）可能与基础上的钢筋相连或穿越基础，则应在基础平面图中详细标明其位置和标高，如图8–18所示。

7. 有关说明

有关说明是将图形无法表达的部分用文字表达。规模较小的工程的结构施工说明通常放在基础平面图上，某些施工总说明中没有的内容，也可放在基础平面图上单独说明；规模较大的工程的结构施工说明则需单独编制。

三、基础详图

基础平面图只表示了建筑物基础的整体布局、构件搭设关系和整体配筋，要想弄清楚基础的细部构造和具体尺寸，还须进一步阅读基础详图。

对于墙下条形基础，基础详图是对基础平面图中剖切到的基础断面，按顺序逐一绘出的详图，结构相同的只需画一个，结构不同的应分别编号绘制。对于柱下条形基础，也可采用只画一个的简略画法。在这个通用的基础断面上，各部分的标注，如尺寸、配筋等用通用符号表示，旁边列表说明各断面的具体标注。

如果断面少（2～3个），也可在不同部分的标注中用括号加以区别，并在相应的图名中标注同样的括号。对于柱下独立基础，把各编号基础从基础平面图中移出，放大画出其基础平面图和基础详图，详细标注其各部分尺寸和配筋。

基础详图的主要图示内容如下。

（1）图名和比例。结构图中也可以省略比例，按实际尺寸标注。

（2）定位轴线及编号。

（3）基础的断面形状、尺寸、材料图例、配筋等。

（4）尺寸和标高。

（5）防潮层的位置、做法。这些内容一般可在建筑施工图中表达。

（6）施工说明。

图8–19为图8–17所示基础的1–1断面图，从图中可以看到，基础底面标高为–1.250 m，

减去室内外高差即为基础埋深；基础底面设有50 mm厚的C10素混凝土垫层；基础底板高度在基础说明中指出是100 mm；基础底板受力筋采用的是Φ10@140，分布筋采用的是Φ8@250；1-1断面的基础宽度是750 mm。

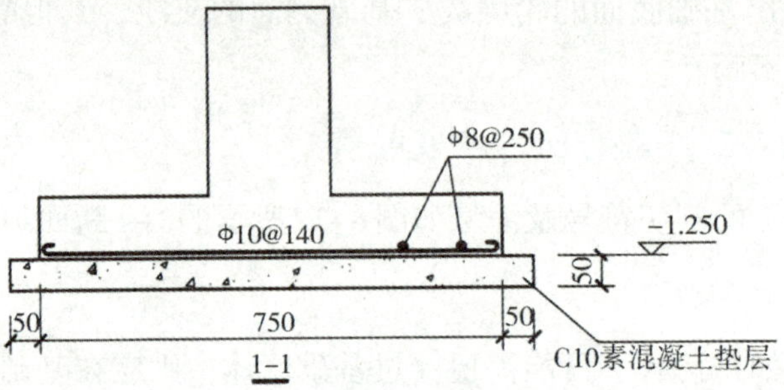

图8-19　某建筑基础断面详图（单位：mm）

如图8-20所示的是图8-18中J-1基础的平面详图和断面详图，其位置和数量可在图8-18中找到。从图中可以看到，基础底面标高为-1.500 m，基础垫层厚度为100 mm，基础底板双向配筋均为Φ10@100，基础底面尺寸为1 500 mm×1 500 mm。

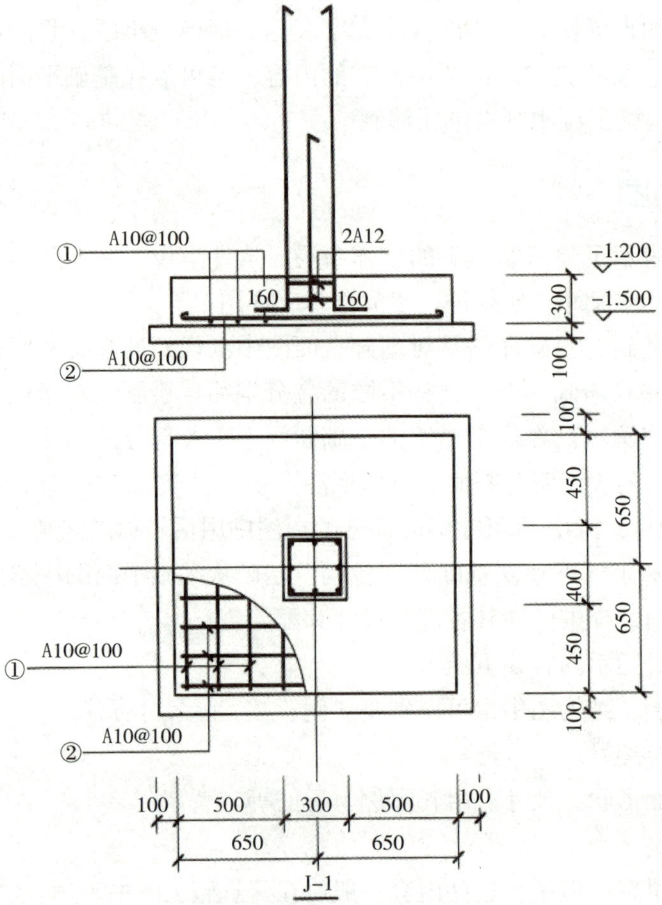

图8-20　某建筑独立基础详图（单位：mm）

知识链接

基础设计说明包含的内容

基础设计说明主要包含以下内容。

（1）主要设计依据：阐明上级机关（政府）的批文，国家有关的标准、规范等。

（2）自然条件：包括地质勘探资料，抗震设防烈度，风、雪荷载等。

（3）施工要求和施工注意事项。

（4）对材料的质量要求。

项目小结

建筑基础是建筑工程中的重要环节，涉及建筑物的稳定性和安全性。该项目包括基础的类型与初步选型、天然地基浅埋基础、桩基础、基础施工图等方面。

建筑基础的类型多种多样，根据地质条件、建筑物荷载、施工条件等因素进行选择。初步选型阶段，需要了解各种基础的适用范围、优缺点，以及基础的配筋、混凝土强度等设计要求。

天然地基是自然形成的土层或岩石作为地基的条件，适用于浅埋基础。在选择天然地基时，需要了解地质勘察报告，根据地基土层的分布、承载力、变形等指标进行初步评估。浅埋基础需要注意埋深、土层性质、地下水位等影响因素，确保建筑物安全。

桩基础是一种常用的深基础形式，适用于承载力高、沉降要求高的建筑物。桩基础可以根据地质条件、建筑物荷载、施工条件等因素进行选择，如预制桩、现浇桩等。桩基础能够将建筑物荷载传递到更深层土层或岩层，提高地基的承载力和稳定性。

基础施工图是指导基础施工的图纸，包括平面图、立面图、剖面图等。基础施工图需要详细标注基础的尺寸、位置、钢筋配置、混凝土强度等参数。施工单位需要严格按照施工图进行施工，确保基础设计的实现。

通过本项目的学习，首先，读者可以掌握不同类型基础的适用范围和优缺点，从而在实际工程中作出合理的选型决策。其次，读者将熟悉天然地基浅埋基础的设计原理和施工要点，了解如何通过地质勘察、承载力计算等手段确定基础的尺寸和埋深，确保建筑物在地基上的稳定性和安全性。再次，学习桩基础将帮助读者掌握桩的类型、作用机理、承载力计算方法以及施工工艺等关键知识，这对于处理复杂地质条件、提高建筑物抗震性能等方面具有重要意义。最后，通过基础施工图的学习，读者将能够读懂并理解基础施工图的表达内容，这对于指导施工、保证施工质量至关重要。

课后习题

一、填空题

1. 基础根据结构形式可分为：_______、柱下条形基础、柱下十字形基础、筏形基础、箱形基础、桩基础等。

2. 基础埋深是指基础底面到室外设计地面的距离，基础埋深的选择实质上就是确定_______的位置。

3. 根据承台与地面相对位置的高低，桩基础可分为低承台桩基和_______两种。

4. 基础施工图一般包括基础平面图、_______和文字说明三部分，尽量将这三部分内容编排在同一张图纸上，以便看图。

二、简答题

1. 柱下条形基础构造除满足扩展基础的构造要求外应符合哪些规定？

2. 箱形基础是指什么？

3. 桩基础的类型有哪些？

项目九

建筑结构施工图

项目导读

建筑结构施工图是表达建筑物承重结构和围护结构构造的图纸，是建筑设计过程中的重要环节。

结构施工图可以帮助施工人员了解建筑物的结构构造，合理地组织施工，确保工程质量和安全。同时，结构施工图也是计算工程量、编制工程预算和施工组织设计的重要依据。

结构施工图的设计和绘制需要遵循一定的规范和标准，如《建筑结构制图标准》（GB/T 50105—2010）等。设计人员需要具备扎实的结构设计、力学、材料等方面的知识，熟悉各种结构形式的特点和应用，以便根据工程需求选择合适的结构形式和材料。

在结构施工图中，需要明确标注各个构件的尺寸、位置、标高、材料类型和强度等级等，以便施工人员准确理解和安装。同时，还需要绘制节点大样图和构件详图，对关键部位的构造进行详细说明，确保结构的安全性和耐久性。

学习目标

知识目标

◆了解结构施工图制图的有关规定。

◆了解单层工业厂房结构施工图的图示内容和识读方法。

技能目标

◆掌握基础平面图、基础详图、楼层结构平面布置图的图示内容及识读方法。

◆掌握平面整体表示法制图规则、柱和梁平面整体配筋图表示方法。

素质目标

◆培育学生求真务实、严谨认真、吃苦耐劳、追求卓越的优秀品质。

◆培养学生的独立思考问题和解决问题的能力。

思政目标

◆提高学生的组织管理能力，培养工程素养和创新意识。

◆培养学生追求真理、勇攀高峰的科学精神。

任务工单

一、任务名称

绘制建筑结构施工图。

二、任务目的

通过实际操作，帮助学生掌握建筑结构施工图的绘制方法，加深对建筑结构施工图设计要求的理解。

三、任务内容

（1）掌握建筑结构施工图的基本要素，包括图幅比例、图面布置、图例和标注等。

（2）学习建筑结构施工图中的钢筋加固、混凝土浇筑等具体绘图内容。

（3）了解施工图纸中的构件尺寸、钢筋配筋、模板支撑等关键细节。

四、实施过程

（1）提供一个具体的建筑结构示意图，要求学生根据实际尺寸和图纸要求绘制该建筑结构的施工图。

（2）需要按照实际情况，在施工图中标注构件尺寸、标注钢筋规格和数量、标注混凝土强度等关键信息。

（3）需要注意图面布置的合理性，保证施工图的清晰易读。

五、实施要求

（1）熟悉建筑结构的基本构件及其相应的绘图规范。

（2）按照相关规范和要求进行施工图的绘制操作。

（3）对施工图的细节和准确性进行严格把关。

六、任务评价

围绕以下几个方面内容，为本次任务的完成情况写一段简单的评价总结。

（1）绘制的施工图是否符合相关设计规范和要求。

（2）对施工图细节的掌握程度，包括标注的准确性、文字描述和尺寸标注的规范性等。

（3）建筑结构施工图绘制过程中的主动性和细致性。

____

____

____

任务一　结构施工图基础

房屋的建筑施工图表达了房屋的外形、平面布置、建筑构造和内外装修等内容，而房屋各结构构件（如基础、梁、板、柱等）的布置、形状、大小、材料、构造及相互关系等内容则需要由结构施工图来表达。

结构施工图用来作为施工放线、开挖基坑、支模板、绑扎钢筋、设置预埋件、浇注混凝土，安装梁、板、柱等构件以及编制预算和施工组织设计等的重要依据。结构施工图一般包括结构设计说明、结构平面布置图和结构构件详图。

设计说明一般以文字叙述为主，主要说明设计依据，包括：选用结构材料的类型、规格、强度等级，地基相关情况，风雪荷载、抗震情况，施工要求，选用的标准图集等。结构平面图是用来表示房屋承重结构的平面布置图。结构构件详图是表示单个结构构件的形状、尺寸、材料、构造等内容的图样。

在识读结构施工图前，必须先阅读建筑施工图，建立起建筑物的轮廓概念。阅读结构施工图时，先看结构设计说明，再读基础平面图、基础结构详图；然后读楼层结构平面布置图、屋面结构平面布置图；最后读结构构件详图、钢筋详图和钢筋表。

一、结构施工图的一般规定

扫一扫

结构施工图

结构施工图的绘制既要满足《房屋建筑制图统一标准》（GB/T 50001—2017）的规定，还应遵照《建筑结构制图标准》（GB/T 50105—2010）的相关要求。

《建筑结构制图标准》（GB/T 50105—2010）是针对建筑结构设计的具体专业制图标准，包含5个章节的内容，分别是总则、一般规定、混凝土结构、钢结构和木结构。

绘制结构施工图必须遵循一定的规则，否则不同的设计师绘制的图纸表达方法差异很大，会影响施工人员的读图。为了将最基本的图纸表达方式统一起来，就必须制定一系列规定。这些规定一般为强制性规定，即国家制图标准，需遵照执行。

以下为《房屋建筑制图统一标准》（GB/T 50001—2017）和《建筑结构制图标准》（GB/T 50105—2010）中的部分规定。

1. 图线

结构施工图中所用图线的线型和线宽见表9-1。

表 9-1　图线

名称		线型	线宽	一般用途
实线	粗		b	螺栓线、钢筋线，结构平面图中的单线结构构件线，钢木支撑及系杆线，图框下的横线、剖切线
	中粗		$0.7b$	结构平面图及详图中剖到或可见的墙身轮廓线，基础轮廓线，钢、木结构轮廓线，钢筋线
	中		$0.5b$	结构平面图及详图中剖到或可见的墙身轮廓线、基础轮廓线，可见的钢筋混凝土构件轮廓线、钢筋线
	细		$0.25b$	标注引出线、标高符号线、索引符号线、尺寸线
虚线	粗		b	不可见的钢筋线、螺栓线，结构平面图中不可见的单线结构构件线及钢、木支撑线
	中粗		$0.7b$	结构平面图中的不可见构件、墙身轮廓线，不可见的钢、木结构构件线，不可见的钢筋线

续表

名称		线型	线宽	一般用途
虚线	中		0.5b	结构平面图中的不可见构件、墙身轮廓线，不可见的钢、木结构构件线，不可见的钢筋线
	细		0.25b	基础平面图中的管沟轮廓线、不可见的钢筋混凝土构件轮廓线
单点长画线	粗		b	柱间支撑、垂直支撑、设备基础轴线图中的中心线
	细		0.25b	定位轴线、对称线、中心线、重心线
双点长画线	粗		b	预应力钢筋线
	细		0.25b	原有结构轮廓线
折断线			0.25b	断开界线
波浪线			0.25b	断开界线

2. 常用比例

结构图常用比例见表9–2，特殊情况下可选用可用比例。

表 9–2　结构图常用比例

图名	常用比例	可用比例
结构平面图 基础平面图	1∶50、1∶100 1∶150、1∶200	1∶60
圈梁平面图、总图中管沟、地下设施等	1∶200、1∶500	1∶300
详图	1∶10、1∶20	1∶5、1∶25、1∶4

3. 构件名称代号

构件的名称应用代号来表示，常用的构件代号见表9–3。

表 9–3　构件代号

序号	名称	代号	序号	名称	代号	序号	名称	代号
1	板	B	19	圈梁	QL	37	承台	CT
2	屋面板	WB	20	过梁	GL	38	设备基础	SJ
3	空心板	KB	21	连系梁	LL	39	桩	ZH
4	槽形板	CB	22	基础梁	JL	40	挡土墙	DQ
5	折板	ZB	23	楼梯梁	TL	41	地沟	DG
6	密肋板	MB	24	框架梁	KL	42	柱间支撑	ZC
7	楼梯板	TB	25	框支梁	KZL	43	垂直支撑	CC
8	盖板或沟盖板	GB	26	屋面框架梁	WKL	44	水平支撑	SC

续表

序号	名称	代号	序号	名称	代号	序号	名称	代号
9	挡雨板或檐口板	YB	27	檩条	LT	45	梯	T
10	吊车安全走道板	DB	28	屋架	WJ	46	雨篷	YP
11	墙板	QB	29	托架	TJ	47	阳台	YT
12	天沟板	TGB	30	天窗架	CJ	48	梁垫	LD
13	梁	L	31	框架	KJ	49	预埋件	M—
14	屋面梁	WL	32	刚架	GJ	50	天窗端壁	TD
15	吊车梁	DL	33	支架	ZJ	51	钢筋网	W
16	单轨吊车梁	DDL	34	柱	Z	52	钢筋骨架	G
17	轨道连接	DGL	35	框架柱	KZ	53	基础	J
18	车挡	CD	36	构造柱	GZ	54	暗柱	AZ

4. 钢筋的画法

钢筋的画法应符合表9–4的规定。

表 9–4　钢筋的画法

序号	说明	图例
1	在结构平面图中配置双层钢筋时，底层钢筋的弯钩应向上或向左，顶层钢筋的弯钩则向下或向右	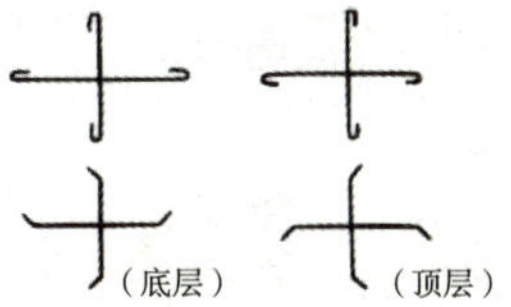
2	钢筋混凝土墙体配双层钢筋时，在配筋立面图中，远面钢筋的弯钩应向上或向左，而近面钢筋的弯钩向下或向右（JM近面；YM远面）	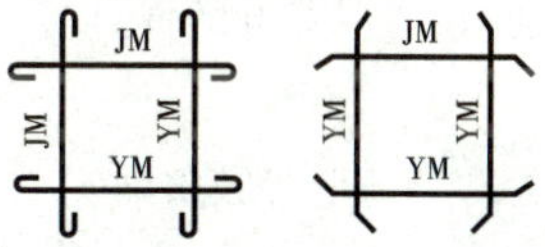
3	若在断面图中不能表达清楚的钢筋布置，应在断面图外增加钢筋大样图（如钢筋混凝土墙、楼梯等）	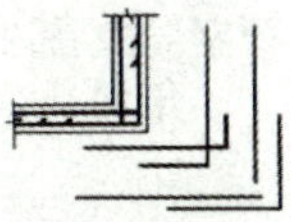
4	图中所表示的箍筋、环筋等若布置复杂时，可加画钢筋大样及说明	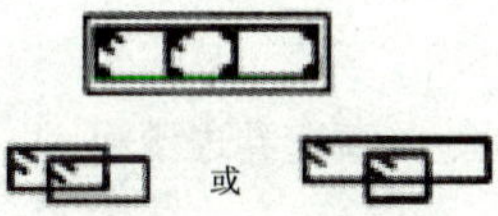
5	每组相同的钢筋、箍筋或环筋，可用一根粗实线表示，同时用一两端带斜短划线的横穿细线，表示其余钢筋及起止范围	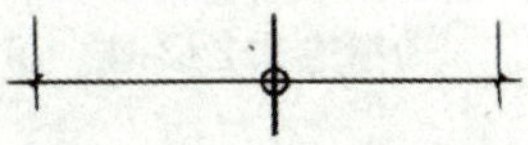

5. 常用型钢的标注

常用型钢的标注应符合表9–5的规定。

表 9–5　常用型钢的标注方法

序号	名称	截面	标注	说明
1	等边角钢		∟ $b\times t$	b为肢宽 t为肢厚
2	不等边角钢		∟ $B\times b\times t$	B为长肢宽 b为短肢宽 t为肢厚
3	工字钢		I N　Q I N	轻型工字钢加注Q字 N工字钢的型号
4	槽钢		[N　Q[N	轻型槽钢加注Q字 N槽钢的型号
5	方钢	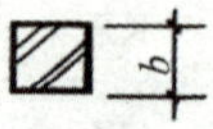	□ b	
6	扁钢	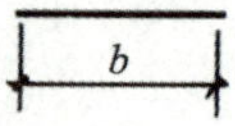	$-b\times$t	
7	钢板		$\frac{-b\times t}{l}$	$\frac{宽\times厚}{板长}$
8	圆钢		ϕd	
9	钢管		DN× × $d\times t$	内径 外径 × 壁厚
10	薄壁方钢管		B□ $b\times t$	薄壁型钢加注B字 t为壁厚
11	薄壁等肢角钢		B∟ $b\times t$	
12	薄壁等肢卷边角钢	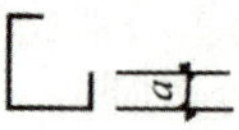	B $b\times a\times t$	
13	薄壁槽钢	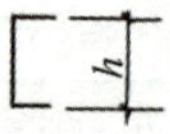	B[$h\times b\times t$	
14	薄壁卷边槽钢	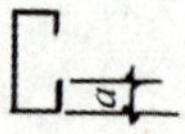	B[$h\times b\times a\times t$	薄壁型钢加注B字 t为壁厚
15	薄壁卷边Z形钢	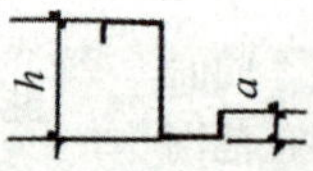	B $h\times b\times a\times t$	

续表

序号	名称	截面	标注	说明
16	T形钢		TW×× TM×× TN××	TW为宽翼缘T形钢 TM为中翼缘T形钢 TN为窄翼缘T形钢
17	H形钢		HW×× HM×× HN××	HW为宽翼缘H形钢 HM为中翼缘H形钢 HN为窄翼缘H形钢
18	起重机钢轨		 QU××	详细说明产品规格型号
19	轻轨及钢轨		 ××kg/m 钢轨	

6. 图样画法

（1）结构施工图应采用正投影法绘制，特殊情况下也可采用仰视投影绘制。

（2）结构平面布置图中，构件采用轮廓线表示，能单线表示清楚的可用单线表示；定位轴线应与建筑平面图或建筑总平面图一致，不同平面高度处需要标注结构标高。

（3）当结构平面布置图中若干部分相同时，可只绘制其中的一部分，其余部分用分类符号表示或用构件代号表示。分类符号用直径8 mm或10 mm的细实线圆圈，里面标注大写拉丁字母。

例如，绘制某一层楼板的钢筋图时，这一层楼的板可以分为若干块，当其中几块板的配筋相同时，可以只对其中一块板详细绘制钢筋配置，其他板块采用与这块板同样的板号即可。

（4）桁架式结构的几何尺寸图可采用单线图表示。杆件的轴线长度尺寸应标注在杆件的上方。

当杆件的布置和受力对称时，可在单线图的左半部分标注杆件的几何轴线尺寸，右半部分标注杆件的内力值或反力值（根据个人的绘图习惯）；非对称结构中，可在单线图中水平杆件的上方标注杆件的几何轴线尺寸，杆件的下方标注杆件的内力值或反力值；竖杆则在左侧标注几何轴线尺寸，右侧标注内力值或反力值。

（5）结构平面图中的剖面图、断面详图的编号顺序宜按下列顺序编排。

① 外墙按顺时针方向从左下角开始编号。

② 内横墙从左至右、从上至下编号。

③ 内纵墙从上至下、从左至右编号。

（6）构件详图中，当纵向较长（或纵、横向都较长）、重复较多时，可用折断线断开，绘制保留部分，适当省去重复部分以使图纸简化。

知识链接

平法施工图

为了提高设计效率、简化绘图、缩减图纸量，使施工图看图、记忆和查找方便，我国推出了国家标准图集《混凝土结构施工图平面整体表示方法制图规则和构造详图》（G101）。它是我国在钢筋混凝土施工图的设计表示方法的重大改革，被列为建设部1996年科技成果重点推广项目。

建筑结构施工图平面整体设计方法，简称平法。平法的表达形式就是把结构构件的尺寸和配筋等，按照平面整体表示方法制图规则，整体直接地表达在各类构件的结构平面布置图上，再与标准构造详图相配合，即构成一套完整的结构设计。平法由平法制图规则和标准构造详图两大部分组成。

平法经过二十多年的发展，已在设计、施工、造价和监理等诸多建筑领域中得到广泛应用。2004年，《混凝土结构施工图平面整体表示方法制图规则和构造详图》（G101）系列平法国家建筑标准设计达到6册：《现浇混凝土框架、剪力墙、框架一剪力墙、框支剪力墙结构》（03G101—1）、《现浇混凝土板式楼梯》（03G101—2）、《伐板基础》（04G101—3）、《现浇混凝土楼面与屋面板》（04G101—4）、《箱形基础与地下室结构》（04G101—5）、《独立基础、条形基础、桩基承台》（04G101—6）。

2011年，《混凝土结构施工图平面整体表示方法制图规则和构造详图》（C101）系列平法国家建筑标准设计修订为3册：《现浇混凝土框架、剪力墙、梁、板》（11C101—1）、《现浇混凝土板式楼梯》（11G101—2）、《独立基础、条形基础、筏形基础及桩基承台》（11G101—3）。2016年，《混凝土结构施工图平面整体表示方法制图规则和构造详图》再次修订为：22G101—1、22G101—2、22G101—3替代之前的版本。

二、结构施工图识读方法与步骤

1. 结构施工图的识读方法

结构施工图的识读方法一般是先要弄清是什么图，然后根据图纸特点从上往下、从左往右、由外向内、由大到小、由粗到细，图样与说明对照，建施、结施、水暖电施相结合看，另外还要根据结构设计说明准备好相应的标准图集与相关资料。

2. 结构施工图的识读步骤

结构施工图的识读步骤一般如下。

（1）读图纸目录，同时按图纸目录检查图纸是否齐全，图纸编号与图名是否符合。

（2）读结构总说明，了解工程概况、设计依据、主要材料要求、标准图或通用图的使用、构造要求及施工注意事项等。

（3）读基础图。

（4）读结构平面图及结构详图，了解各种尺寸、构件的布置、配筋情况、楼梯情况等。

（5）看结构设计说明要求的标准图集。

在整个读图过程中，要把结构施工图与建筑施工图、水暖电施工图结合起来，看有无矛盾的地方，构造上能否施工等，同时还要边看边记下关键的内容，如轴线尺寸、开间尺寸、层高、主要梁柱截面尺寸和配筋以及不同部位混凝土强度等级等。

3. 标准图集的阅读

为加快设计、施工进度，提高质量，降低成本，经常直接采用标准图集。

（1）标准图集的分类

我国编制的标准图集按其编制的单位和适用范围的情况可分为以下三类。

① 经国家批准的标准图集，供全国范围内使用。

② 经各省、市、自治区等地方批准的通用标准图集，供本地区使用。

③ 各设计单位编制的图集，供本单位设计的工程使用。

全国通用的标准图集，通常采用代号“G”或“结”表示结构标准构件类图集，用“J”或“建”表示建筑标准配件类图集。

（2）标准图集的查阅方法

标准图集的查阅方法如下。

① 根据施工图中注明的标准图集名称、编号及编制单位，查找相应的图集。

② 阅读标准图集的总说明，了解编制该图集的设计依据，使用范围，施工要求及注意事项等。

③ 了解该图集编号和表示方法，一般标准图集都用代号表示，代号表明构件、配件的类别、规格及大小。

④ 根据图集目录及构件、配件代号在该图集内查找所需详图。

任务二　结构平面布置图

结构平面布置图是表示建筑各层承重结构布置的图样，由结构平面布置图、节点详图、构件统计表和必要的文字说明等组成。节点详图应尽可能绘制在结构平面布置图的周围，以便读图者阅读，如果数量较多，也可单独布置。

多层民用建筑的结构平面布置图分为楼层结构平面布置图和屋顶结构平面布置图。当各楼层的结构构件或其布置相同时，绘图时只需绘制一层（该层称为标准层），其他楼层与此相同；当各楼层的结构构件或其布置不同时，应分楼层绘制。钢筋混凝土楼板按照不同的施工方法有装配式、现浇式和装配整体式三种。

装配式楼板虽然施工速度快，但整体性和抗震性能较差，应用较少；现浇式楼板虽然施工速度慢，但整体性好，也更节省材料，应用较多；装配整体式楼板的整体性、抗震性介于装配式楼板和现浇式楼板两者之间。

装配式楼板和现浇式楼板在绘制的施工图中钢筋的表示方法不同。屋顶有平屋顶和坡屋顶之分，其中平屋顶的结构布置与楼层板的布置方法相同，只不过在建筑中更多考虑保温和防水。

一、楼层结构平面布置图及节点详图

1. 楼层结构平面布置图

楼层结构平面布置图是假想用剖切平面沿楼板面水平切开所得的水平剖面图，它用直接正投影法绘制，表示该层的梁、板及下一层的门窗过梁、圈梁等构件的布置情况。在绘制结构施工图时，通常将楼层梁和楼层板分开绘制。

图 9–1 为某建筑标准层梁平面布置图，由于中间楼层（除架空层和屋面层）除了标高和楼梯间外墙处的结构布置不同外，其余部分完全相同，因此中间层的结构布置可以用此标准层描述。

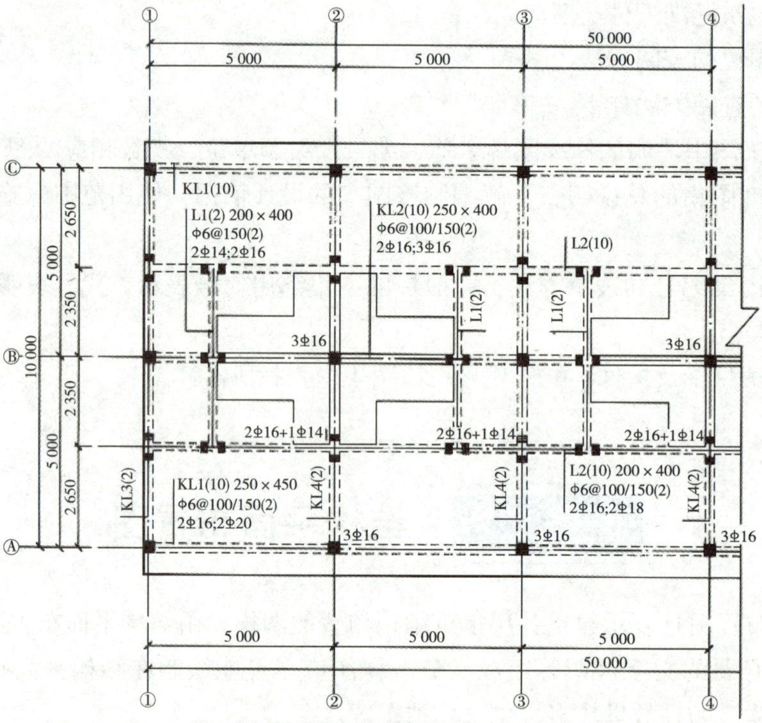

注：梁面标高未注明的均为2.970 m。

图 9–1　某建筑标准层梁平面布置图（单位：mm）

楼层梁平面布置图的图示内容如下。

（1）图名和比例

图名应为“××层梁平面布置图”，然后用小一号字标注比例，比例一般与建筑平面图相同。如果结构布置特别简单，且房间又较大，可采用1：200的比例。本结构平面布置图中略去比例，用尺寸表示实体空间关系。

（2）定位轴线和尺寸标注

为了确定梁等构件的安装位置，应画出与建筑平面图完全一致的定位轴线，并标注轴线编号和轴线间距的尺寸，在结构平面布置图的左侧和下方标注总尺寸（两端轴线间的尺寸）。根据轴线间距，各房间的大小一目了然。

（3）承重墙和柱子（包括构造柱）

在结构平面布置图中，为了反映承重墙、柱、梁、板等构件的关系，仍应画出承重墙、柱的平面轮廓线，其中未被梁构件挡住的部分用中实线画出，而被楼面构件挡住的部分用中虚线画出。所有的混凝土柱子（包括构造柱）一般涂黑表示。

（4）梁的定位、截面尺寸及配筋

梁的定位采用梁的外轮廓线向下正投影的方法。梁的截面尺寸和配筋可以采用平法标注。次梁搭接在主梁上，在主梁支点的两侧需要增加箍筋配置，这些平法标注未包括的钢筋可以在平面图原位画出。

（5）节点详图索引

楼层结构平面布置图中还应标明节点详图索引符号。

（6）垫梁

当梁搁置在砖墙或砖柱上时，为了避免砌体被局部压坏，往往在梁搁置点的下面设置梁垫（素混凝土或钢筋混凝土），以缓解局部压力。在结构平面布置图中，应示意性地画出梁垫平面轮廓线，并标上代号LD。

（7）门窗过梁

过梁是位于门窗洞口上方的支撑洞口上部墙重的构件，它将门窗洞口上部墙体的自重及传至该处的梁、板荷载转移到洞口两侧的墙上。过梁可以是预制钢筋混凝土梁，也可以是现浇钢筋混凝土梁。过梁具体的截面尺寸和构造及配筋应根据实际荷载的大小，通过计算来确定。

在结构平面布置图中，通常用粗单点长画线表示下一楼层的门窗过梁，单点长画线的位置和长度应与洞口的位置和宽度一致；也可以用梁的轮廓线表示，即在洞口的边缘用虚线画出洞口的投影。过梁的标注方法是在门窗洞口的一侧标注过梁代号及编号，其编号与预制板类似，如GL15240，其中“GL”是过梁代号；“15”表示过梁的跨度为1.5 m；“24”表示过梁的截面宽度为240 mm，与墙厚相同；“0”为荷载等级，0级荷载为过梁自重加1/3净跨高度范围的墙体自重。

（8）圈梁

砌体承重结构的房屋由于承重墙是由分散的砖块或砌块砌成的，整体刚度较差，为了提高建筑的整体刚度，增强整体的抗震性能，通常在楼板部位的平面上，沿全部或部分墙体设置封闭圈梁，在墙体交接处适当设置上下贯通至基础的钢筋混凝土构造柱，圈梁和构造柱的具体设置应符合《砌体结构设计规范》（GB 50003—2011）及《建筑抗震设计标准（2024年版）》（GB 50011—2010）的有关规定。绘制圈梁时，首先在平面布置图中用圈梁的外轮廓线向下投影确定圈梁的平面位置，并用文字标明是圈梁；然后绘制圈梁的剖面详图以确定圈梁的形状、尺寸、配筋和梁底标高。

（9）详图索引

图9-2为某建筑标准层板平面布置图，由于中间楼层（除架空层和屋面层）除了标高不同外，其余部分完全相同，因此中间层的结构布置可以用标准层描述。

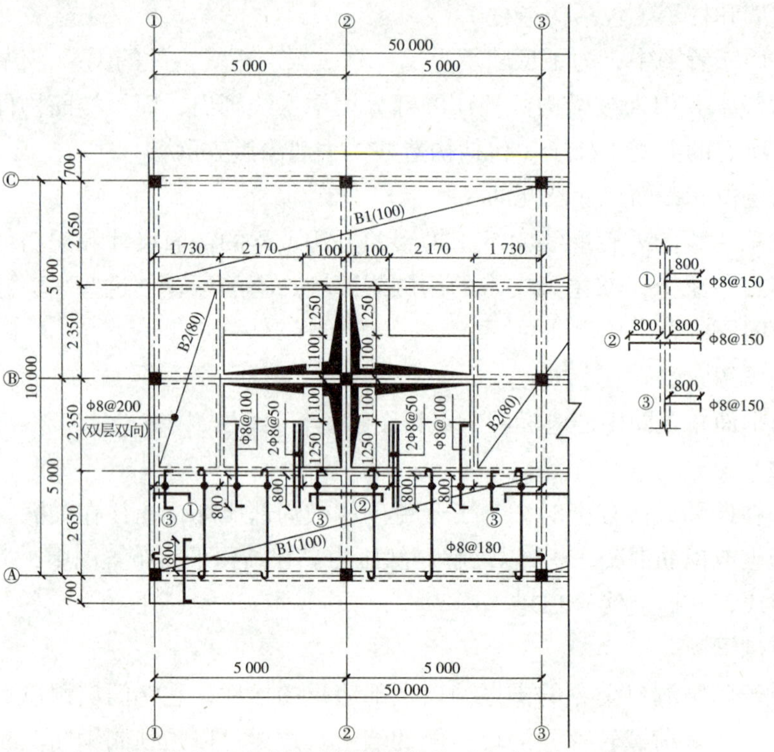

注：（1）图中梁定位尺寸未注明的均沿轴线对中或平柱边布置。

（2）图中未注明的钢筋均为Φ8@150，未表示的分布钢筋均为Φ6@200。

（3）板面标高未注明的均为2.970 m。

（4）结构板预留水落管孔尺寸及位置详见建施、水施，钢筋绕过洞口。

图 9-2　某建筑标准层板平面布置图（单位：mm）

楼层板平面布置图的图示内容如下。

（1）图名和比例

图名应为“××层板平面布置图”，后面用小一号字标注比例，比例一般与建筑平面图相同。如果结构布置特别简单，且房间又较大，可采用1∶200的比例。本结构平面布置图中略去比例，用尺寸表示实体空间关系。

（2）定位轴线和尺寸标注

为了便于确定板等构件的安装位置，应画出与建筑平面图完全一致的定位轴线，并标注轴线编号和轴线间距的尺寸，在结构平面布置图的左侧和下方标注总尺寸（两端轴线间的尺寸）。根据轴线间距，各房间的大小一目了然。

（3）承重墙、柱子（包括构造柱）和梁

在结构平面布置图中，为了反映承重墙、柱、梁与板等构件的关系，仍应画出承重墙、柱和梁的平面轮廓线，其中未被楼面板挡住的部分用中实线画出，而被楼面板挡住的部分用中虚线画出。所有的混凝土柱子（包括构造柱）一般涂黑表示。

（4）现浇板

某些房间如厨房、卫生间等，由于管道较多，在预制板上开洞不便，又可能凿断板中钢筋，影响板的强度，采用现浇板不仅可以避免上述问题，容易留设孔洞，还能有效解决管道与楼板交接处的渗漏问题。

现浇板在结构平面布置图中的表示方法有两种：第一种方法是在板格内画对角线，注写板的编号（如B1、B2…），其具体尺寸和配筋另用详图或表格表示；第二种方法是在结构平面布置图中现浇板的投影上直接画出板中的钢筋并加以标注，这种方法就是通常所说的平法，相同尺寸、厚度、配筋的板只标注一次。

（5）楼梯洞口

建筑施工图中的楼梯另有详图，结构施工图中的楼梯也有详图，用以详细表示楼梯的钢筋配置，但在板面上楼梯开洞处应以对角线或阴影表示。

（6）预制板

预制板有平板、槽板和空心板三种，应根据不同的情况分别选用。平板的上下表面平整，适用于荷载不大、跨度较小（如走道、楼梯平台等处）的地方；槽板的板、肋分开，受力合理，自重较轻，板面开洞较自由，但不能形成平整的顶棚，使用很少；空心板不仅上下板面平整，而且构件刚度大，应用范围最为广泛。预制板又分为预应力板和非预应力板两种，预应力板挠度小，抗裂性能好，而非预应力板很少使用。

目前，我国大部分省、市都编有平板和空心板的通用构件图集，图集中对构件代号和编号的规定各有不同，但所代表的内容基本相同，如构件的跨度、宽度及所承受的荷载级别等。采用预制板布置的图示方法是用细实线和半箭头表示要标注的板，然后在引出线上写明板的数量、代号和型号。当板铺的距离较长时，每个区域可以只画一个，标出数量即可。对于铺板完全相同的房间，选择其中一个注写所铺板的数量和型号，再写上代号（如A、B…），其余相同的房间直接注写代号。

二、屋顶结构平面布置图

屋顶结构平面布置图与楼层结构平面布置图大体相同，其图示方法完全相同，但实际结构构件的形式、布置、配筋通常不同，所以屋顶结构平面布置图应单独绘制。

屋顶结构平面布置图与楼层结构平面布置图的区别如下。

1. 楼板的形式和位置

过去对于大部分平屋顶建筑来说，屋顶通常全部采用预制板，而楼层通常采用预制板和现浇板相结合；对于坡屋顶建筑来说，屋顶和楼层显然不同，坡屋顶结构通常采用屋架、屋面梁或各种现浇钢筋混凝土构架。现在，不管是平屋顶还是坡屋顶，屋面板一般都采用现浇板。

2. 梁的布置和截面高度

如果楼层的墙体在顶层缺省，即顶层的房间为几个小房间合并成的大房间，则屋顶在楼层墙体处必须加设梁，而屋顶荷载与楼层荷载通常不同，因而与楼层梁相同位置的屋面梁，其截面和配筋并不相同；屋顶圈梁与楼层圈梁通常也不一样，通常情况下，屋顶圈梁的数量、截面尺寸（主要是高度）和配筋比楼层圈梁要大；屋顶圈梁通常有外挑的天沟板或雨篷板，而楼层圈梁显然没有；屋顶上有时有水箱、葡萄架等高出屋面的结构，需要专门的梁或框架来支承，或者直接支承在一般屋面梁上，但其截面和配筋显然要有所增加。

3. 构件

楼面没有而屋顶有的构件主要有天沟板、雨篷板、水箱、葡萄架等。

4. 标高、图名等

屋顶的标高显然与楼层不同，图名也有所不同。

任务三 结构构件详图

结构构件详图是对楼层结构平面布置图和屋顶结构平面布置图的补充。以下详细讲述结构构件详图的识读。

一、钢筋混凝土构件详图

钢筋混凝土构件详图由模板图（外轮廓线的投影图）、配筋图、钢筋明细表和预埋件详图等组成，它是钢筋加工、构件制作、用料统计的重要依据。

1. 模板图

模板图实际上就是构件的外轮廓线投影图，主要用来表示构件的形状、外形尺寸、预埋件和预留孔洞的位置和尺寸。当构件的外形比较简单时，模板图可以省略不画，一般情况只要在配筋图中标注出有关尺寸即可。但对于比较复杂的构件，为了便于施工中模板的制作安装，必须单独画出模板图。模板图通常用中粗实线或细实线绘制。

2. 配筋图

配筋图也称钢筋的布置图，主要表示构件内部各种钢筋的强度等级、直径、根数、弯截形状、尺寸及其排放布置。对于各种钢筋混凝土构件，应直接将构件剖切开来，并假定混凝土是透明的，将所有钢筋绘出并加以标注。

对于所有纵筋必须标注出钢筋的根数、强度等级、直径和钢筋的编号，箍筋和板中的钢筋网必须标注出钢筋的强度等级、直径、间距（钢筋中心到钢筋中心的距离）和钢筋的编号。有时钢筋编号可以省略。

图9–3为某建筑柱网平面布置图，通过读图可以了解它是如何表达每根柱的配筋的。

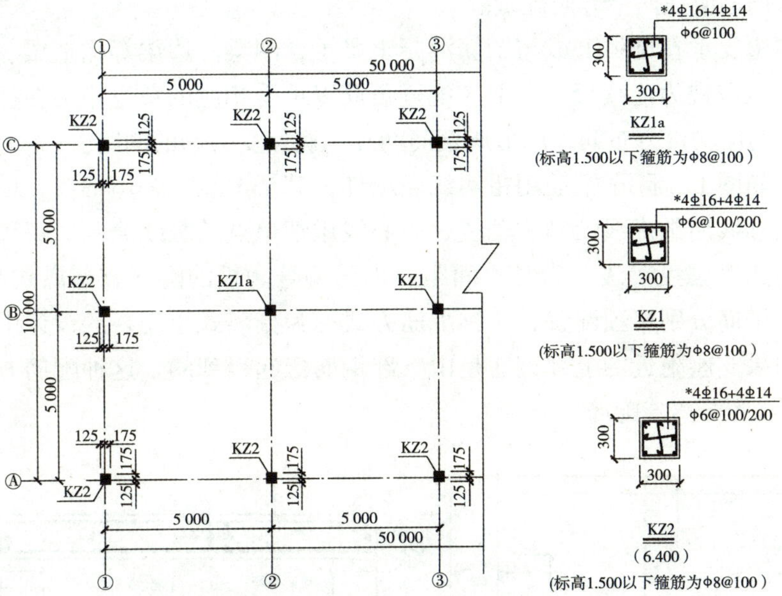

注：（1）柱定位未注明的均逢轴线中；（ ）内为柱顶标高，未注明的柱顶为屋面板标高。

（2）柱在基础中的插筋构造详见平法图集。

（3）柱配筋大样中*号表示柱角筋。

图 9–3　某建筑柱网平面布置图（单位：mm）

3. 钢筋明细表

有时为了方便钢筋的加工安装和编制工程预算，通常在构件配筋图旁边列出钢筋明细表。钢筋明细表的内容有构件代号、钢筋编号、简图、规格、长度、数量、总长、总重等。这里需要说明的是，在钢筋明细表中，钢筋简图上标注的钢筋长度并不包含钢筋弯钩的长度，而在“长度”一栏内的数字则已加上了弯钩的长度，是钢筋加工时的实际下料长度。

4. 预埋件详图

在某些钢筋混凝土构件的制作中，有时为了安装、运输的需要，在构件中设有各种预埋件，如吊环、钢板等，应在模板图附近画出预埋件详图。

二、板的配筋图

钢筋混凝土现浇板的结构详图，通常通过配筋图进行展示，必要时辅以断面图。在建筑物中，若每层楼板均采用钢筋混凝土现浇结构，那么楼层配筋平面图的比例，通常与该层建筑平面图保持一致。

钢筋的布置方式，受楼板周边支承情况以及板的长短边长度比例影响。对于四边形板，若存在两个对边自由或板的长短边长度之比大于2，则可将板视为两对边支承，按单向板计算配筋。这种情况下，板的下部受力筋仅在一个方向配置，即弯曲方向。否则，需按双向板考虑，受力钢筋应在两个方向配置。

当板的周边支承在墙体上或与钢筋混凝土梁（含圈梁、边梁等构造梁）整体现浇或在连续梁中时，板应视为连续板，上部应配置负筋以承受相应的负弯矩。在任何部位、任何方向的钢筋，均应增设分布筋，以形成钢筋网片，确保受力筋的间距。

在板的配筋图上，除了钢筋用粗实线表示外，其余图线均采用细线，以将钢筋突显出来，不可见轮廓线用细虚线绘制，轴线、中心线用细单点长画线绘制。每种规格的钢筋只需画一根并标出其强度等级、直径、间距、钢筋编号。板的配筋有分离式和弯起式两种，如果板的上下钢筋分别单独配置，这种配筋方式称为分离式（现在的设计中通常采用分离式）配筋；如果支座附近的上部钢筋是由下部钢筋弯起得到的，这种配筋方式就称为弯起式配筋。图9-4为分离式配筋。

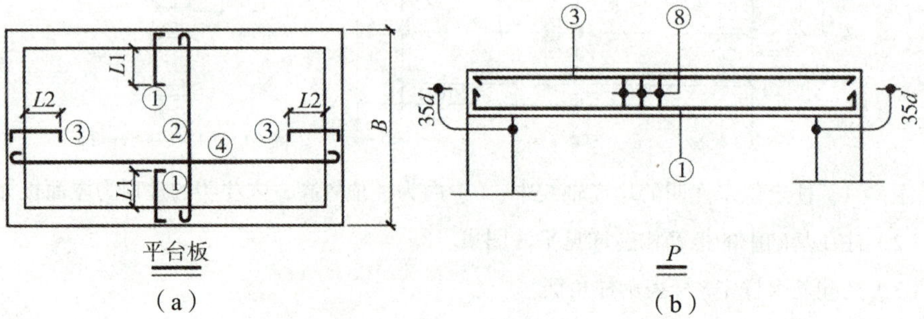

图 9-4　分离式配筋

从图9-4中可以看到，平台板四边支承，属于双向板，所以在板的下部配置了双向受力钢筋。在实际施工图的梯板表中可知其详细配筋如下。

短向的受力钢筋②号为ϕ10@150，长向的受力钢筋④号为ϕ8@150，支座负筋①号为ϕ10@200，支座负筋③号为ϕ8@200，从支座内缘伸出的长度L1和L2分别为600 mm和900 mm。板的厚度和结构标高可在楼梯平面布置图中查到。

三、梁的配筋图

梁的配筋图分为纵断面图和若干横断面图。纵断面图表示钢筋的弯截情况，横断面图表示钢筋的强度等级、直径、根数。梁的配筋图一般采用1∶50的比例，有时也采用1∶30或1∶40的比例。当梁的跨度较大时，长度方向和高度方向可以采用不同的比例，也可以用折断线剖断分段绘制梁。梁的横断面图一般采用1∶20或1∶25的比例，横断面图的数量应根据构件及配筋的变化程度确定，并依次编号。纵、横断面图上的钢筋标注必须一致。

图9-5与表9-6为某建筑楼梯梁的纵断面配筋图与梯梁表。

梯梁的跨度可以在楼梯的平面图中表示，梯梁两端支承在梯柱上，支承采用现浇。梁的纵、横断面图均采用1∶25的比例绘制。梁中钢筋共有9种编号，具体配筋方法见图9-5

中的梯梁表。在梯梁转折处，上梁段和下梁段的钢筋都需要伸入对方梁段以便锚固，锚固长度见梁的纵断面配筋图标注。梁上部钢筋和下部钢筋采用箍筋绑扎成骨架，箍筋同时起到抗剪切的作用。

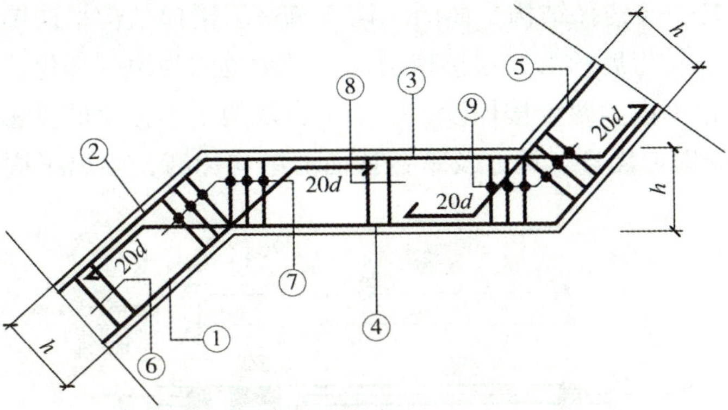

图 9-5　某建筑楼梯梁的纵断面配筋图

表 9-6　梯梁表

编号	类型	梁高 /mm	钢筋	
			①③④⑤	②⑥⑦⑧⑨
TL1	X	200	4Φ6	Φ10@120
TL2	Y	100	4Φ6	Φ10@120

四、楼梯结构详图

楼梯的结构比较复杂，是结构图绘制中最考验基本功的部分，必须单独绘制。如果楼梯比较简单，也可将建筑详图和结构详图合并绘制，通常省略建筑详图。

楼梯的结构形式很多，但最常用的是钢筋混凝土双跑楼梯，且多为现浇板式楼梯。板式楼梯由梯板、平台板和平台梁组成。带踏步的梯板，两端支承在平台梁上，平台板的一端支承在平台梁上，另一端支承在楼梯间周围的墙体或梁上，所以梯板属于简支板，梯梁属于简支梁。板式楼梯受力明确，结构合理，采用现浇整体式，其抗震性能更加优越。梁式楼梯由梯板、梯梁、平台板、平台梁组成，在此暂不介绍。

楼梯结构详图由楼梯结构平面图、楼梯结构剖面图、梯段详图、平台梁详图和梯梁详图组成。

1. 楼梯结构平面图

楼梯结构平面图主要反映梯段、梯梁及平台等构件的平面位置，要在图中标出楼梯间四周的定位轴线及其编号，以确定构件位置、楼梯间的开间和进深、梯段的长度和跨度、平台板的长度和宽度、楼梯井的宽度等主要尺寸，同时在楼梯结构平面图上直接标注各构件的代号。

楼梯结构平面图的数量应根据具体结构情况确定，对于多层建筑通常为三个，即底层、标准层和顶层楼梯结构平面图。但当底层休息平台下的净空高度无法满足通行要求时，应将休息平台提高若干级台阶，这就需要补充一个平面图来反映梯段、平台等构件位置和尺寸的变化。

图9–6为某建筑一层楼梯结构平面图。该建筑一层楼梯结构平面图的剖切位置在一层和二层楼面之间，从转折后的第二层楼梯剖切，投影范围为该剖切位置至一层楼面相同位置。图中画出了该范围内的两个楼梯段、一个平台及两个平台梁的投影（其中一个是框梯梁），标注了相应的构件代号、尺寸及平台顶面的结构标高，画出了周围墙体、柱和梯柱投影。

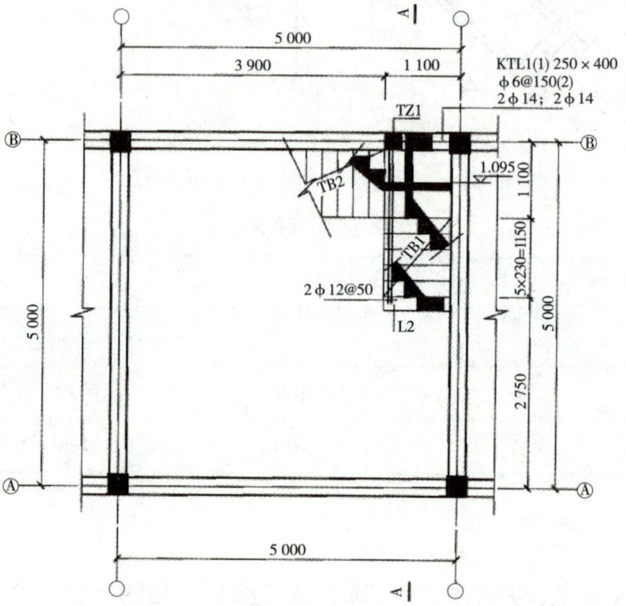

图9–6　某建筑一层楼梯结构平面图（单位：mm）

第一个楼梯段的长度为5 × 230 mm=1 150 mm，宽度为1 100 mm。两个梯段板的代号分别是TB1和TB2。第一个平台的尺寸为1 100 mm × 1 100 mm，其配筋和板厚直接见相应的详图和平台板表。由于该平台只有两条对边支承在平台梁上，另外两条边是自由边（对TB1没有设置平台梁），属于单向板，因此只在短方向配置了受力筋和分布筋，为ϕ6@200，板面负筋同样为ϕ6@200，从梁边伸出的长度为250 mm。

2. 楼梯结构剖面图

图9–7为某建筑一层楼梯结构A–A剖面图。从标注可以看出，剖面图的剖切位置在第一个上行梯段上，从该处将楼梯间全部切开，向另一梯段方向投影。楼梯结构剖面图只用来反映楼梯结构的垂直分布，楼梯以外部分用折断线断开，顶层平台以上的部分也用折断线断开。

楼梯结构剖面图画出了所有梯段板、平台板、平台梁，以及楼梯间两侧墙体及墙体上的梁和门窗的投影，并且进行了标注。阅读楼梯结构平面图时，应该与剖面图反复对照，以确认各构件的具体位置（水平方向和垂直方向）。

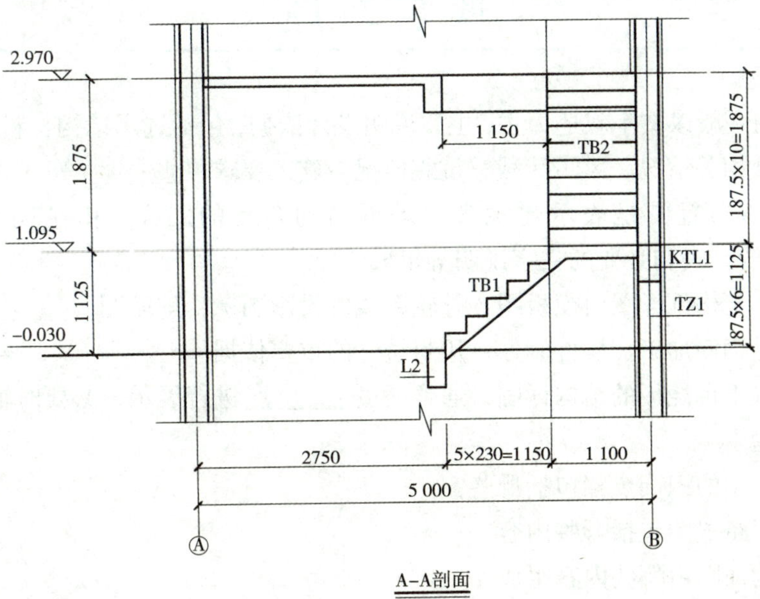

图 9–7　某建筑一层楼梯结构 A–A 剖面图（单位：mm）

在楼梯结构剖面图的一侧，应将每个梯段的高度和标高加以标注，梯段高度的标注方法与平面图相同，如第一个梯段TB1的标注为“187.5 × 6=1 125”，这里的“1 125”指TB1的高度为1 125 mm，而“187.5”是每个踏步的近似高度，是用“1 125”除以6得到的，是近似值。楼梯结构剖面图和楼梯结构平面图上的标高全部为结构标高，需用建筑标高减去抹灰层厚度。

此外，楼梯结构剖面图上还画出了最外面的两条定位轴线及其编号，并标注了两条定位轴线间的距离。

项目小结

建筑结构施工图识读是指通过对施工图纸进行解读和理解，从而准确把握建筑结构的设计意图和施工要求的能力。本项目讲解了建筑结构施工图的识读，包括结构施工图基础、结构平面布置图、结构构件详图等方面的理解与应用。

在结构施工图基础部分，重点介绍了施工图的图面布置、图幅比例、图例和标注等基础知识。

结构平面布置图介绍了建筑结构的整体布置和空间结构，包括结构柱、梁、板的位置和相互关系。

结构构件详图部分介绍了具体构件的细节设计和施工要求，如钢筋配筋、构件尺寸等方面的内容。

通过本项目的学习，首先，读者可以深入了解建筑结构设计的原理和方法，掌握结构施工图的绘制和解读技巧，进而具备对建筑结构进行初步分析和评估的能力。其次，还能帮助读者提升对建筑结构安全性的认识，以及在工程实践中更加准确地理解和应用结构设计规范。

课后习题

一、填空题

1. 设计说明一般以文字叙述为主，主要说明设计依据，包括选用结构材料的类型、规格、强度等级，地基相关情况，风雪荷载、抗震情况，施工要求，_______ 等。

2. 结构平面布置图是表示建筑各层承重结构布置的图样，由结构平面布置图、_______、构件统计表和必要的文字说明等组成。

3. 钢筋混凝土构件详图由模板图（外轮廓线的投影图）、配筋图、_______ 和预埋件详图等组成，它是钢筋加工、构件制作、用料统计的重要依据。

4. 钢筋混凝土现浇板的结构详图，通常通过 _______ 进行展示，必要时辅以断面图。

二、简答题

1. 结构施工图的识读步骤包括哪些？

2. 结构平面布置图包括哪些内容？

3. 楼梯结构详图由哪些内容组成？

参考文献

[1] 徐锡权. 建筑结构基础与识图 [M]. 2 版. 北京：机械工业出版社，2024.

[2] 赵邵华. 建筑结构基础与识图 [M]. 长沙：中南大学出版社，2023.

[3] 顾祥林. 混凝土结构基本原理 [M]. 4 版. 上海：同济大学出版社，2023.

[4] 刘芳，田小凤，徐丽丽. 装配式钢结构识图与施工 [M]. 北京：北京理工大学出版社，2023.

[5] 孟敏，张宗玉，王欲秋. 建筑结构基础与识图 [M]. 吉林：吉林科学技术出版社，2022.

[6] 徐锡权. 建筑结构基础与识图 [M]. 北京：机械工业出版社，2021.

[7] 鸿图造价组. 建筑工程识图与造价入门 [M]. 北京：机械工业出版社，2021.

[8] 韩雪涛. 建筑结构基础与识图 [M]. 北京：机械工业出版社，2021.

[9] 吴鑫文. 装配式冷弯薄壁型钢建筑结构基础 [M]. 武汉：华中科技大学出版社，2021.

[10] 原口秀昭. 图解钢筋混凝土结构和钢结构入门 [M]. 潘琳，译. 南京：江苏凤凰科学技术出版社，2021.